U0344148

国家出版基金项目
NATIONAL PUBLICATION FOUNDATION

有色金属理论与技术前沿丛书

# 黑色岩系石煤钒矿和镍钼矿的选矿

# BENEFICIATION OF V-BEARING STONE COAL AND Ni-Mo ORE IN BLACK SHALE SERIES

胡岳华　孙　伟　王　丽　刘建东　著
Hu Yuehua　Sun Wei　Wang Li　Liu Jiandong

中国有色集团

# 内容简介

Introduction

黑色岩系镍钼矿和石煤钒矿的金属品位都达不到冶炼要求，传统冶炼工艺难以进行冶炼处理，常规选矿技术也难以富集处理，导致这类资源不能经济有效利用。本书主要阐述了黑色岩系石煤钒矿和镍钼矿矿床的特点和类型、工艺矿物学特点，并在此基础上主要研究了这两种黑色岩系选矿现状及技术，建立了黑色岩系石煤钒矿和镍钼矿浮选回收的技术原型等。

# 作者简介

About the Author

**胡岳华**，男，1962 年 1 月生，教授、博士生导师，现任中南大学副校长，矿物加工工程长江学者特聘教授，国家级教学名师。先后承担了国家“973”、国家自然科学杰出青年基金、重点基金、国家支撑计划等项目。创立了铝－硅矿物浮选分离界面物理化学理论，并形成浮选溶液化学这一新的学科方向。曾获国家科技进步一等奖 2 项，二等奖 1 项；省部级自然科学一等奖 2 项，科技进步一等奖 5 项；在国内外科技期刊上发表论文 175 篇，被 SCI 收录 115 篇、EI 收录 111 篇，授权专利 20 项。

**孙伟**，男，1973 年 4 月生，教授、博士生导师，现任中南大学资源加工与生物工程学院副院长。2009 年入选教育部新世纪优秀人才支持计划，2014 年被聘为中南大学升华学者特聘教授。主要从事浮选界面化学、浮选药剂、矿物表面性质、浮选泡沫稳定性、气泡与颗粒相互作用等领域的研究。主持省部级重要科研项目 13 项，其中，作为项目总负责人主持国家“十二五”科技支撑计划项目 1 项。申报国家发明专利 77 项(授权 23 项)。在国内外期刊上共发表论文 159 篇，其中被 SCI 收录 41 篇、EI 收录 64 篇，清华大学出版社出版英文专著 1 部。研究成果获省部级奖励 7 项。

**王丽**，女，1986 年 4 月生，山东省济宁人，博士。博士期间主要研究方向是石煤钒矿的浮选预富集技术及理论。在 *Applied Surface Science*、*Powder Technology*、*Minerals Engineering* 等著名期刊发表 SCI 论文 6 篇，EI 论文 1 篇，申请专利 4 项。

**刘建东**，男，1983 年 5 月生，黑龙江宁安人，博士，南华大学讲师。发表镍钼矿相关论文 6 篇，授权专利 2 项。主要从事矿物浮选、工艺矿物学、浮选药剂合成等方面的研究。

# 作者简介

# 学术委员会

Academic Committee

国家出版基金项目
有色金属理论与技术前沿丛书

# 总序 / Preface

当今有色金属已成为决定一个国家经济、科学技术、国防建设等发展的重要物质基础，是提升国家综合实力和保障国家安全的关键性战略资源。作为有色金属生产第一大国，我国在有色金属研究领域，特别是在复杂低品位有色金属资源的开发与利用上取得了长足进展。

我国有色金属工业近30年来发展迅速，产量连年来居世界首位，有色金属科技在国民经济建设和现代化国防建设中发挥着越来越重要的作用。与此同时，有色金属资源短缺与国民经济发展需求之间的矛盾也日益突出，对国外资源的依赖程度逐年增加，严重影响我国国民经济的健康发展。

随着经济的发展，已探明的优质矿产资源接近枯竭，不仅使我国面临有色金属材料总量供应严重短缺的危机，而且因为“难探、难采、难选、难冶”的复杂低品位矿石资源或二次资源逐步成为主体原料后，对传统的地质、采矿、选矿、冶金、材料、加工、环境等科学技术提出了巨大挑战。资源的低质化将会使我国有色金属工业及相关产业面临生存竞争的危机。我国有色金属工业的发展迫切需要适应我国资源特点的新理论、新技术。系统完整、水平领先和相互融合的有色金属科技图书的出版，对于提高我国有色金属工业的自主创新能力，促进高效、低耗、无污染、综合利用有色金属资源的新理论与新技术的应用，确保我国有色金属产业的可持续发展，具有重大的推动作用。

作为国家出版基金资助的国家重大出版项目，“有色金属理论与技术前沿丛书”计划出版100种图书，涵盖材料、冶金、矿业、地学和机电等学科。丛书的作者荟萃了有色金属研究领域的院士、国家重大科研计划项目的首席科学家、长江学者特聘教授、国家杰出青年科学基金获得者、全国优秀博士论文奖获得者、国家重大人才计划入选者、有色金属大型研究院所及骨干企业的顶尖专家。

国家出版基金由国家设立，用于鼓励和支持优秀公益性出版项目，代表我国学术出版的最高水平。“有色金属理论与技术前沿丛书”瞄准有色金属研究发展前沿，把握国内外有色金属学科的最新动态，全面、及时、准确地反映有色金属科学与工程技术方面的新理论、新技术和新应用，发掘与采集极富价值的研究成果，具有很高的学术价值。

中南大学出版社长期倾力服务有色金属的图书出版，在“有色金属理论与技术前沿丛书”的策划与出版过程中做了大量极富成效的工作，大力推动了我国有色金属行业优秀科技著作的出版，对高等院校、研究院所及大中型企业的有色金属学科人才培养具有直接而重大的促进作用。

王淀佐

**2010 年 12 月**

# 前言

Foreword

黑色岩系是含有机碳(含量接近或大于1%)及硫化物较多的深灰－黑色的硅岩、碳酸盐岩、泥质岩(含层凝灰岩)及其变质岩石的组合体系，属还原性岩石。国内关于黑色岩系的研究始于20世纪60年代，虽然其中的金属资源有的已经被开发利用，但从整体上来看，以往只认为它们具有潜在的经济价值，直到20世纪80年代，关于黑色岩系的研究才真正被重视起来。

石煤是我国战略性金属钒的主要来源，由于人们普遍认为石煤中的钒不可选，长期以来没有进行石煤矿大规模的选矿处理，而是直接用低品位的石煤原矿进行冶炼提钒，导致冶炼过程处理量巨大，投资成本和冶炼成本高，直接冶炼没有经济效益。所以，本研究针对不同类型石煤，开发出不同的选矿技术，并系统研究了不同类型石煤的工艺矿物学及选矿机理，丰富和完善了我国石煤选矿的技术基础理论。

黑色岩系镍钼矿是一种非传统含镍钼矿产资源，直接用镍钼矿进行冶炼，镍和钼的品位都达不到冶炼要求。由于黑色岩系镍钼矿中镍、钼赋存状态复杂，传统冶炼工艺难以进行冶炼处理，常规选矿技术也难以富集处理，导致这类资源不能经济有效利用。针对这一难题，开发出黑色岩系镍钼矿梯级浮选新技术，大大提高了镍钼矿资源利用率，降低了处理成本，减少了环境污染，对黑色岩系矿产资源的浮选回收具有重要借鉴意义。

由此可见，黑色岩系选矿取得了突破性的进展。但是，目前还没有一本专门描述黑色岩系选矿的书籍。作者及其团队长期致力于黑色岩系石煤钒矿和镍钼矿的研究与开发，在承担省部级的相关科学研究及企业委托的工程建设中，累积形成了一些技术及成果，并主要以两本相关研究内容的博士论文为基础，编写了此书，仅供参考。

全书包括黑色岩系石煤钒矿和镍钼矿资源特点、研究现状、选矿基础理论及工艺技术，试图建立一个从理论到技术较为完善的黑色岩系选矿体系。本书得到国家“十二五”科技支撑项目(简称“十二五”，项目编号“2012BAB07B05”)及国家高技术研究发展计划(简称“863”，项目编号“2007AA06Z129”)的资助。

由于水平所限，不足之处在所难免，敬请读者赐教与斧正。

作　者

2015 年 9 月于长沙

# 目录

Contents

# 第1章　绪　论

黑色岩系矿石在世界范围内广泛分布，且自元古宙至新近纪均有。其中产出有不少大型、超大型规模的矿床。黑色岩系不仅是低热值燃料资源，并且其中矿化元素众多，是镍、钼、钒、钡、金、银、铂族元素的重要载体，因此极具经济价值。黑色岩系型的矿石主要包括石煤、镍钼矿、重晶石、多金属矿，其中石煤钒矿和镍钼矿是我国最重要的黑色岩系矿产资源。在我国，黑色岩系石煤钒矿和镍钼矿都是非传统的矿产资源，有价金属品位低，赋存状态复杂，导致直接冶炼成本高，且选矿难度较大。本书针对这两种类型的黑色岩系资源，详细介绍了其矿床特点及研究应用现状。

## 1.1　石煤钒矿资源特点

### 1.1.1　石煤储量

石煤是我国特有的一种含钒页岩。我国石煤储量极其丰富，总储量达618.8亿t，其中$V_2O_5$总储量为1.18亿t，占我国$V_2O_5$总储量的87%，与世界其他种类含钒矿石资源$V_2O_5$总储量相当。我国各省石煤资源基础储量如表1－1所示。由表1－1可见，我国石煤矿资源量大，但是地区分布不均匀，主要分布在湖南、江西、浙江、安徽、陕西等省，其中湖南的石煤资源量最大。

我国大型（钒资源储量≥100万t）和中型（钒资源储量10万～100万t）石煤钒矿数量不多，主要分布在陕西、湖南、四川、湖北和甘肃等少数地区，储量为3225万t，占总储量的94.6%；小型钒矿（钒资源储量≤10万t）数量繁多，但储量很少，仅占石煤总储量的5.4%。我国陕西省所属的秦岭地带石煤储量非常丰富，且多为大型储量石煤矿床。

表1－1　中国石煤储量及主要分布情况

| 省份 | 湖南 | 湖北 | 广西 | 江西 | 浙江 | 安徽 | 贵州 | 陕西 |
|---|---|---|---|---|---|---|---|---|
| 石煤储量/亿t | 187.2 | 25.6 | 128.8 | 68.3 | 106.4 | 74.6 | 8.3 | 15.2 |
| $V_2O_5$储量/万t | 4045.8 | 605.3 | — | 2400 | 2277.6 | 1894.7 | 11.2 | 562.4 |

### 1.1.2 石煤矿床和矿石类型

石煤产生于寒武纪，是由浅海下的藻类、菌类等低等生物死亡后，经腐泥化作用和煤化作用，经过长期地质变化，在还原环境下形成的黑色可燃有机页岩。石煤形成过程中，低等生物从海水中吸取钒离子并富集在有机体内，含钒生物死亡后被微生物分解，黏土物质吸附微生物释放出来的钒。在成岩的过程中，云母类黏土矿物结构再结晶，原有吸附的钒以类质同象取代晶格中的铝。可见，生物和有机质(主要来源于海相微生物及菌藻类)在矿质富集、迁移及沉淀等成矿过程中起了重要作用。石煤属于劣质无烟煤，具有高灰、高硫、低碳和低发热值的特点，灰分含量在 70% ~90%，硫含量多为 2% ~4%，固定碳量一般在 15% ~25%，发热值只有我国标准煤热值的 11% ~25%。

根据产出的地质环境、矿床成因、围岩性质及矿石的物质组成，含钒石煤矿石大致可以分为以下三类：碳质黏土岩型、风化硅质板岩型和硅质碳质黏土岩型，均为层状构造。碳质石煤呈深灰或者黑色，有机碳及硫化物含量较多，相对密度为 1.7 ~2.2，有一定的燃烧值，一般为 3.5 ~10.5 MJ/kg。风化硅质石煤呈偏灰色或者土黄色，是露在地表层经过长期风化、自燃的黏土型硅质石煤，含碳量较低，脉石矿物主要为石英，另外还夹杂着钙镁质结核、重晶石、黄铁矿等，相对密度为 2.2 ~2.8，燃烧值极低或没有燃烧值。

石煤是一种多金属共生矿，已经发现的伴生元素超过 60 多种，常见的有钒、镍、铀、钼、铜、镓和铬等，形成工业矿床的元素主要是钒。我国石煤中 $V_2O_5$ 的平均品位及占有率如图 1-1 所示。石煤中 $V_2O_5$ 含量在各地区相差悬殊，一般为 0.1% ~1.00%，低于 0.50% 的占 60% 以上，大于 1% 的富矿仅占 2.8%。目前，只有 0.80% 以上的石煤才具有经济利用价值。倘若开发新技术，对低品位的石煤钒矿进行充分利用，将对我国钒矿产业的开发有重大的意义。

### 1.1.3 石煤的应用现状

工艺矿物学表明，石煤中的主要组成矿物为石英，其次为黏土矿物(例如云母、高岭石、伊利石等铝硅酸盐矿物)，此外，还有伴生矿物长石、黄铁矿、褐铁矿、白云石、方解石、石榴石以及其他微量矿物。因此，石煤中含有钾、钒、钡、铁和硫等约 60 种元素，其中钾、钒、钼、镓等 20 多种元素达到了商业应用品位。但是由于我国冶炼技术水平有限，石煤中能够工业回收的元素只有钒，而铝、钾、钛、钼等多金属回收仅限于实验室研究。目前，除了冶炼提钒，石煤钒矿的综合利用形式主要有以下几种：

(1)石煤发电

对于碳含量相对较高的石煤，对应的燃烧值较高，虽然仍属于劣质的无烟

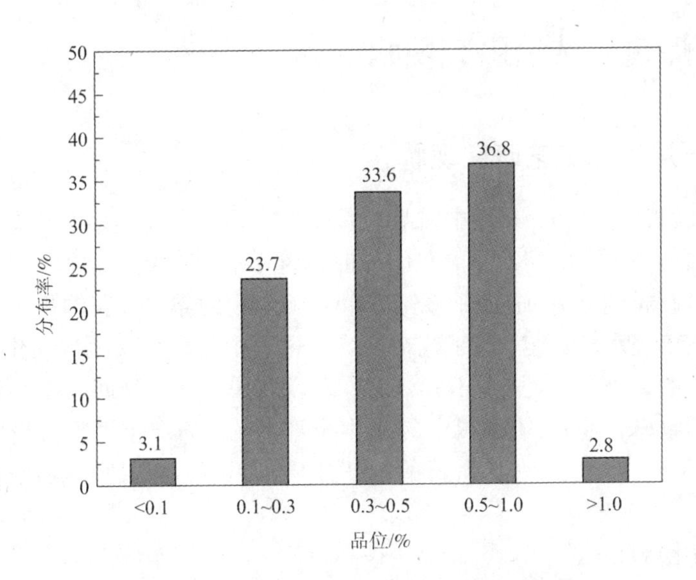


**图1－1　我国石煤中平均含钒品位及分布率**

煤，但是和优质煤一起使用，可以用来发电，取代部分优质煤。石煤发电在工业中已经实现应用，其中，最著名的是湖南省益阳石煤发电厂，开发出低热量燃料沸腾燃烧技术，可以将较低热量的石煤进行燃烧发电，燃烧后的灰渣可以用来直接种植农作物，并用灰渣成功研制出砌筑水泥和水泥平瓦的产品。

(2)尾渣利用，变废为宝

石煤中钒品位低，导致石煤冶炼提钒尾矿量巨大。这些尾矿堆积，占据了大量的土地、农田，对环境造成了严重的污染。石煤尾矿中主要是石英、长石和黏土矿物，且石煤尾矿不含有危险物质，再次利用不会对环境产生二次危害，所以，近年来，越来越多的专家学者对石煤尾渣进行研究，希望将尾渣进行利用，变废为宝。石煤提钒尾渣主要用来作为泥掺料、制砖等。

(3)开发高附加值产品

高附加值钒化合物，主要用于钒氮合金、化学催化剂、钒电池等。钒电池全称为全钒氧化还原液流电池，是一种基于金属钒元素的呈循环流动液态的氧化还原电池，钒电池的主要优点是循环寿命长、可深度大电流密度放电、可重复放电、充电迅速、价格较低廉、安全系数高，因此可广泛应用于大规模静态储能。

# 1.2 石煤钒矿选冶研究现状

## 1.2.1 石煤冶炼工艺研究现状

相比较钒钛磁铁矿，石煤中钒品位较低，冶炼成本高很多，但是在前几十年国际钒价格居高不下的情况下，我国一时掀起了石煤提钒的热潮，从 20 世纪 60 年代开始对石煤进行冶炼提钒研究，以满足钒市场的需求。我国最早的提钒工艺是平窑钠化焙烧水浸工艺，该工艺在冶炼的过程中需要加入大量氯化钠，焙烧时会产生大量的氯化氢、氯气等有毒气体，环境污染严重，且回收率很低。为了提高钒冶炼回收率，减少环境污染，许多生产部门、科研单位做了大量的石煤提钒试验研究工作，开发出一系列新的提钒工艺。我国主要的石煤冶炼工艺总结如下。

(1)钠化焙烧工艺

钠化焙烧水浸提钒工艺是我国最传统、最普遍的提钒工艺。该工艺在焙烧过程中添加钠盐(工业 NaCl，添加量为矿石的 8% ~18%)，使矿石中的钒转化为水溶性的钒酸钠。该方法生产投资成本小，建厂时间短，工艺流程简单，生产成本低，且见效快，非常适合中小规模的生产，因此得到了大规模的生产应用。

该工艺的缺点：钠化焙烧工艺钒的焙烧转化率低，只有 60% ~70%，全流程钒的总回收率也仅 50% 左右；由于还原气氛下氯化钠的分解，排出大量的氯化氢、氯气等腐蚀性气体，严重污染周边环境；废水排放量比较大；石煤钒矿中通常含有较高的碳，其热值通常在 10000 kJ/kg 左右，钠化焙烧时该部分热能无法利用，不仅浪费了大量的能源，而且外排大量的温室气体 $CO_2$。可见，钠化焙烧会对环境产生严重的污染，所以从 2005 年起我国禁止用该方法提钒。

(2)空白焙烧浸出工艺

20 世纪 90 年代以后，随着国家对环保的重视，国内对氧化焙烧工艺进行了比较系统的研究，焙烧过程中不添加任何药剂，直接在高温下通过空气中的氧破坏含钒矿物的结构，将低价钒氧化为可溶于酸的高价钒。

空白氧化焙烧流程和钠化焙烧近似，但是焙烧后要用酸法或者碱法将钒浸出。虽然避免了 HCl、$Cl_2$ 等废气污染，但存在焙烧浸出率低、热能利用率低、温室气体外排量大等缺陷。由于焙烧过程中没有添加氧化剂等药剂，导致不能有效破坏石煤坚固的矿石结构，所以该工艺对石煤矿石的选择性较强。另外，有学者研究了石煤中钒的存在形式对空白氧化焙烧效果的影响，认为石煤中吸附状态的钒所占比例大时采用此方法，钒的浸出率才比较高；而钒以类质同象的形式赋存于伊利石、云母等晶体结构中时，采用该工艺，钒的浸出率比较低。

(3)钙化焙烧浸出工艺

鉴于钠化焙烧环境污染严重及空白焙烧钒转化率低等问题，近年来有学者提出了钙化焙烧浸出工艺。该工艺将石煤矿石与石灰石按一定比例混合在一起高温焙烧，以破坏含钒矿物的晶体结构，从而使钒矿物中的低价钒氧化为高价钒，并与氧化钙形成可溶于纯碱水溶液(或水)的偏钒酸盐。钙化焙烧工艺采用廉价的石灰石为添加剂，对环境污染小，且冶炼成本大大降低。石煤中钒的赋存状态对钙化焙烧工艺效果影响较大，钒的总回收率为65%～70%。总的回收率比传统钠化焙烧提钒法提高很多。

(4)直接硫酸浸出工艺

直接酸浸是近几年来常用的冶炼提钒方法。该方法是在强酸性条件下，高温、强氧化作用下，长时间的酸法浸出可以破坏含钒矿物晶体结构而溶出其中的钒，而以吸附状态存在的钒可被硫酸直接浸出，所以直接酸浸的方法适用性较强。石煤钒矿硫酸直接氧化浸出的工艺浸出率比较高，工艺条件容易控制，指标比较稳定，不产生氯化氢、氯气等严重污染环境的废气；浸出渣经洗涤后可以直接送尾矿库堆存，也可以进一步加工烧制红砖出售，因此也没有固体废弃物的污染问题；氨盐沉钒过程产出的少量含氨废水经石灰苛化—吹脱后可以返回浸出使用，也基本不存在废水排放问题，是一种对环境友好的石煤钒矿处理技术。

直接酸浸的方法优势非常明显，不仅可以避免有害气体的产生，又可以避免高温焙烧时的能源损耗。直接酸浸对矿石的适用性较强，普遍性较强，适合大范围的生产应用，而且避免了碳质等在焙烧过程中能源的流失，有利于石煤资源的综合利用。

### 1.2.2 石煤冶炼工艺存在的问题

(1)由于石煤矿石中 $V_2O_5$品位普遍较低，生成1 t $V_2O_5$所需要处理的石煤原矿量非常大(一般为200～250 t)，导致建设大型的石煤提钒冶炼企业、大型设备费用大，投资成本和生产成本比较高。我国石煤储量非常丰富，大型矿床主要集中在湖南、陕西、湖北、甘肃4个省，其中日处理石煤100 t以上的大型石煤冶炼厂家湖南省约有30家、陕西和湖北各为10家、甘肃6家，处理量比较大，而$V_2O_5$产量却不高。

(2)直接酸浸酸耗高，浸出残液对环境污染严重。石煤矿中经常含有方解石、白云石、赤铁矿、黄铁矿等矿物，这些矿物都是耗酸物质，导致直接酸浸硫酸的用量显著增大，从而增加了石煤提钒的成本。石煤中常见的还原性矿物，如黄铁矿，会使钒的氧化反应受到抑制，从而会降低钒浸出率。另外，直接酸浸在高温下进行，并加入大量的强氧化剂，导致石煤中大部分杂质离子被带进浸出液中，如K、Al、S、Fe、Mg、Ca、Pb、Cr等非金属及重金属离子，导致酸浸出液成分非常复杂，处理难度较大，工艺流程复杂，且影响钒离子的回收率。废液没有净化处理，直接用氧化钙中和后就排放到大自然中，容易对环境造成极大污染。

(3)石煤中碳资源综合利用差。目前石煤冶炼提钒工艺受矿石性质影响比较大，特别是高碳石煤钒矿，矿石结构复杂，冶炼工艺通用性比较差，碳资源综合利用率很低，且冶炼成本相对较高。例如石煤中碳虽然含量较低，但是总量巨大。石煤浸出过程需要大量的热量，多数的石煤提钒工艺没有进行碳的回收利用，不能有效利用石煤自身的碳资源，而是用优质的煤作为热源，导致能源损失。

### 1.2.3 石煤选矿工艺研究现状

我国石煤中钒的品位普遍较低，导致冶炼过程石煤原矿处理量大，耗酸量大，成本很高，这也是制约我国石煤冶炼产业发展的关键问题。通过选矿的方法将石煤原矿中的钒进行预富集，提高冶炼原料中钒的品位，对降低含钒石煤冶炼成本和增加处理量具有关键意义。研究发现，在石煤冶炼过程中，$V_2O_5$品位提高0.1%，则冶炼生产成本降低1000 元/t。

由于石煤钒矿钒的嵌布状态复杂多样，在矿石中比较分散，矿石中矿物共生紧密，不容易分离，且石煤地域性较强，各地区工艺矿物学差异比较大，石煤选矿富集工艺多样化，没有统一的技术可循。我国针对含钒石煤的预富集研究开始于20 世纪 80 年代，选矿工艺流程主要针对石煤中钒的主要赋存矿物进行，但未见应用工业的报道。通常，不同的矿床类型选矿方法也不相同。常见的石煤矿床的类型及对应的选矿方法如表 1－2 所示。

**表 1－2 石煤矿床类型及选矿方法**

| 矿床类型 | 特点 | 选矿方法 |
| --- | --- | --- |
| 碳质硅质型 | 黑色，矿物成分以石英为主，石英含量为 5% ~ 95%；次为黏土矿物(水云母、高岭石等)10%，碳质含量为 2% ~8%，方解石 1%，黄铁矿 0.5%，褐铁矿 5% ~7% | 直接浮选脱碳<br>焙烧脱碳、浮选富集钒<br>焙烧脱碳、重选富集钒<br>直接浮选钒 |
| 碳质黏土型 | 黑色，黏土矿物以水云母、高岭石为主，黏土矿物的含量大于 75%，碳质 2% ~20%，次为石英、黄铁矿等，矿物多为隐晶质 | 重浮联合工艺 |
| 风化硅质型 | 多呈红褐色、土黄色、青灰色，组成矿物以石英为主，含量 60% ~80%，次为水云母、高岭石、碳质、方解石、黄铁矿 | 擦洗—沉降富集钒<br>直接浮选钒矿物<br>重选(摇床、螺旋溜槽) |

由表 1－2 可见，石煤富集钒主要的选矿方法为重选和浮选。

(1)重选

通常石煤中的含钒矿物为云母类矿物及黏土矿物，主要的脉石矿物是石英、长石等硅酸盐矿物。石煤中的有用矿物含钒云母、高岭石类矿物多为片状结构，而脉石矿物石英、长石等为球形颗粒状，对于此类石煤矿石，可以根据含钒矿物和脉石矿物形状上的差异通过摇床、螺旋溜槽等重选方法进行分离。有学者通过摇床的方法处理这种类型的含钒石煤，取得了较好的实验指标。

张云亮等采用焙烧脱碳—重选富集钒联合工艺流程，对湖北某碳质含钒石煤矿进行了研究。原矿 $V_2O_5$品位为0.71%，低于石煤冶炼的工业品位。研究发现，石煤中钒主要赋存在微细粒的白云母、黑云母和伊利石等云母类矿物中，大部分粒度仅在5 μm左右，最大者也只有30 μm左右。矿石中的脉石矿物主要是石英、黄铁矿、方解石。由于该石煤中碳含量较高，燃烧值为3.52 MJ/kg，为了充分利用该石煤中的碳并减少碳在重选中的不利影响，先将其进行燃烧，在700℃焙烧1 h，脱碳后对脱碳石煤进行磨矿—摇床预选试验，采用棒磨机进行磨矿，使得云母剥离为片状结构，然后进行摇床试验。通过系统的条件试验和开路试验，最终可抛除产率为28.9%、$V_2O_5$品位为0.27%的尾矿，金属损失率仅为9.7%。

由于石煤矿石中含钒矿物种类较多，矿物间的嵌布关系复杂多样，单一的选矿方法往往不能取得较好的预富集效果，实践中常采用重选—浮选联合工艺。何东升等对湖北某地碳质石煤矿进行重选—浮选联合流程，而没有进行焙烧脱碳。该石煤矿 $V_2O_5$品位为0.81%，主要含钒矿物为云母，云母和碳质嵌布关系紧密，矿石中主要脉石矿物为石英、方解石、萤石、白云石、绿泥石等。先用摇床对该矿进行预处理，对摇床的尾矿进行浮选，捕收剂为胺类药剂Z-2，抑制剂为硫酸铝。经过选矿处理，最终可抛除产率为26.07%、$V_2O_5$品位降低为0.24%的尾矿，钒金属损失率仅7.44%。

重选具有处理量大、工艺流程和设备简单、选矿成本低、不受矿物表面性质影响、对后续钒冶炼无影响等特点。但石煤中含钒矿物一般是粒度比较细的矿物颗粒，仅通过重选的方法将钒矿物富集，一般富集效率较低，回收率及品位都不高。同时，重选设备分选效率比较低，对石煤中的钒富集比差，适用性较差，对细泥的浮选效果差，处理量较小同时耗水量比较大。

(2)浮选

我国风化硅质石煤钒矿中含钒矿物主要为云母和细粒的黏土、氧化铁矿物，碳质含量比较低，对这些含钒矿物，浮选是最有效的方法。由于矿石中细粒矿物含量普遍较高，所以一般通过摇床、筛分、水利旋流器等方法，对矿石进行分级，以回收细粒级的高品位矿石，同时，减少细粒级矿物对后续浮选的不利影响。

向平等针对新疆乌什石煤钒矿进行选矿研究。由工艺矿物学研究发现，该地区石煤钒矿具有钒粒级分布不均匀特性，钒主要集中在细粒级的矿物中，以此为基础，根据浮选中能抛早抛的原则，采用筛分—浮选联合流程，将粗粒级(+0.85 mm)低品位的矿石先抛除，细粒级(-0.037 mm)高品位的矿石直接筛分出来做精矿，中间粒级的矿进行浮选富集。通过该工艺，可将石煤钒矿的钒富集5倍，在冶炼提钒中钒产量不变的情况下，所需石煤原料可降至原来原料量的1/5，从而可以大大降低冶炼投资成本和生产成本。

李洁等通过对湖北某地的石煤钒矿中主要矿物(云母、石英)的化学键的计算，确定了不同矿物的表面性质，并以此为基础采用螺旋选矿机重选—浮选联合流程进行含钒矿物选矿富集，工艺经优化后最终可抛除产率为46.97%的尾矿，金属损失率仅为14.96%，使进入冶炼提钒的石煤中 $V_2O_5$ 品位提高到1.49%。

卫敏等人研究了河南淅川石煤钒矿的富集，该地区石煤矿钒主要分布在细粒级的云母、伊利石等黏土矿物中，通过强搅拌、擦洗分级、磨矿分级的条件试验，工艺经优化后最终可获得精矿产率为45.21%、$V_2O_5$ 品位为2.50%的钒精矿，钒回收率81.90%，为后续的冶炼提钒工艺提供了优质原料。

碳质硅质型石煤中常含10%左右的碳，这部分碳颗粒极细，吸附能力很强，对钒的浸出产生不利影响。通过选矿的手段，将石煤中的碳预先抛除，可消除其对后续冶炼的有害影响，还可以提高碳的品位使碳回收利用。由于碳质对浮选药剂有强的吸附作用，如果用上述的流程直接浮选钒，会恶化浮选指标。所以，用浮选的方法处理碳质石煤矿时，首先应脱除碳质。

在石煤中，一些地区的钒矿物和碳共生紧密，或者吸附在碳矿物表面，无法分开。在这种情况下，可以将碳和钒一起富集，然后进行冶炼处理。王学文针对这类石煤钒矿进行浮选研究，首先优先脱碳，在浮选碳过程中加入石英、黄铁矿等脉石矿物的抑制剂、碳浮选捕收剂，得到富碳钒精矿，尾矿钒品位较低。将富碳钒精矿进行冶炼，提钒后的碳精矿可作为燃料或者燃烧配料使用，大大提高了石煤钒矿的综合利用效率。

姚金江等人对某含碳石煤钒矿进行优先浮选脱碳，尾矿选钒的选矿工艺，获得了 $V_2O_5$ 品位达0.89%的高碳含钒产品和 $V_2O_5$ 品位为1.28%的钒精矿，精矿产品 $V_2O_5$ 综合回收率可达84.76%。

### 1.2.4 石煤选矿技术难点

由石煤的资源特点可知，石煤组成矿物种类多，不同地区差异性大，且钒品位低、赋存状态多样，导致石煤富集钒不能使用一个通用的技术。作者经过多年石煤选矿经验，结合文献中报道，将石煤选矿关键问题总结如下。

(1)石煤中主要组成矿物一般为石英、长石、云母、高岭石等硅酸盐矿物。图1-2为石煤中常见的组成矿物的晶体结构图。由图可见，石煤中主要矿物都是硅酸盐矿物，主要含钒矿物云母、高岭石等，与主要脉石矿物石英、长石的表面性质及溶液化学性质相近，使得含钒矿物与脉石矿物可浮性差异小。所以要通过调节矿浆 pH 及研发高效的捕收剂及抑制剂将含钒矿物与脉石矿物分离，从而实现石煤中钒的富集。

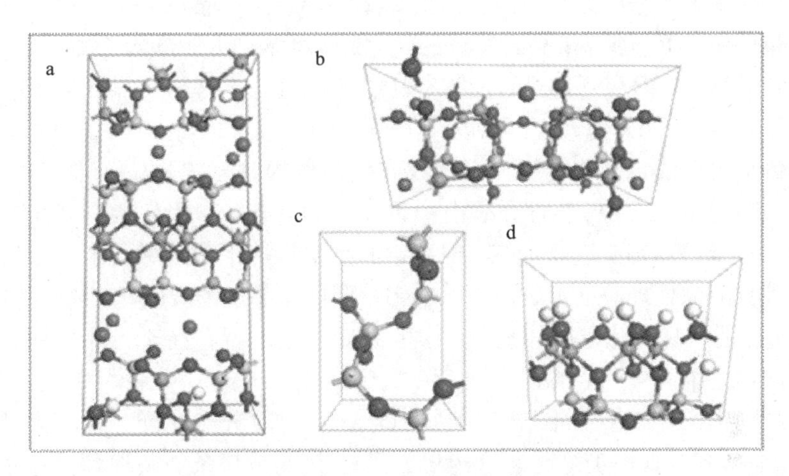


**图 1-2　石煤中主要组成矿物的晶体结构图**

a—白云母；b—长石；c—石英；d—高岭石

(2)碳质硅质和风化硅质石煤资源含碳高、含泥量高，有价矿物钒分布极细且弥散。微细粒的矿泥对浮选产生不利影响，导致浮选药剂用量增大，选择性降低，浮选品位降低。针对含泥量高的石煤矿石，选矿的主要难点是选择高效脱泥方法和脱泥设备将细粒级有用矿物充分分散，从而与脉石矿物分离。

(3)石煤矿石中含有大量的脉石矿物，例如方解石、白云石、重晶石、黄铁矿等，这些脉石矿物的存在会大幅度增加冶炼过程中矿石处理量、酸的消耗量，从而增加生产成本。选矿难点之一就是选择有效的捕收剂和抑制剂，将石煤中方解石、白云石等耗酸的脉石矿物脱除。

(4)石煤中碳质含量相对较低，且粒度极细，非常分散，多呈隐晶质，与其他矿物共生密切，所以要开发新的选矿技术及选矿设备，将石煤中碳进行富集，使碳资源得到综合利用。

## 1.3　黑色岩系镍钼矿资源概况

近年来，随着地质找矿工作的不断深入，在湖南省湘西地区、贵州遵义等地发现了富含 Ni、Mo、As、Au、Ag、Se、Re、Pt、Pd 等多种有价元素的黑色岩系矿带，人们称该矿带为“多金属黑色页岩”。由于其富含镍、钼等金属元素，所以一般称之为镍钼矿。镍钼矿主要分布在我国湖南湘西地区、贵州的遵义、湖北的都昌、浙江的富阳和云南的沾益等地区。其中湖南湘西地区和贵州遵义的镍钼矿资源储量最大，镍钼及贵金属品位也相对较高。贵州遵义松林镍钼矿和黄家湾镍钼矿都具有大规模开采的条件，镍总储量 2.27 万 t，钼总储量 4.22 万 t，并伴生有相当数量的钒、贵金属、重晶石等。湘西北镍钼矿矿带长 180 km，宽 40 km，东北延伸至湖北境内，西南延伸至贵州省，其中还蕴藏有丰富的石煤资源，仅张家界镍钼矿量就有 396.17 万 t，还含有一定量的钒。

黑色页岩型镍钼矿作为原生矿，镍和钼品位很高。钼品位一般在 4% 左右，镍品位一般为 3%，远高于通常矿山中镍品位为 0.3% 和钼品位为 0.1% 的边界值。但是直接用镍钼矿进行冶炼，镍和钼的品位都达不到冶炼要求，传统冶炼工艺难以进行冶炼处理。而且，镍钼矿中钼主要以非晶态的胶硫钼矿集合体形态存在，钼与硫的含量变化幅度较大，其中的镍元素则主要存在于二硫化镍、辉砷镍矿等镍矿物之中。

我国的黑色页岩型镍钼矿带长达 1600 km，主要分布在湘、鄂、渝、黔、川、桂、陕、甘等省，其初步探明贮量达 937 万 t。因为成矿条件及地理位置不同，该矿藏伴生的有价元素也不尽相同，如湘西北、黔、渝、桂等地虽以钼为主，同时还伴生有镍，成为镍钼共生矿。这种含有钼、镍的矿藏分布面积大，并且钼、镍的品位很高。但由于各地地质构造和生化环境等因素的差异，导致镍钼矿富集层的矿物组成也有一定差异。其特点是：①作为非传统资源，镍钼矿成分及结构复杂，其中镍、钼主要赋存于一种非晶质胶状硫化物中，称为碳硫钼矿，还伴生稀有金属钒、钨、铜、金、银、铂、稀土金属等，元素及矿物性质相似，镍、钼选矿富集难度较大。②镍钼矿石中的矿物种类很多，由于成岩作用和热液叠加，使矿物种类、形态、相互关系复杂化。主要金属矿物有胶硫钼矿、二硫镍矿、辉镍矿、辉砷镍矿、砷黝铜矿、黄铁矿、闪锌矿等，非金属矿物包含有胶磷矿、碳质物、白云石、方解石、石英粉砂、绢云母等。③镍钼矿原矿品位很高，钼品位在 0.2% ~ 8%，镍品位在 0.2% ~7%。镍钼矿直接作为冶炼原料品位又达不到冶炼要求，冶炼成本大，传统冶炼工艺难以处理。同时共生元素多且元素性质相似，镍钼矿回收利用困难大。④储量大，潜在经济价值可观。据估算，我国钼镍矿中钼储量约为 5000 万 t，镍 4500 万 t，金 500 t，银 1 万 t，钯 500 t，稀土 500 t，磷的含量超过 2 万亿 t，其潜在经济价值达数千亿元。

本书所研究的黑色页岩镍钼矿属于典型的非传统矿产资源。根据研究和有关文献报道，浮选中主要存在以下难点：

(1) 在镍钼矿中钼、镍以非晶质的硫化矿形式存在，矿物的 XRD 图谱上完全没有含钼矿物的衍射峰。该类黑色岩系矿物中所含的硫钼矿虽与辉钼矿的分子式相同（均为 $MoS_2$），但化学性质与辉钼矿区别极大。此资源成分及结构特殊，镍钼矿中镍、钼主要赋存于一种非晶碳质胶状硫化物中，并且碳与镍钼矿物嵌布交替，元素赋存状态复杂，不同矿物间界面性质相似，导致矿物单体解离难度大，选矿富集、冶炼提取困难。

(2)镍钼矿中有机碳含量很高，达10%以上，浮选过程中会消耗大量的浮选药剂，影响浮选成本。而且碳的可浮性好，很容易上浮，混在浮选精矿中，影响精矿品位。可以采用浮选预脱碳法来减轻碳对镍钼矿浮选过程的影响，但此方法产生的碳精矿会带走一部分钼，影响钼的回收率，因为辉钼矿具有天然可浮性，很难与碳分离。

## 1.4 镍钼矿选冶研究现状

目前，镍钼矿中主要是镍钼品位较高的金属硫化物层得到开发利用，该矿层具有含碳量高、轻重混杂、有价金属赋存状态复杂、各种矿物浸染极细等特点。由于镍钼矿具备这些特点，所以是一种难选难冶的多金属复合矿，在研究其处理工艺方面，科研工作者们做过很多工作，取得了一定的成果。

### 1.4.1 镍钼矿的预处理工艺

镍钼矿作为原生矿，镍和钼品位很高。但是其中有机碳含量高，矿物成分极其复杂，矿物之间嵌布粒度十分细，就现在的技术水平来看，用浮选分离的技术手段无法回收利用。将镍钼矿直接用来冶炼，镍和钼的品位则偏低，传统冶炼工艺难以处理。针对这种镍钼矿，我国几所有名的有色行业高校及研究院所做过相关的研究，取得了一定的成果，但是处理结果并不能达到合理及经济利用该镍钼矿的目的。根据该种镍钼矿性质及特点，许多研究人员认识到应在选矿、冶炼之前进行处理，从而为后续处理提供较好的原料。

孙伟等人在镍钼矿浮选前先对其在800℃下进行焙烧处理，此方法将镍钼矿样先在800℃下焙烧1 h，然后以2 ~5℃/min的速度降温至600℃，焙烧1 h，随后以2 ~5℃/min的速度降温至室温。此焙烧处理使其中的非晶质硫化钼转化为晶质硫化钼，处理后浮选过程稳定，药剂用量减少，精矿品位和回收率都有所提高。

夏文堂对粒度小于0.015 mm的低品位难选镍钼矿，在盐酸浓度为2 mol/L、液固比为3∶1时搅拌超过2 h，除去其中碱性脉石，矿石中钙的去除率在97%以上，矿石失重率在38%左右。此方法处理后的镍钼矿，可以为后续镍钼矿冶炼提供更好的原料。

### 1.4.2 镍钼矿冶金处理工艺

镍钼矿的冶炼方法可分为焙烧处理和全湿法处理。可以采用熔炼方式用焙烧后的镍钼矿生产镍钼铁合金，应用此工艺只能得到含钼6% ~16%、含镍4% ~8%的非标准镍钼合金，还可以通过焙烧浸出得到含有价金属的浸出液。无论镍钼矿采用焙烧浸出还是直接浸出，均可通过对含有有价金属的浸出液采用离子交换或萃取等方式进行富集除杂，最终获得更高价值的产品。

(1)镍钼矿焙烧—浸出工艺

镍钼矿含硫很高，各种贵重金属元素均与硫化合，所以镍钼矿焙烧工艺应为氧化焙烧。过去的焙烧工艺为直接氧化焙烧，但是直接焙烧会释放出大量含硫气体，严重污染环境。

秦纯针对黑色页岩镍钼矿，先进行脱硫焙烧，然后粉碎，加入50%的碳酸钠和30%的水进行调浆，然后经700℃高温焙烧，再加水溶浸，浸出尾渣即得镍精矿，钼存在于浸出液中，浸液经过除磷、过滤，净液经沉钼处理就可得到钼酸钙盐。该处理工艺中钼回收率高于90%，镍回收率高于98%，但钼产品价值不高，镍还要进一步加工处理。

朱薇等焙烧贵州遵义镍钼矿加入钙基固硫剂，焙烧温度600℃，焙烧时间3 h，CaO添加量大于矿量的20%，此时固硫率可以达到83%以上，此工艺钼浸出率达95%以上。固硫后，焙烧过程便不再产生含硫烟气，但此流程镍回收率不高。

王志坚采用硫酸化焙烧法对高碳质镍钼矿进行了焙烧浸出研究，焙烧工艺最佳条件为：焙烧温度550℃，焙烧时间2 h，硫酸钠加入量为5%，空气流量0.9 L/min。硫酸钠的加入使镍钼矿中镍、钼、钒的浸出率分别达到65.70%、86.02%、45.30%。与不加硫酸钠试验相比，浸出率明显提高。

皮关华针对难选镍钼矿提钼，先在600℃下焙烧使镍钼矿脱硫，再在30%氢氧化钠或者50%碳酸钠下浸出3 h，浸出液固比3:1，浸出温度90 ~100℃。焙烧脱硫率高达90%以上，过程中产生的二氧化硫烟气制取亚硫酸钠，降低了二氧化硫排放对环境的污染。但是该工艺浸出液中除了钼外，还有铁、铜、钙、铝等，萃取提纯过程复杂。

彭俊等提出了镍钼矿粉加入矿量35%的氧化钙在700℃下焙烧2 h，焙砂加入浓硫酸在250℃下焙烧2 h，然后按液固比2:1加水在98℃下搅拌浸出2 h。此工艺可以使钼浸出率达97.33%，镍浸出率达93.16%。此工艺浸出剂采用浓硫酸，对设备要求高，浸出液杂质含量多。

王明玉等提出镍钼矿先进行氧化焙烧，然后用氢氧化钠和碳酸钠混合进行浸出，该工艺可使钼回收率高于89.06%，而且解决了钼、钒等元素的分离问题，并且此工艺在工业上得到了应用。但是处理过程产生烟气，对环境产生污染。

(2)镍钼矿全湿法冶金工艺

在镍钼矿浸出工艺中，根据浸出液性质的不同，工艺主要分为酸性浸出、碱性浸出及生物浸出。

①镍钼矿酸性浸出工艺

邹贵田采用稀酸和氧化剂对原矿直接浸出工艺，将钼镍共生矿原矿经过破碎、球磨，然后用稀酸和氧化剂浸出、过滤，滤液加入萃取剂萃取钼，反萃取分离得到钼酸铵，萃余溶液再经过萃取和反萃取分离得到硫酸镍，残液经过蒸发浓缩得到副产品硫酸铁铵。工艺流程见图1-3，此工艺方法固液比为1:(3~5)，浸出时间1.5~4 h，温度70~90℃，浸出液为45%~65%浓度的$H_2SO_4$和18%~29%浓度的$NH_4NO_3$，机械匀速搅拌。此方法可以将原矿钼品位5.3%、镍品位2.5%、硫含量23%左右的镍钼矿浸出其中90%、93%的钼、镍。此方法有对设备要求高、所得产品质量差的缺点。

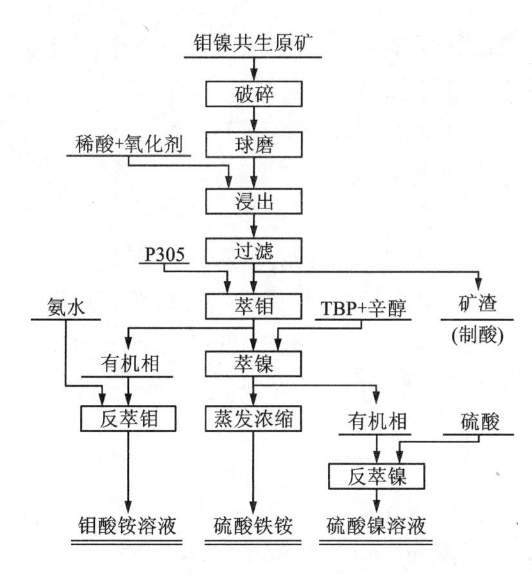


**图1-3 镍钼共生原矿直接酸浸工艺流程**

王私富等对镍钼矿采用高压酸浸回收镍和钼的全湿法工艺。该工艺避免了传统工艺焙烧镍钼矿带来的大量$SO_2$和$As_2O_3$排放，减小了对环境的污染。此方法与现有的湿法碱浸回收钼工艺相比，回收了几乎全部的镍和大部分的钼。在氧压环境下，几乎全部的镍和大部分的钼都进入溶液，少部分的钼留在酸浸渣中，酸浸渣进一步用氢氧化钠浸出，97%的镍和96%的钼被浸出。

肖连生等提出了一条全湿法浸出镍钼矿工艺，此工艺可以同时提取其中的钼和镍。该工艺采用盐酸作为浸出剂，浸出时加入强氧化剂氯酸钠氧化浸出，所得酸渣再碱浸以进一步回收钼。此工艺的特点为镍钼硫化物被固体氧化剂在酸性条件下的强氧化性作用彻底氧化，镍钼矿中绝大部分镍和部分钼以离子形式存在于溶液中，剩余的钼以多钼酸盐或钼酸的形式存在于渣中，残留的钼可以通过酸渣碱浸回收。该工艺可以同时回收镍钼矿中的镍、钼，浸出所用的试剂价格低且耗量小，不产生烟气污染，金属回收率高，为湿法处理镍钼矿的一种清洁生产工艺，但是此工艺浸出剂及氧化剂用量大，整体处理成本高。

②镍钼矿碱性浸出工艺

李青刚等开发了用次氯酸钠和氢氧化钠浸出镍钼矿工艺。此工艺要求镍钼矿破碎磨矿至粒度小于100目，然后按顺序加入氢氧化钠、次氯酸钠和一定量的水进行浸出。浸出过程中控制浸出温度，钼的浸出率约为94%，浸出液再经离子交换、除杂、氨水解吸等制取四钼酸铵。该工艺钼浸出率较高，已成功应用于工业生产，但次氯酸钠用量大，生产成本过高，而且此工艺没有回收其中的镍，镍存在于钼浸出渣中。

刘明朴等对镍钼矿采用碱性氧化浸出，在碱性条件下，氧化剂A用量10 mol/L，反应时间2 h，碱用量为35 g/t，浸出液固比3∶1，浸出温度30℃，钼浸出率可达到95.67%。此工艺钼浸出率高，不产生烟气污染，但是浸出过程中镍主要存在于浸出渣中，没有综合回收。

③镍钼矿生物冶金工艺

生物冶金相对于传统冶金工艺来说，具有处理成本低、环境友好等特点。陈家武等采用嗜热菌（金属硫叶菌）、氧化亚铁硫杆菌对镍钼矿进行浸出，采用嗜热菌浸出率较高，此时镍浸出率高于93%，钼的浸出率在70%左右，此工艺对开发镍钼矿处理新工艺具有一定意义，但是要实现工业化应用，还有待进一步研究。

### 1.4.3 镍钼矿选矿处理工艺

镍钼矿中镍、钼品位远高于其开采品位，但是高品位镍钼矿（Mo > 2%）直接应用为冶炼原料，生产成本高，低品位镍钼矿（Mo < 2%）无法直接作为冶炼原料。由于低品位镍钼矿储量大，无法开采应用，造成了巨大损失，所以需要对镍钼矿进行选矿富集。

在镍钼矿的选矿方面，国内多家科研单位进行过研究，中南大学和湖南有色金属研究院做了较深入的研究，并取得了可喜的成果。陈代雄等根据镍钼矿中碳含量高的特点，在浮选时先用煤油浮选预脱碳，降低后续浮选中碳对药剂的吸附，减少药剂用量和提高浮选精矿品位。此工艺获得了较好的工艺指标，可以为镍钼矿后续冶炼提供原料。

杨枝露在镍钼矿浮选起泡剂方面做了比较全面的研究，并认为TPNB与醇类复配的组合起泡剂，大大改善了起泡剂的选择性，提高了镍钼矿浮选回收率，对镍钼矿综合利用开发提供了一定的理论依据。王振、胡开文对镍钼矿浮选理论做了一定的研究，为镍钼矿浮选利用做出了贡献。

孙伟等开发的 Blashale 系列药剂对某黑色岩系镍钼矿具有很好的浮选效果，镍钼矿钼品位3.485%，经过一次粗选、两次精选可以获得钼品位9.58%、回收率82.63%的钼精矿，为下一步镍钼矿的回收处理提供了原料。孙伟、胡岳华等人还引入强物理场(如热力场、强超声波和微波等)对镍钼矿石进行预脱碳处理，然后加入镍、钼的高效活化剂活化镍、钼矿物，再用煤油或黄药做捕收剂进行浮选，可以使原矿钼品位0.5% ~2%的低品位矿浮选富集得到钼、镍品位为5% ~8%、回收率大于75%的镍钼混合精矿。而且，由于镍钼矿目的矿物赋存状态的复杂性，采用了 X 射线分选机对镍钼矿进行抛尾处理，降低了后续浮选中脉石矿物的影响，减少了药剂用量，降低了生产成本。

在中南大学，湖南有色金属研究院等单位的研究下，镍钼矿选矿技术方面有了很大的改善。该工艺不仅使得钼精矿中钼品位大大提高，而且将钼矿物中硫化钼矿物和氧化钼矿物进行初步分离，为镍钼矿的后续冶炼过程创造了有利条件。通过选矿将镍钼矿物富集，大大减少了冶金的入料量，综合效益大大提高。

### 1.4.4 镍钼矿选 - 冶联合处理工艺

选 - 冶联合处理工艺是一种以选矿和冶金的方法顺序或交替使用来处理难选矿石的工艺流程。很多难选的矿石的处理，往往单独应用选矿方法难以达到满意的效果，所以有必要采用选冶联合流程进行处理。

由于镍钼矿资源的特点，单独应用选矿方法处理，很难将其中镍、钼浮选回收，也无法使其中的镍、钼有效分离。由于此种镍钼矿中镍、钼含量都很高，单独作为钼矿或者镍矿浮选，均会造成资源浪费。所以，钼镍矿综合回收利用要采用选矿和冶炼相结合的处理方法，这样才能达到镍钼矿资源的合理开发利用。此联合流程不仅更好地回收其中有价资源，而且更加环保，大大降低了对环境的污染。

中南大学稀有金属冶金所和矿物加工所在国家“863”计划(项目名称：黑色岩系中镍钼提取新技术，项目编号：2007AA06Z129)支持下联合攻关，选矿和湿法冶炼均取得了突破性成果。选矿方面通过孙伟、胡岳华等研发的镍钼矿专用新药剂及梯级浮选流程，可以将镍钼矿浮选产出含钼高镍低的钼精矿和镍高钼低的镍精矿，并可以使其中的硫化钼和氧化钼产生分离，此选矿工艺可以使钼精矿中钼品位富集为原矿的3 ~4 倍，大大降低了冶炼入料量，降低了冶炼成本。根据产出精矿中硫化钼和氧化钼含量，可以适当调节浸出剂的用量，节约浸出剂。冶炼方面，杨亮、赵中伟等开发了常压空气氧化浸出镍钼矿新工艺，空气作为廉价的氧化剂，不仅绿色环保，而且不会在浸出过程中带入新的杂质。富钼精矿空气浸出液钼浓度较低（[Mo] = 5 ~ 10 g/L），且含有大量硫的低价氧化物（$SO_3^{2-}$，$S_2O_3^{2-}$）及砷、磷等杂质离子。根据钼溶液的化学特点，将浸出液调至弱酸性，以使钼聚合成与有机相亲和力较大的多酸离子。对含钼浸出液，开发了以原位生成的新生态 $MnO_2$为选择性沉淀剂的除钨、钒、砷、磷新工艺。针对钼浸出液的特点，在最佳沉淀 pH、沉淀剂用量、氧化剂用量、时间等因素条件下，除钨率达93%，除钒率达94%，除砷率达86%，除磷率为80%。镍钼矿经常压空气氧化提钼、钨、钒后得到含镍提钼渣，提钼渣经 $H_2SO_4$ + $NaClO_3$酸性氧化浸出后得含铁、铜、锌、钙、镁等杂质的酸性镍溶液。对镍浸出液采用黄钠铁钒 - 水解沉淀联合法除铁。除铁后的溶液采用活性硫化镍法除铜。除铁、铜后的镍溶液采用氟盐沉淀法除钙镁，再以 P204 + 煤油为有机相萃取除锌，并对其他杂质进一步净化。针对上述镍净化溶液，采用 P204 + 煤油作为有机相萃取富集镍。富集后的镍溶液采用碳酸钠中和沉淀碳酸镍，所得碳酸镍产品符合碳酸镍工业纯一级品要求。

## 1.5 黑色岩系资源开发研究的意义

### 1.5.1 石煤钒矿资源开发意义

石煤提钒是我国战略性金属钒的主要来源，由于人们普遍认为石煤中的钒不可选，从而长期以来没有进行石煤矿大规模的选矿处理，而是直接用低品位的石煤原矿进行冶炼提钒，导致冶炼过程处理量巨大，投资成本和冶炼成本高，直接冶炼没有经济效益。另外，石煤中碳质、方解石、白云石、黄铁矿等含量较高，酸浸过程中酸和氧化剂消耗量很大。如果通过选矿的方法抛除大部分不含钒的脉石矿物，特别是方解石等耗酸物质，将石煤中的碳质进行富集，不仅可以减少冶炼处理量，降低冶炼药剂成本，提高钒的产量，还能提高我国低品位石煤矿石的资源利用率。

由于石煤中含钒矿物种类较多，钒的存在形式多样，研究思路之一是通过选矿的方法，将石煤中不同类别的含钒矿物分别选出来，在后续的冶炼过程中分别处理。例如，含钒碳质矿物、含钒褐铁矿等以离子型吸附状态存在的含钒矿物可采用直接酸浸法提钒；含钒云母等以类质同象存在的含钒矿物，硫酸很难浸入，可采取添加含氟助浸剂或混合助浸剂破坏矿物晶体结构的方法实现钒的浸出，也可考虑先通过焙烧破坏钒云母的晶体结构，再对焙烧矿进行浸出的提钒工艺。另外，将石煤中方解石、白云石等耗酸矿物提前脱除，并将其中的碳质进行高效富集，不仅抛除耗酸的脉石矿物，降低冶炼药剂成本，增加冶炼处理量，还可以充分利用各类资源，为冶炼提供热源。

### 1.5.2 镍钼矿资源开发意义

近几十年，由于我国大量的需求而对钼、镍矿产资源进行大规模开采，造成了我国乃至世界范围内都出现了钼、镍资源保有储量十分短缺的严峻形势，利用非传统镍钼资源就成为一个十分迫切的问题。针对镍钼矿资源特点，直接冶炼处理成本高，Mo品位小于2%的镍钼矿无法利用，造成环境污染和资源浪费。镍钼矿浮选技术开发的主要研究内容如下：

(1)对镍钼矿进行工艺矿物学研究，充分了解镍钼矿矿物组成及矿物间嵌布情况，为镍钼矿浮选分离提供理论基础。

(2)对氧化钼(镍)、钼酸钙和氟磷灰石进行单矿物浮选试验，通过其可浮性差异研究镍钼矿中氧化矿物浮选回收。

(3)通过红外光谱分析、黏着功计算、分子动力学模拟等手段，研究了氧化钼(镍)、钼酸钙、氟磷灰石与浮选药剂的作用机理。

(4)对镍钼矿实际矿石进行了浮选试验，研究了适用于镍钼矿浮选的专用捕收剂及分散剂，开发了镍钼矿梯级浮选新技术。

(5)镍钼矿梯级浮选技术在张家界某镍钼矿选矿厂应用，浮选指标良好，可以进行工业化推广。

通过以上研究，开发的镍钼矿梯级浮选新技术大大增加了镍钼矿资源利用率，降低了处理成本，减少了环境污染，对黑色岩系矿产资源浮选回收具有重要借鉴意义。

## 参考文献


[1] 陈东辉. 中国含钒钢技术发展趋势及市场需求分析[C]. 北京：2010.

[2] 高锦章，张煊，赵彦春，等. 催化动力学法测定钒的研究进展[J]. 冶金分析，2001(03)：29-34.

[3] Zhang Y, Bao S, Liu T, et al. The technology of extracting vanadium from stone coal in China: History, current status and future prospects [J]. Hydrometallurgy, 2011, 109(1-2): 116-124.

[4] 李季，张衍林. 钒矿资源及提钒工艺综述[J]. 湖北农机化，2009，(1)：60-61.

[5] 段炼，田庆华，郭学益. 我国钒资源的生产及应用研究进展[J]. 湖南有色金属，2006，22(6)：17-20.

[6] He D, Feng Q, Zhang G, et al. An environmentally-friendly technology of vanadium extraction from stone coal [J]. Minerals Engineering, 2007, 20(12): 1184-1186.

[7] 朱保仓. 高碳石煤提钒新工艺研究[D]. 西宁：西安建筑科技大学，2007.

[8] 王明玉，王学文. 石煤提钒浸出过程研究现状与展望[J]. 稀有金属，2010，34(1)：90-97.

[9] 蒋凯琦，郭朝晖，肖细元. 中国钒矿资源的区域分布与石煤中钒的提取工艺[J]. 湿法冶金，2010(04).

[10] 王秋霞，马化龙. 我国钒资源和 V2O5 研究、生产的现状及前景[J]. 矿产保护与利用，2009(05).

[11] 吴惠玲. 常压下从含钒石煤中浸取钒的新技术研究[D]. 昆明：昆明理工大学，2008.

[12] 文喆. 国内外钒资源与钒产品的市场前景分析[J]. 中国金属通报，2001：7－8.

[13] 龚璐璐. 石煤钠法提钒柱后废液镍、镉离子交换的影响因素研究[D]. 南昌：南昌大学，2013.

[14] 武宝新，王晖，符剑刚，等. 湖南某石煤钒矿选煤选钒的探索试验[J]. 稀有金属与硬质合金，2014，(3)：1－6.

[15] 万洪强，宁顺明，佘宗华，等. 石煤钒矿浓酸熟化浸出工艺优化[J]. 稀有金属，2014，38(5)：880－886.

[16] 王学文，王明玉. 石煤提钒工艺现状及发展趋势[J]. 钢铁钒钛，2012，38(1)：8－14.

[17] 刘建忠，张保生，周俊虎，等. 石煤燃烧特性及其类属研究[J]. 中国电机工程学报，2007(29)：17－22.

[18] 王立社. 陕西秦岭黑色岩系及其典型矿床地质地球化学与成矿规律研究[D]. 西宁：西北大学，2009.

[19] 侯俊富. 南秦岭下寒武统黑色岩系中金—钒成矿特征及成矿规律[D]. 西宁：西北大学，2008.

[20] 秦明. 湖北省郧县大柳钒矿床地质特征及成矿规律[D]. 中国地质大学(北京)，2009.

[21] 武妍娜. 陕西省平利县瓦房沟钒矿床地质特征研究[J]. 地球科学，2013，59－65.

[22] 惠学德，王永新，吴振祥. 石煤提钒工艺的研究应用现状[J]. 中国有色冶金，2011，(2)：10－16.

[23] 胡杨甲. 高钙云母型含钒页岩焙烧及浸出机理研究[D]. 武汉：武汉理工大学，2012.

[24] 魏昶，麦毅，樊刚，等. 低品位含钒石煤酸浸提钒工艺研究[J]. 矿产综合利用，2010：12－14.

[25] 何东升. 石煤型钒矿焙烧—浸出过程的理论研究[D]. 长沙：中南大学，2009.

[26] Li X, Wei C, Deng Z, et al. Selective solvent extraction of vanadium over iron from a stone coal/black shale acid`leach solution by D2EHPA/TBP[J]. Hydrometallurgy, 2011, 105(3－4): 359－363.

[27] 张焕侠. 陕西小型石煤钒矿综合利用前景分析[J]. 陕西地质，2013，31(1)：62－68.

[28] 张学林. 石煤综合利用的一个范例——湖南益阳石煤发电综合试验厂调查[J]. 煤炭加工与综合利用，1990，29－33.

[29] 陈佳. 石煤提钒尾矿制备烧结陶粒的工艺及机理研究[Z]. 2013.

[30] 崔艳华，孟凡明. 钒电池储能系统的发展现状及其应用前景[J]. 电源技术，2005，29(11)：776－780.

[31] 杨晓. 助浸剂强化石煤中钒浸出过的过程及机理研究[D]. 武汉：武汉科技大学，2012.

[32] 赵杰. 石煤提钒空白焙烧工艺及助浸剂酸浸热力学研究[D]. 武汉：武汉科技大学，2013.

[33] 柯兆华，李青刚，曾成威.空白焙烧－加压高温碱浸法从石煤中提钒的实验研究[J].稀有金属与硬质合金，2011，39：10－13.
[34] 张兵兵.硅质页岩钡矿钙化焙烧提钒工艺研究[D].武汉：中国地质大学(武汉)，2011.
[35] 张晓刚，高永波，徐强，等.石煤钒矿钙化焙烧碱浸提钒工艺的实验研究[J].应用化工，2013，42：1026－1028.
[36] 田宗平，邓圣为，曹健，等.石煤钒矿直接硫酸浸出试验研究[J].湖南有色金属，2012，28：17－19.
[37] 田宗平，曹健，秦毅.石煤钒矿硫酸浸出制备五氧化二钒试验研究[J].无机盐工业，2014，46(2)：25－28.
[38] 叶国华，何伟，童雄，等.黏土钒矿不磨不焙烧直接酸浸提钒的研究[J].稀有金属，2013，37(4)：621－627.
[39] 边颖，张一敏，包申旭，等.含钒石煤选矿预富集技术[J].金属矿山，2013，(9)：94－99.
[40] 戴文灿，朱柒金，陈庆邦，等.石煤提钒综合利用新工艺的研究[J].有色金属：选矿部分，2000，(3)：15－17.
[41] 汪平，冯雅丽，李浩然，等.高碳石煤流态化氧化焙烧提高钒的浸出率[J].中国有色金属学报，2012，22(2).
[42] 叶国华，张爽，何伟，等.石煤的工艺矿物学特性及其与提钒的关系[J].稀有金属，2014，38(1)：146－157.
[43] Zhao Y, Zhang Y, Liu T, et al. Pre－concentration of vanadium from stone coal by gravity separation[J]. International Journal of Mineral Processing, 2013：1－5.
[44] Zhao Y, Zhang Y, Bao S, et al. Separation factor of shaking table for vanadium pre－concentration from stone coal[J]. Separation and Purification Technology, 2013：92－99.
[45] Wang L, Sun W, Liu R, et al. Flotation recovery of vanadium from low－grade stone coal [J]. Transactions of Nonferrous Metals Society of China, 2014, 24(4)：1145－1151.
[46] 向平，冯其明，钮因健，等.选矿富集阿克苏石煤钒矿中的钒[J].材料研究与应用，2010，(1)：65－70.
[47] 李洁，马晶.黑色岩系吸附态钒矿机械抛尾及提钒新工艺研究[J].云南冶金，2011，93－96.
[48] 卫敏，吴东印，张艳娇.淅川钒矿擦洗选矿试验研究[J].矿产保护与利用，2007(2)：34－36.
[49] 王学文，王晖，符剑刚.一种石煤提钒碳综合回收方法[D].2010.
[50] 姚金江，吴海国，李婕.高钙低品位石煤提取五氧化二钒新工艺[J].湖南有色金属，2009(6)：21－23.
[51] 古德生.对中国矿业可持续发展问题的思考[J].世界采矿快报，1997，(2)：3－5.
[52] 张文钲，徐秋生.我国钼资源开发现状与发展趋势[J].中国钼业，2006，(9)：1－4.
[53] 孙宏华.中国有色金属矿产资源的开发利用必须走可持续发展之路[J].有色金属(矿山部分)，1999，(3)：2－4.
[54] 郭朝洪，皇文俊，崔养权，等.我国钼矿资源及开发[J].中国钼业，1997，Z1：36－40.

[55] 许洁瑜，杨刘晓，王俊龙. 中国钼资源利用与可持续发展战略研究[J]. 中国钼业，2005，29(4)：3－9.

[56] 张启修，赵秦生. 钨钼冶金[M]. 长沙：中南大学出版社，2005.

[57] Gupta C K. Extractive metallurgy ofmolybdenum [M]. London：CRC Press，1992.

[58] 向铁根. 钼冶金[M]. 长沙：中南大学出版社，2002.

[59] 陈建华，冯其明. 钼矿的选矿现状[J]. 矿产保护与利用，1994(6)：26－28.

[60] Smit F J，Bhasin A K. Relationship of petroleum hydrocarbon characteristics and molybdeniteflotation [J]. International Journal of Mineral Processing，1985，(1－2)：19－40.

[61] Chander S，Fuerstenau D W. Effect of potassium diethyl － thiophosphate on the interfacial properities of molybdenite [J]. Institution of Mining Metallurgy Transactions/Section，1974：180－182.

[62] Chader S，Fuerstenau D W. On the natural floatabiity ofMolybdenite [J]. Transactions of the Society of Mining Engineers of AIME，1972，252：62－68.

[63] Deepak. Malhotra. Recover of molybdenite [P]. US4606817. 1986.

[64] Adriaan，Wiechers. Froth flotation process and collectorcompostion [P]. US4221644. 1980.

[65] 张文钲. 辉钼矿浮选捕收剂的寻觅[J]. 中国钼业，2006，02：3－6.

[66] Martin. C. Kuhn. Methods for recovery ofmolybdenum [P]. US20080067112. 2008.

[67] 鲁军. 某斑岩型铜钼矿浮选试验研究[J]. 现代矿业，2010，01：55－57.

[68] 张永亮，康宝林，高伟. 捕收剂飞瑞 7 号在浮选某难选钼矿石中的应用[J]. 有色金属(选矿部分)，2013，01：81－84.

[69] 王立刚，刘万峰，孙志健. 西藏玉龙铜矿氧化铜钼矿选矿试验研究[J]. 有色金属(选矿部分)，2009，04：1－3.

[70] 刘世友. 镍工业资源应用与发展[J]. 有色矿冶，1998，14(6)：54－58.

[71] James B M，Raymond M C J，Richard I G，et al. Cyclic variations of sulfur isotopes in Cambrian stratabound Ni－Mo－(PGE－Au) ores of southern China[J]. Geochimica et Cosmochimica Acta，1994，58(7)：1813－1823.

[72] Orberger B，Vymazalova A，Wagner C，et al. Biogenic origin of intergrown Mo－sulphide－ and carbonaceous matter in Lower Cambrian black shales (Zunyi Formation，southern China) [J]. Chemical Geology，2007，(238)：213－231.

[73] Jiang S Y，Yang J H，Ling H F，et al. Extreme enrichment of polymetallic Ni － Mo － PGE － Au in Lower Cambrian black shales of South China：An Os isotope and PGE geochemical investigation[J]. Palaeogeography，Palaeoclimatology，Palaeoecology，2007，254：217－228.

[74] Kribek B，Sykorova I，Pasava I，et al. Organic geochemistry and petrology of barren and Mo－Ni－PGE mineralized marine black shales of the Lower Cambrian Niutitang Formation (Southern China)[J]. International Journal of Coal Geology，2007，(72)：240－256.

[75] Orberger B，Vymazalova A，Wagner C，et al. Biogenic origin of intergrown Mo－sulphide－ and carbonaceous matter in Lower Cambrian black shales (Zunyi Formation，southern China) [J]. 2007，(238)：213－231.

[76] Stow D A V, Huc A Y, Bertrand P. Depositional processes of black shales in deep water[J]. Marine and Petroleum Geology, 2001, 18(4): 491 - 498.
[77] Fan D, Zhang T, Ye J, et al. Geochemistry and origin of tin - polymetallic sulfide deposits hosted by the Devonian black shale series near Dachang, Guangxi, China[J]. Ore Geology Reviews, 2004, (24): 103 - 120.
[78] 董允杰，缪家坦. 我国钼镍矿及生产现状[J]. 中国钼业，2008，(2)：60.
[79] 鲍正襄，万榕江，包觉敏. 湘西北镍钼矿床成矿特征与成因[J]. 湖北地矿，2001，15(1)：14 - 32.
[80] 曾明果. 遵义黄家湾镍钼地质特征及开发前景[J]. 贵州地质，1998，15 (4)：305 - 310.
[81] 夏庆霖，赵鹏大，陈永清，等. 云南德泽下寒武统黑色岩系中 Ni - O - V - PGE 多金属矿化[J]. 中国地质大学学报，2008，33(1)：67 - 77.
[82] 王明玉，王学文，蒋长俊，等. 镍钼矿综合利用过程及研究现状[J]. 稀有金属，2012，02：321 - 328.
[83] 潘家永，马东升，夏菲，等. 湘西北下寒武统镍 - 钼多金属富集层镍与钼的赋存状态[J]. 矿物学报，2005，25(3)：283 - 287.
[84] 陈代雄，唐美莲，薛伟，等. 高碳钼镍矿可选性试验研究[J]. 湖南有色金属，2006，22 (6)：9 - 11.
[85] 范德廉，张焘，叶杰，等. 中国的黑色岩系及其有关矿床[M]. 北京：科学出版社，2004.
[86] Nijennhuis I A, Bosch H J, Damste J S, et al. Organic matter and trace element rich sapropels and black shales: a geochemical comparison[J]. Earth and planetary science letters, 1999, 169 (3 - 4): 277 - 290.
[87] Brumsack H J. The trace metal content of recent organic carbon - rich sediments: Implications for Cretaceous black shale formation[J]. Palaeogeography, Palaeoclimatology, Palaeoecology, 2006, 232(2 - 4): 344 - 361.
[88] 叶杰，范德廉. 黑色岩系型矿床的形成作用及其在我国的产出特征[J]. 矿物岩石地球化学通报，2000，19(2)：95 - 102.
[89] Wilde P, Lyons T W, Mary S Q. Organic carbon proxies in black shales: molybdenum[J]. Chemical geology, 2004, 206(3 - 4): 167 - 176.
[90] 贾帅广，陈星宇，刘旭恒，等. 镍钼矿研究现状及发展趋势[J]. 中国钨业，2012，06：8 - 12.
[91] 黄少波. 镍钼矿湿法处理新工艺研究 - 复杂含镍溶液制备镍产品[D]. 长沙：中南大学，2009.
[92] 孙伟，刘建东，胡岳华，等. 热处理对黑色岩系镍钼矿富集的影响[J]. 中南大学学报(自然科学版)，2011，42(4)：853 - 858.
[93] 孙伟，胡岳华，刘建东. 一种高钼镍矿浮选前的预处理方法[P]. 中国专利：200910043420.7，2009 - 10 - 07.
[94] 夏文堂，任正德. 难选镍钼矿的预处理试验研究[J]. 矿冶，2010，19(2)：34 - 37.
[95] 秦纯. 用碳酸钠转化处理黑色页岩分离钼镍的工艺[P]. 中国专利：1177012A. 1998 -

03 - 25.

[96] 朱薇，肖连生，刘志强，等. 贵州遵义镍钼矿固硫焙烧的实验研究[J]. 中国稀土学报，2010，28：569 - 571.

[97] 王志坚. 硫酸化焙烧处理镍钼矿的工艺研究[J]. 湖南有色金属，2009，25(2)：25 - 27.

[98] 皮关华，徐徽，陈白珍，等. 从难选镍钼矿中回收钼的研究[J]. 湖南有色金属，2007，23(1)：9 - 12.

[99] 彭俊. 镍钼矿综合提取镍钼新工艺研究[D]. 长沙：中南大学，2011.

[100] Wang M, Wang X, Liu W. A novel technology of molybdenum extraction from low grade Ni - Mo ore[J]. Hydrometallurgy, 2009, 97(1 - 2)：126 - 130.

[101] 肖连生，王学文，李青刚，等. 一种含钒钼酸盐溶液深度除钒方法[P]. 中国专利：CN101062785，2007 - 10 - 31.

[102] Hu J, Wang X, Xiao L, et al. Removal of vanadium from molybdate solution by ion exchange [J]. Hydrometallurgy, 2009, 95(3 - 4)：203 - 206.

[103] Li Q, Zhang Q, Zeng L, et al. Removal of vanadium from ammonium molybdate solution by ion exchange[J]. Transactions of Nonferrous Metals Society of China, 2009, 19(3)：735 - 739.

[104] 邹贵田. 用稀酸从钼镍共生矿提取钼和镍盐的方法[P]. 中国专利：1267739A，2000 - 09 - 27.

[105] WANG S F, WEI C, DENG Z G, et al. Extraction of molybdenum and nickel from Ni - Mo ore by pressure acid leaching[J]. Transactions of Nonferrous Metals Society of China, 2013, 10：3083 - 3088.

[106] 肖朝龙，肖连生，龚柏藩，等. 镍钼矿全湿法浸出工艺研究[J]. 稀有金属与硬质合金，2010，38(4)：1 - 5.

[107] 李青刚，肖连生，张贵清，等. 镍钼矿生产钼酸铵全湿法生产工艺及实践[J]. 稀有金属，2007(31)：95.

[108] 刘明朴，彭晓东，刘军威，等. 镍钼矿中钼的湿法浸出试验研究[J]. 矿冶工程，2011，02：83 - 85.

[109] 陈家武，高从堦，张启修，等. 硫化叶菌对镍钼硫化矿的浸出作用[J]. 过程工程学报，2009(2)：258 - 263.

[110] 陈家武，高从堦，张启修，等. 嗜热金属球菌对镍钼矿的浸出[J]. 北京科技大学学报，2009(10)：1224 - 1230.

[111] 陈代雄，杨建文，刘锡贵，等. 一种高碳钼镍矿的选矿方法[P]. 中国专利：200910042493.4，2009 - 07 - 15.

[112] 陈代雄，杨建文，刘锡桂，等. 一种高碳钼镍矿高效浮选分离钼镍回收钼镍得到钼精矿和镍钼混合精矿的方法[P]. 中国专利：201110029957.5，2011 - 10 - 19.

[113] 杨枝露. 低品位黑色页岩镍钼矿清洁浮选新技术基础研究[D]. 长沙：中南大学，2009.

[114] 王振. 提高镍钼矿综合利用率新方法及界面作用规律的研究[D]. 长沙：中南大学，2012.

[115] 胡开文. 镍钼矿浮选尾矿矿物学特性及浮选基础研究[D]. 长沙：中南大学，2013.

[116] 刘建东, 孙伟, 苏建芳, 等. Blashale promoter 捕收剂浮选黑色岩系镍钼矿的试验研究[J]. 金属矿山, 2010, 01: 90-92.
[117] 孙伟, 胡岳华, 邓美娇. 一种镍钼矿的高效选矿技术[P], 中国专利: 200810030795.5, 2008-09-10.
[118] 孙伟, 胡岳华, 刘文莉. 用X射线分选机对镍钼矿进行抛尾的方法[P], 中国专利: 201010226395.9, 2012-12-01.
[119] 卢友忠, 曾青云. 选冶联合工艺从钨尾矿及细泥中回收钨的试验研究[J]. 江西理工大学学报, 2009, 30(3): 70-73.
[120] 杨勇, 陈鹤群. 铜阳极泥选冶联合流程的特点与展望[J]. 昆明理工大学学报(理工版), 2002, 27(1): 31-33.
[121] 杨亮. 基于选冶结合的镍钼矿提钼新工艺研究[D]. 长沙: 中南大学, 2012.
[122] 胡为柏. 浮选[M]. 北京: 冶金工业出版社, 1989.
[123] 胡熙庚. 浮选理论与工艺[M]. 长沙: 中南工业大学出版社, 1991.
[124] 汤雁斌. 国内外钼矿选矿技术进步与创新[J]. 铜业工程, 2010, 01: 29-33.
[125] 张文钲. 钼矿选矿技术进展[J]. 中国钼业, 2008, 32(1): 1-7.

# 第2章 黑色岩系矿石性质和主要金属矿物嵌布关系

## 2.1 石煤钒矿中含钒矿物嵌布关系

钒在石煤中的赋存状态与其成因密切相关，由于石煤形成的特殊性，各个地区的石煤资源中钒的品位、赋存状态及嵌布特征等工艺矿物学性质差别很大，导致实际生产中所选用的提钒工艺及设备具有多样性。通常，同一矿体中都含有多种含钒矿物。表2-1为我国部分地区石煤矿中钒的赋存状态情况。

表2-1 石煤含钒矿物类型及钒的分配率

| 产地 | 含钒矿物 | $V_2O_5$分配率/% |
| --- | --- | --- |
| 湖北 | 有机质、沥青 | 15 |
| | 云母 | 50 |
| | 伊利石 | 35 |
| 浙江诸暨 | 含钒云母 | 89.9 |
| | 含钒高岭石 | 7.4 |
| | 含钒石榴子石 | 2.7 |
| 浙江安仁 | 钒云母 | 16.4 |
| | 黏土 | 83.6 |
| 湖南岳阳 | 高岭石为主的硅铝酸盐 | 70 |
| | 游离氧化物 | 10~20 |
| | 碳质 | 少量 |
| 陕西 | 氧化铁及黏土矿物 | 20~40 |
| | 云母类矿物 | 60~80 |
| | 电气石、含钒石榴子石 | 3~5 |
| 四川广旺 | 氧化铁及黏土中钒 | 6.43 |
| | 云母类矿物 | 55 |
| | 难溶硅酸盐矿物 | 38.57 |

根据钒在石煤中的赋存状态可以将其分成四类：

(1)以吸附状态存在。这类钒主要以 $V^{4+}$ 和 $V^{5+}$ 为主，吸附在石煤中的碳质、氧化铁及高岭土等黏土矿物中。这类钒在石煤中所占的比例较小，而且比较容易浸出。

(2)以类质同象形式赋存于铝硅酸盐矿物中。由于 $V^{3+}$ 的半径及性质与 $Al^{3+}$、$Fe^{3+}$ 相似，所以在石煤形成过程中钒容易以类质同象的形式取代铝硅酸盐矿物晶格中的铝原子，形成含钒的铝硅酸盐矿物。这类钒在石煤中所占的比例最多，而且矿物中若使钒浸出，需要破坏铝硅酸盐矿物的晶体结构，所以是最难浸出的含钒矿物。

(3)以独立矿物的形式存在。这类矿物在石煤中所占比例非常少，基本上不到3%，主要是含钒石榴子石、钒云母、氧化钒、含钒电气石、橙钒钙石等矿物。

(4)钒赋存在沥青和嘌啉化合物等有机质中。

## 2.1.1　化学组成及物相组成

详细的工艺矿物学研究是选矿的基础。本章以陕西省山阳县地区高钙风化石煤和高碳硅质石煤为主要研究对象，进行系统的工艺矿物学研究。采用X射线荧光光谱、X射线衍射、光学显微分析、矿物解离度分析(MLA)等分析测试方法，分析其中含钒矿物、耗酸物质及碳质的矿物组成及嵌布特征，拟为后续的选矿技术开发提供依据。

矿样的X射线荧光光谱分析结果见表2-2和表2-3。由表可以看出，原矿石中主要成分为 $SiO_2$，含量为70%左右。高钙石煤中 $V_2O_5$ 的品位比较低，仅有0.67%左右，另有少量的Fe、C，钙的含量比较高，对钒的浮选及后续的酸浸都是有害的元素，所以考虑用浮选的方法预先脱除钙。高碳石煤中 $V_2O_5$ 的品位只有0.91%左右，另有14%左右的碳，是对钒的浮选及后续的酸浸有害的元素。矿样中其他金属含量很低，基本没有利用价值。

**表2-2　高钙风化石煤矿石化学分析结果**

| 成分 | $V_2O_5$ | $Fe_2O_3$ | CaO | $SO_3$ | $SiO_2$ | $P_2O_5$ | $K_2O$ |
|---|---|---|---|---|---|---|---|
| 含量/% | 0.67 | 1.64 | 3.24 | 1.40 | 75.72 | 0.46 | 0.91 |
| 成分 | $Al_2O_3$ | BaO | $CO_3$ | $TiO_2$ | $Cr_2O_3$ | CuO | ZnO |
| 含量/% | 3.77 | 2.63 | 4.90 | 0.12 | 0.02 | 0.03 | 0.60 |
| 成分 | $Mn_3O_4$ | $Na_2O$ | NiO | MgO | C | | |
| 含量/% | 0.03 | 0.02 | 0.02 | 0.52 | 2.92 | | |

**表2-3　高碳硅质石煤矿石化学分析结果**

| 成分 | $Al_2O_3$ | BaO | CaO | $Cr_2O_3$ | CuO | $Fe_2O_3$ | ZnO |
|---|---|---|---|---|---|---|---|
| 含量/% | 4.03 | 0.73 | 1.04 | 0.01 | 0.03 | 2.86 | 0.15 |
| 成分 | $K_2O$ | MgO | $TiO_2$ | $Na_2O$ | NiO | $P_2O_5$ | PbO |
| 含量/% | 2.61 | 0.73 | 0.17 | 1.05 | 0.03 | 0.69 | 0.11 |
| 成分 | $SO_3$ | $SiO_2$ | $V_2O_5$ | C | | | |
| 含量/% | 5.41 | 69.43 | 0.91 | 14.12 | | | |

矿石的X射线衍射图谱如图2-1和图2-2所示。由图可以看出，矿石主要由非金属矿物组成，主要矿物成分为石英，其次为钾长石、云母、蒙脱石等，含有少量的金属氧化物，如黄铁矿，没有发现钒的自身独立矿物，高钙风化石煤中含有方解石、白云石，都是耗酸物质。

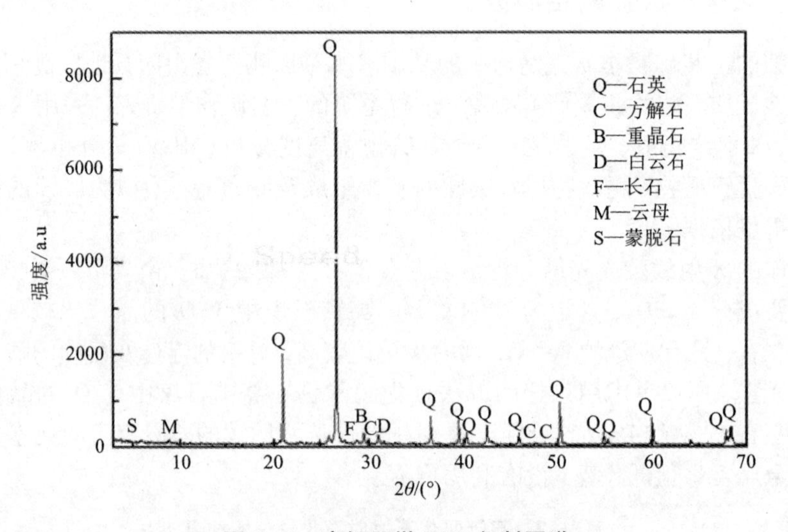


**图2-1　高钙石煤XRD衍射图谱**

为了进一步了解钒在矿石中的分布状况，用MLA仪器对高钙风化石煤和高碳石煤进行钒的物相分析，分析结果列于表2-4。由钒的物相分析结果可知，矿样中钒主要分布在云母类矿物(钒云母、白云母)中，钒的占有率为80%以上，少量分布在针铁矿、钙钒石榴子石、$V_2O_5-Fe_2O_3$、黄钾铁钒和钛铁矿中。由结果可见，秦岭一带石煤钒矿中钒相对比较富集，将含钒云母类矿物用选矿的方法选出，就可以将绝大部分的钒进行预先富集，这也是该石煤钒矿具有可选性的原因之一。

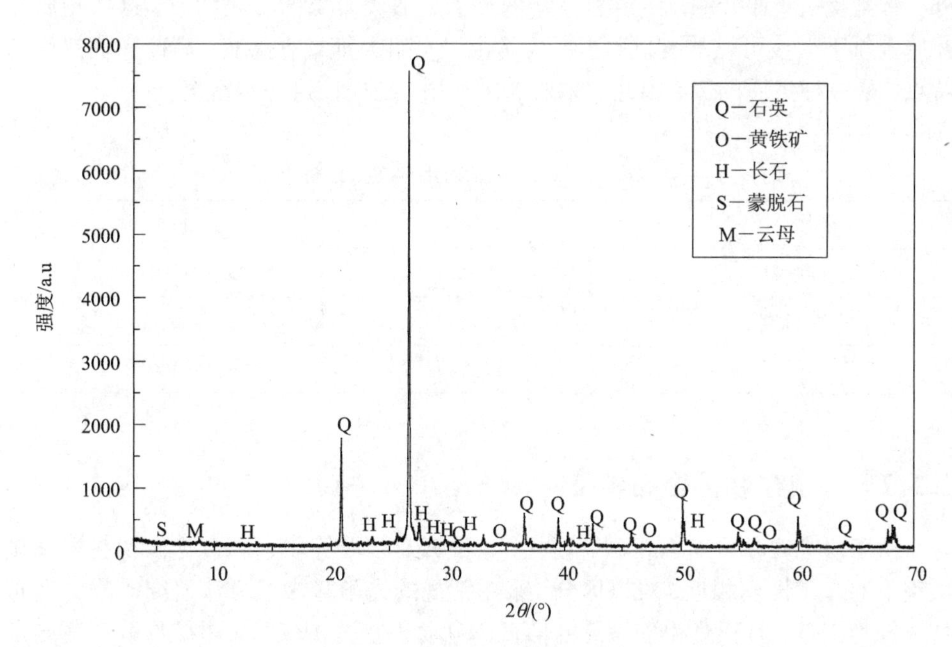


**图2-2　高碳石煤XRD衍射图谱**

**表2-4　矿石中钒元素的化学物相分析结果**

| 矿物 | $V_2O_5$品位/% | | 分布率/% | |
|---|---|---|---|---|
| | 风化石煤 | 高碳石煤 | 风化石煤 | 高碳石煤 |
| 钒云母 | 0.22 | 0.48 | 34.67 | 52.57 |
| 白云母 | 0.35 | 0.32 | 55.16 | 35.61 |
| 含钒针铁矿 | 0.033 | 0.05 | 5.20 | 5.05 |
| 钙钒石榴子石 | 0.009 | 0.04 | 1.42 | 4.24 |
| 钒钛矿 | 0.01 | 0.01 | 1.58 | 1.00 |
| $V_2O_5-Fe_2O_3$ | 0.01 | 0.01 | 1.58 | 0.94 |
| 黄钾铁矾 | — | 0.0041 | — | 0.45 |
| 含钒钛铁矿 | 0.0025 | 0.0013 | 0.39 | 0.14 |
| 总计 | 0.63 | 0.91 | 100 | 100 |

表2-5为矿石中碳元素的化学物相分析结果。结果表明，碳在该石煤中主要以有机碳的形式存在，这和石煤的形成有关。除了泥质、硅质、钙质等无机物

外，藻类及一些原始的动、植物等有机质也是形成石煤的重要物质，这些物质在还原气氛下形成可燃的有机碳岩。但是由于石煤大都具有高灰、高硫和低热值的特点，是一种劣质的煤，因此如果要加以利用，还应该进一步富集。

表2-5 矿石中碳的化学物相分析

| 矿物分类 | C/% | 分布率/% |
|---|---|---|
| 碳酸盐 | 2.11 | 15.14 |
| 有机碳 | 11.83 | 84.86 |
| 合计 | 13.94 | 100 |

### 2.1.2 含钒矿物的嵌布特征

由于研究对象含有有机碳，且石英、长石及云母等非金属氧化矿物在光学显微镜下的光学性质相近，难以区分，采用常规的光学显微镜方法研究矿物的嵌布特征较为困难，且很难得到满意的信息。自动矿物分析仪，又叫矿物解离度测定仪(MLA)，是世界上最先进的工艺矿物学参数快速定量分析检测系统，试验结果直观、准确。MLA 利用能够充分反映矿物相的成分差别特征的背散射电子图像，结合电子探针分析，快速获得检测区域的成分及含量。由于钒云母、V-Fe、V-Ti 氧化物含量非常少，普通的扫描电镜很难找到，所以主要通过 MLA 的方法研究钒的独立矿物嵌布特征及成分。

使用电子探针考查了石煤矿石中含钒矿物的成分及化学组成元素，电子探针分析结果见表2-6。从表2-6可以看出，石煤中钒云母矿物中钒的品位比较高，平均含钒15%左右，含钒云母中钒品位平均只有3%，与钒云母相比，含钒云母中硅、镁含量较高。此外，矿石中 V-Fe 氧化物含钒品位为10%左右、V-Ti 氧化物含钒20%左右，含钒褐铁矿中钒品位和含钒云母相似，只有3%左右，含量最少的钙钒榴石是钒的独立矿物，含钒品位16.68%。

表2-6 矿石中含钒矿物电子探针分析结果/%

| 含钒矿物 | O | Si | Mg | K | Fe | V | Al | Ca | S | Ti |
|---|---|---|---|---|---|---|---|---|---|---|
| 钒云母 | 46.20 | 22.39 | 0.61 | 4.54 | 4.48 | 12.95 | 8.83 | | | |
| 钒云母 | 47.39 | 24.87 | 0.43 | 4.92 | 0.66 | 15.90 | 5.83 | | | |
| 钒云母 | 48.59 | 30.18 | 0.35 | 4.09 | 1.35 | 10.46 | 4.98 | | | |
| 钒云母 | 45.91 | 19.76 | 0.68 | 6.61 | 0.79 | 19.58 | 6.67 | | | |

续表2-6

| 含钒矿物 | O | Si | Mg | K | Fe | V | Al | Ca | S | Ti |
|---|---|---|---|---|---|---|---|---|---|---|
| 钒云母 | 45.95 | 20.92 | 0.34 | 4.63 | 0.47 | 20.09 | 7.60 | | | |
| 含钒云母 | 33.74 | 43.79 | 2.51 | 6.06 | 0.66 | 3.75 | 9.49 | | | |
| 含钒云母 | 34.36 | 50.44 | 1.65 | 4.40 | 0.05 | 3.18 | 5.92 | | | |
| 含钒云母 | 22.53 | 51.53 | 1.57 | 8.63 | 1.31 | 5.77 | 8.66 | | | |
| 含钒云母 | 34.65 | 45.63 | 1.98 | 5.07 | 1.10 | 3.67 | 7.9 | | | |
| 含钒云母 | 40.20 | 48.94 | 0.79 | 2.11 | 2.86 | 1.54 | 3.56 | | | |
| 含钒云母 | 55.17 | 38.26 | 0.72 | 1.15 | 1.16 | 0.65 | 2.89 | | | |
| 含钒云母 | 42.11 | 46.5 | 1.41 | 3.03 | 0.05 | 2.12 | 4.78 | | | |
| V-Fe氧化物 | 33.52 | 0.22 | | | 52.86 | 11.15 | 1.12 | 0.17 | 0.53 | |
| V-Ti氧化物 | 18.36 | | | | 0.57 | 22.25 | | | | 58.82 |
| V-Ti氧化物 | 16.86 | | | | 14.2 | 18.93 | | | | 50.01 |
| V-Ti氧化物 | 20.91 | | | | 0.27 | 21.24 | | | | 57.58 |
| 含钒褐铁矿 | 32.42 | 1.99 | | | 56.49 | 3.04 | 4.25 | 1.09 | 0.57 | 32.42 |
| 含钒褐铁矿 | 28.59 | 5.08 | | 0.37 | 53.21 | 4.31 | 4.32 | 2.06 | 0.81 | 28.59 |
| 含钒褐铁矿 | 26.18 | 6.90 | | 0.64 | 54.43 | 1.94 | 5.43 | | 2.37 | 26.18 |
| 钙钒榴石 | 41.32 | 15.44 | | | | 16.68 | 1.20 | 23.82 | | |

钒云母是石煤矿中最普遍的含钒矿物，也是钒的独立矿物。电子探针结果表明，钒云母中的钒含量10%~20%，硅含量20%~30%，铝含量4%~8%，另有少量的Fe、Mg和S。图2-3列举出石煤钒矿中钒云母主要存在形式和嵌布关系，钒云母颗粒粒度差异较大，既有微细粒的颗粒，也有较大的颗粒，主要呈不规则形状产出，少量是已经解离的单体颗粒，大部分与石英、长石嵌布在一起。

少量钒云母和石英、长石、钙铁榴石、钙钒榴石、黄铁矿紧密共生在一起。钙铁榴石和钙钒榴石呈短脉状集合体沿矿石层理延伸充填于钒云母中。黄铁矿主要以微细粒浸染状分散在钒云母和长石的表面。由分析结果可见，钒云母结晶较好，嵌布关系比较简单，主要和长石、石英、黄铁矿共生，另外，矿石中大部分的含钒钙钒榴石、含钒褐铁矿和钒云母共生在一起，钒云母颗粒粒度在浮选范围内，可以通过浮选的方法将钒云母和钙钒榴石、含钒褐铁矿一同富集。

白云母是该地区石煤矿中主要的硅酸盐类矿物，也是最主要的含钒矿物。图2-4为石煤钒矿中常见的含钒云母类矿物扫描电镜图像及电子探针分析结果。

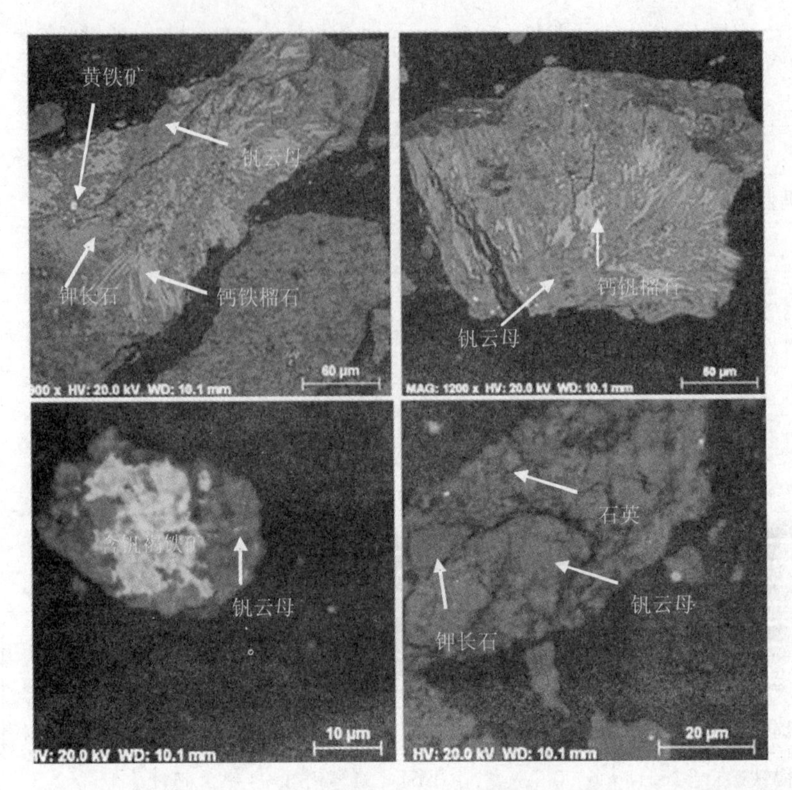


**图 2-3　石煤中钒云母矿物嵌布特征**

由电子探针分析结果表明，相比较钒云母，含钒云母中钒的品位较低，钒含量 1% ~5%，硅含量 40% ~50%，铝含量 5% 左右，另有少量的 Fe、Mg 和 Ti。

由图 2-4 可以看出，除了钒含量上的差异，含钒云母和钒云母的形态、粒度及赋存状态也有很大的差异。石煤中含钒云母粒度非常小，主要是呈微晶和隐晶质的形式存在，主要和微粒石英、长石、黏土矿物、碳质等组成团状颗粒集合体，颗粒大小在 5 μm 左右。一部分鳞片状含钒云母分布在石英、长石等脉石矿物表面，另有少量的含钒云母呈针状产出。石煤中含钒云母嵌布粒度很小，分散细微，多呈 5 μm 以下的微粒片状，与石英等脉石矿物紧密共生。

钒的载体矿物除了白云母外，还有微量的钒铁氧化物。钒铁氧化物是钒的独立矿物，主要组成成分为 V、Fe、O。由电子探针结果发现，钒铁氧化物中钒的含量在 10% 左右，氧化铁的含量在 50% 左右。如图 2-5 所示，钒铁氧化物主要呈圆球状、星点状和环状产出。V-Fe 氧化物的嵌布粒度较细，一般为 10 μm 左右。根据李赛赛对陕西省商南县—山阳县下寒武统黑色岩系中钒矿田地质构造特征及成因的研究，认为钒铁氧化物是胶体老化后的非晶质体。

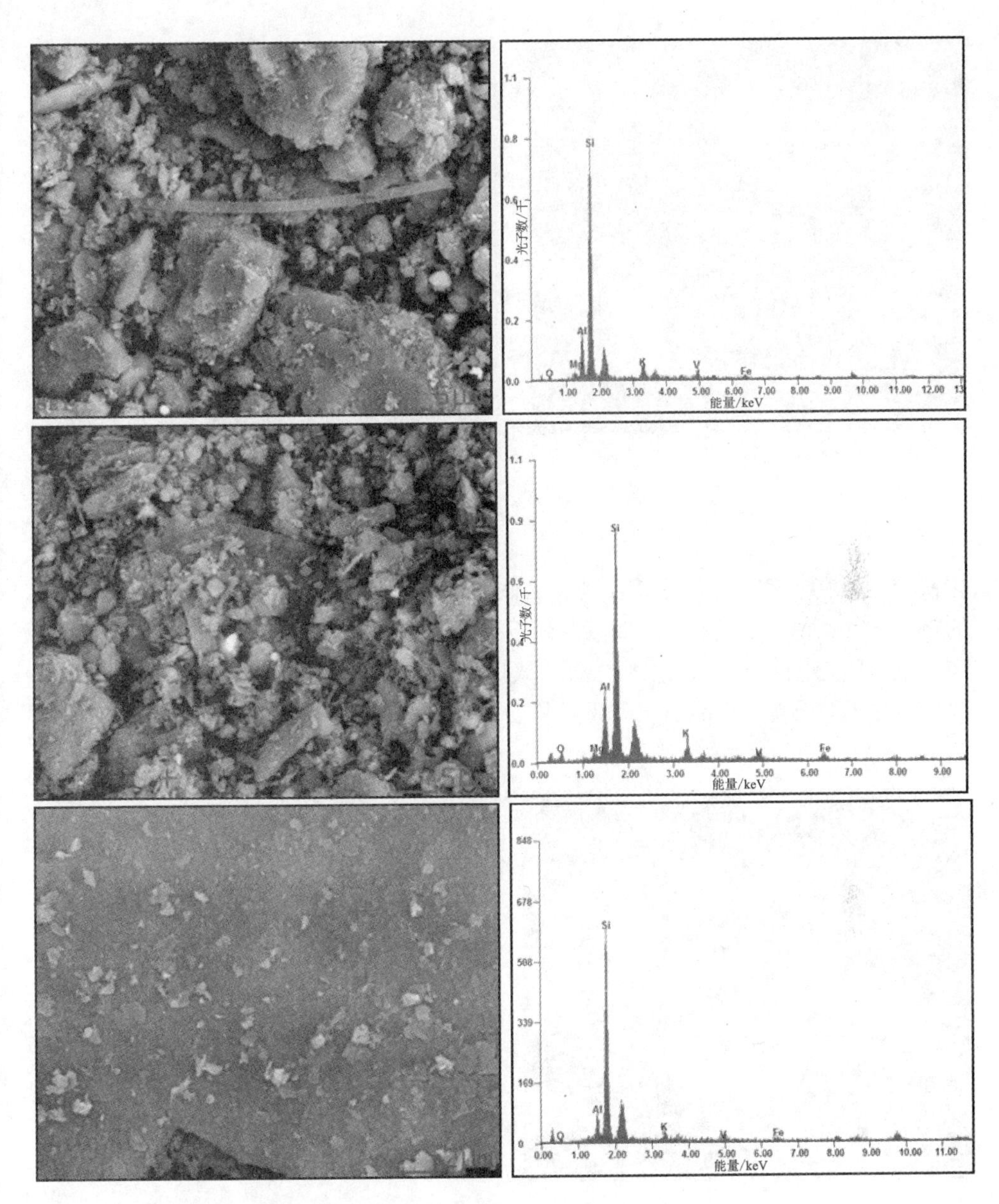


图 2－4　含钒云母的扫描电镜图像及能谱图(白云母－长石－石英)

钒的载体矿物还有 5% 左右的钒钛氧化物和含钒褐铁矿。钒钛氧化物和钒铁氧化矿的成因类似，也是钒的独立矿物，电子探针表明，钒钛氧化物中钒的含量在 20% 左右，氧化钛的含量在 60% 左右，另外钒钛氧化物中还含有少量的铁，氧

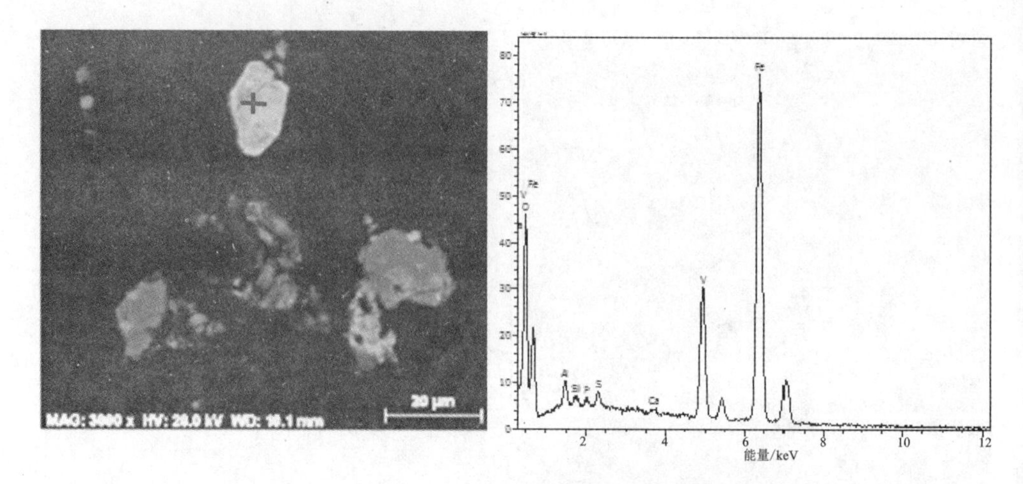


图 2-5 V-Fe 氧化物的扫描电镜图像及能谱图

化铁的含量在1%左右。研究发现，钒钛氧化物不是一个矿物晶体，而是微细粒的钒、钛氧化物的集合体。图2-6是石煤矿石中典型的钒钛氧化物扫描电镜图像及电子能谱图。钒钛氧化物主要呈脉状、浸染状、鲕状、不规则形状分布在石煤矿石中，与石英、重晶石、碳质及长石等矿物共生密切。

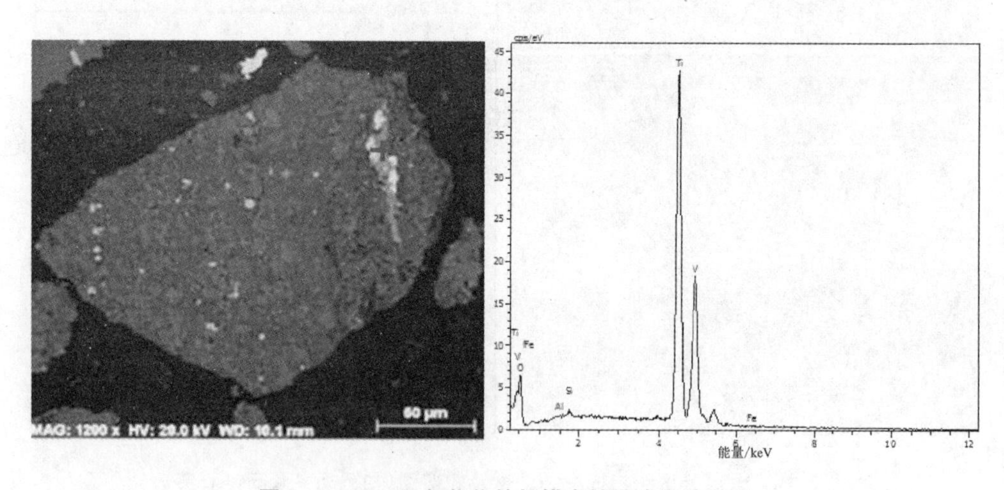


图 2-6 V-Ti 氧化物的扫描电镜图像及能谱图

石煤中褐铁矿也是含钒矿物之一，不同的是，含钒褐铁矿不是钒的独立矿物，钒主要以吸附状态存在，所以，含钒褐铁矿中钒的含量比较低，钒的含量在2%左右。图2-7为典型褐铁矿嵌布显微镜图像。含钒褐铁矿在矿石中主要呈脉状、胶状、颗粒状、浸染状与长石、石英、黄铁矿、黏土矿物共生。

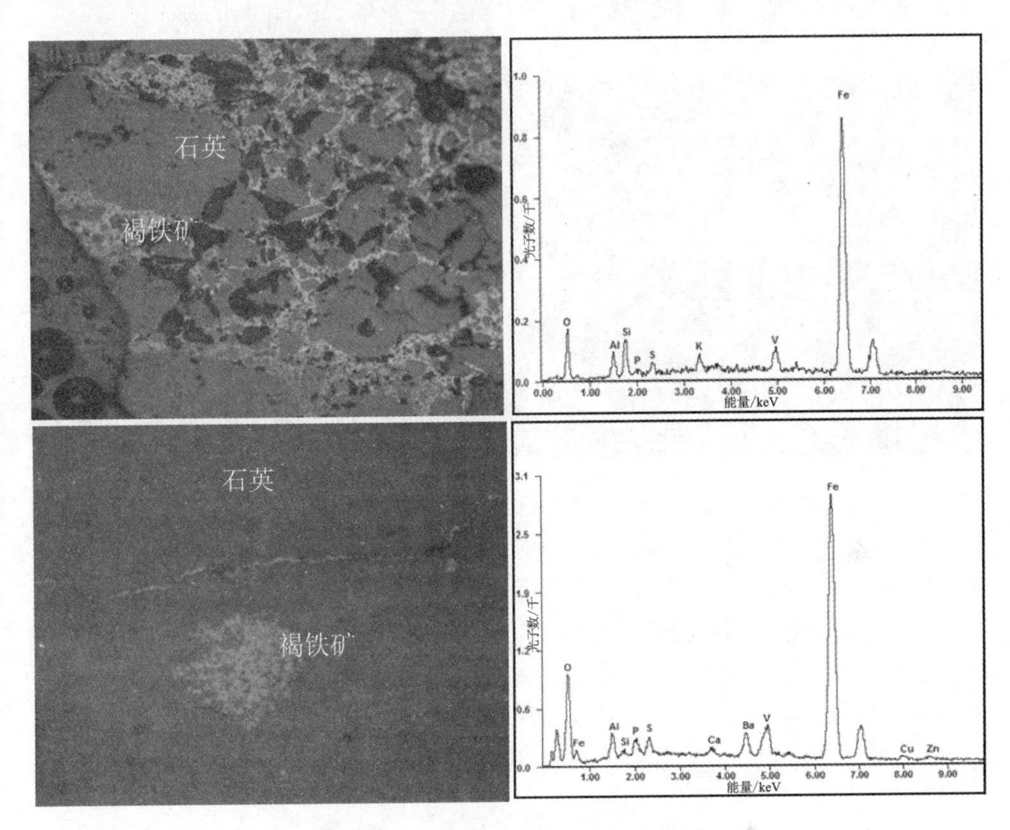


图 2-7　褐铁矿显微镜图像及能谱图

含钒矿物主要是钒云母及含钒云母，其次是含钒铁矿、钛铁矿等。石煤中的钒主要以三价钒为主，有部分四价钒，很少见五价钒的存在。由于三价钒的离子半径(64 pm)与铝的离子半径(39 pm)及铁的离子半径(61 pm)相差很小，且化学性质相似，所以在石煤中，云母等铁铝矿物的硅氧四面体结构中类质同象代替较广泛，其中的铁、铝被钒取代的情况较为普遍。而五价的钒主要是以吸附的状态存在于石煤氧化铁、褐铁矿中。通过选矿的方法，可以用不同的方法将云母类含钒矿物和铁矿类含钒矿物分别选出，然后用不同的浸出方法进行提钒，提高石煤钒矿浸出效率，节约浸出成本。

## 2.1.3　含钙矿物的嵌布特征

由 X 射线衍射可知，高钙风化石煤中含钙矿物主要是方解石，还有少量的白云石，这部分方解石和白云石会对石煤后续的浸出过程产生较大的影响，增加浸出的耗酸量。本节主要介绍该类型石煤中主要含钙矿物方解石的赋存状态。图2-8为石煤钒矿中常见的方解石扫描电镜图像及电子探针分析结果。

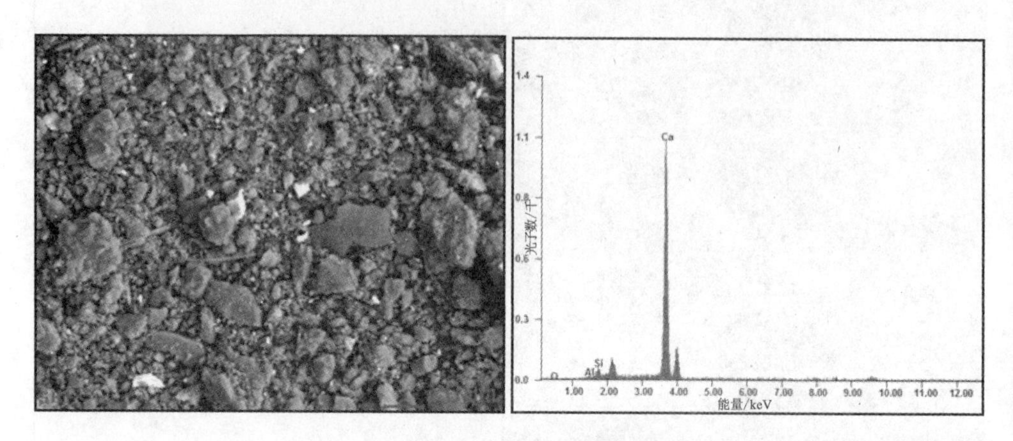


图2-8　方解石扫描电镜图像及能谱图

由图2-8可见，方解石主要呈不规则颗粒状产出，粒度较大，通常与黏土矿物、石英、长石等脉石矿物共生密切，黏土矿物吸附在方解石表面。由探针分析可见，方解石中不含钒，是主要的脉石矿物，且对后续酸法浸出影响比较大，应在选矿阶段将其脱除。

### 2.1.4　碳质的嵌布特征

高碳硅质石煤为碳质岩系钒矿石，碳质含量较高。绝大部分碳质为有机碳或结晶较差的无定型碳，大约3%的碳质以隐晶质石墨形式存在。图2-9为部分碳质显微镜分析图。由图可以看出，绝大部分的碳质嵌布粒度比较小(0.005 mm以下)，主要呈脉状、浸染状、胶状或者隐晶质的结构与石英、长石及黏土矿物形成胶结物，一般将石英、黏土矿物等矿物染色；部分碳质嵌布粒度较粗(0.1 mm左右)，呈块状、片状、不规则形状与石英、长石等矿物共生，或者嵌布在这些矿物颗粒之间。

### 2.1.5　其他脉石矿物嵌布特征

由XRD及矿物组成分析可见，除了云母、高岭石等黏土矿物外，石煤矿的主要矿物为石英，其次为钾长石、黄铁矿等。

石英是石煤中最主要的矿物，也是分布最广泛的矿物，占石煤矿含量的50%～70%。图2-10为高碳石煤中脉石矿物的扫描电镜图像。由图可见，石英与含钒云母等有价矿物的嵌布关系很紧密，同时与黄铁矿、碳质等脉石矿物也紧

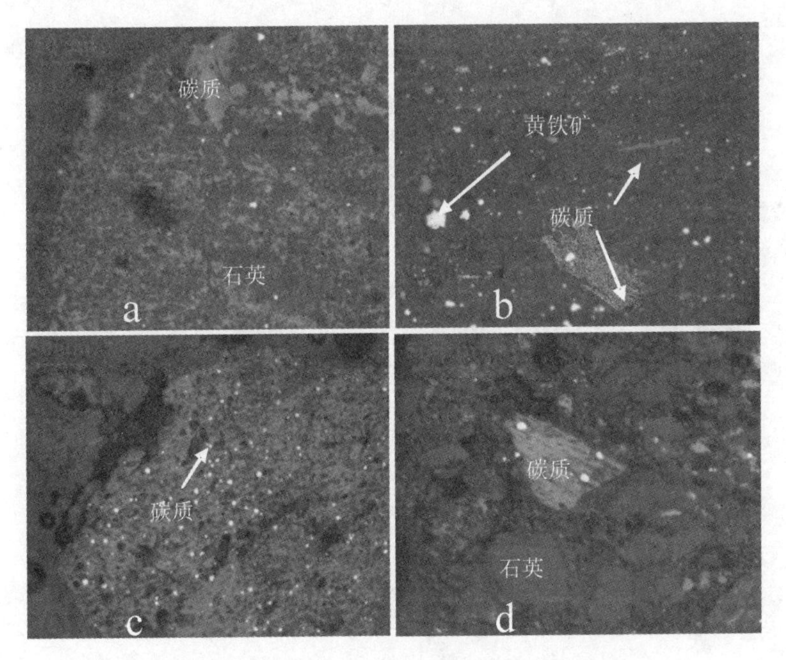


**图 2-9　高碳硅质石煤中碳质显微镜图像(反光)**

密共生。在扫描电镜下，石英主要以他形晶、半自形结晶程度的粒状形式存在，可以分为两个级别：一个粒级为 1～2 μm，占石英总量的 20% 左右，与长石、云母、黏土矿物集合体交生在一起，常可见有流动构造，大体上有定向排列；另一个粒级为较大颗粒的石英，呈角砾状，磨圆度较差，石英颗粒一般大小为 10～70 μm，大者可见几百微米，颗粒的长轴方向大体上与层理方向一致，具有流动构造，可见有压力影构造现象出现。

黄铁矿是石煤中最主要的硫化矿物，电镜结果发现，黄铁矿主要呈粒状集合体、星点状等微晶结构嵌布于石英、碳质、黏土矿物粒间或包裹于其中产出。黄铁矿的嵌布粒度极细，一般为 0.005～0.074 mm。

### 2.1.6　矿石中钒、碳的粒级分布特征

为了进一步研究含钒矿物嵌布特征，本节用筛分法对石煤矿进行了系统的筛分分析。用孔径为 1.2 mm、0.3 mm、0.154 mm、0.074 mm、0.05 mm 和 0.038 mm 的细筛对高碳石煤矿样(粒级为 -3 mm)进行湿法筛分，分为七个粒级，其结果如表 2-7 和表 2-8 所示。

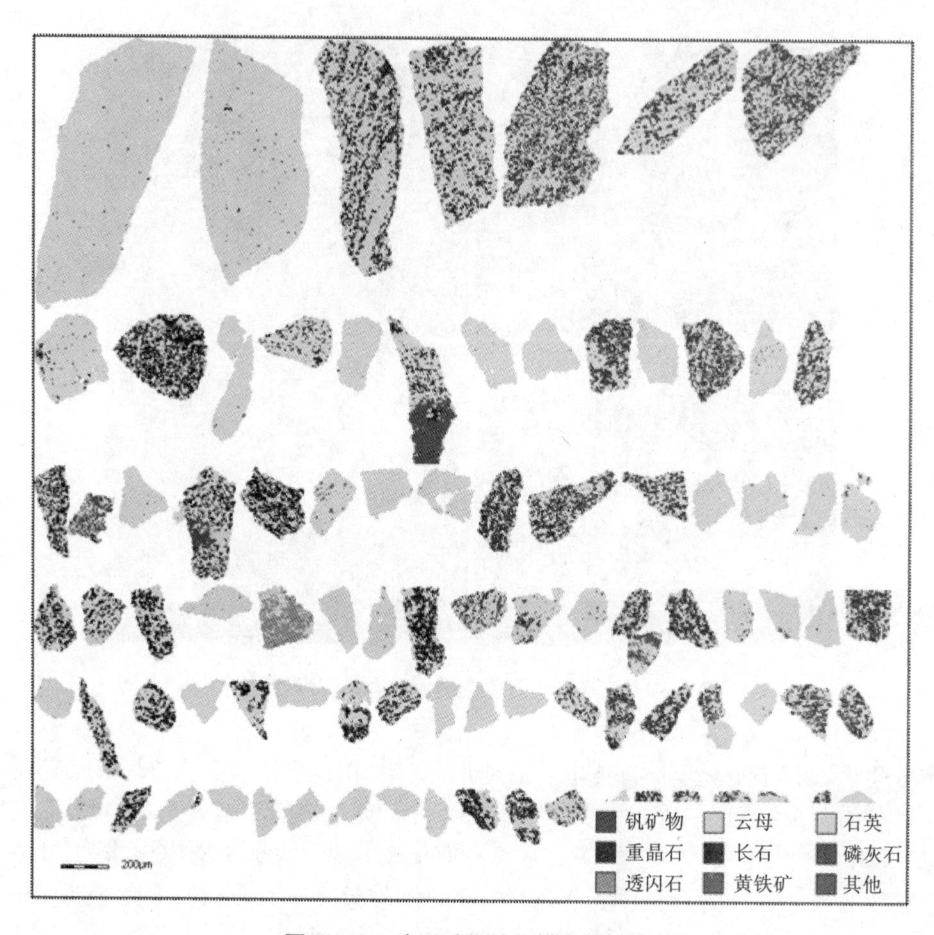


**图 2－10　脉石矿物的扫描电镜图像**

**表 2－7　高钙石煤粒级分布情况**

| 粒级/mm | 产率/% | $V_2O_5$/% | | CaO/% | | $Al_2O_3$/% | |
|---|---|---|---|---|---|---|---|
| | | 品位 | 占有率 | 品位 | 占有率 | 品位 | 占有率 |
| -0.038 | 18.46 | 1.86 | 51.25 | 3.28 | 18.33 | 8.42 | 48.19 |
| -0.05 ~ +0.038 | 1.94 | 0.94 | 2.72 | 3.88 | 2.28 | 7.12 | 4.28 |
| -0.074 ~ +0.05 | 2.05 | 0.84 | 2.57 | 4.06 | 2.52 | 6.08 | 3.87 |
| -0.154 ~ +0.074 | 4.79 | 0.65 | 4.64 | 3.95 | 5.72 | 4.69 | 6.96 |
| -0.60 ~ +0.154 | 20.60 | 0.49 | 15.07 | 3.08 | 19.21 | 1.98 | 12.65 |

续表 2-7

| 粒级/mm | 产率/% | $V_2O_5$/% | | CaO/% | | $Al_2O_3$/% | |
|---|---|---|---|---|---|---|---|
| | | 品位 | 占有率 | 品位 | 占有率 | 品位 | 占有率 |
| -1.50 ~ +0.60 | 28.62 | 0.33 | 14.10 | 3.25 | 28.16 | 1.85 | 16.42 |
| +1.50 | 23.54 | 0.27 | 9.65 | 3.34 | 23.78 | 1.05 | 7.63 |
| 原矿 | 100.00 | 0.67 | 100.00 | 3.30 | 100 | 3.22 | 100.00 |

**表 2-8　高碳石煤粒级分布情况**

| 粒级/mm | 产率/% | $V_2O_5$/% | | C/% | |
|---|---|---|---|---|---|
| | | 品位 | 占有率 | 含量 | 占有率 |
| -0.038 | 14.19 | 1.85 | 28.20 | 17.35 | 17.99 |
| -0.05 ~ +0.038 | 2.27 | 1.31 | 3.19 | 15.62 | 2.59 |
| 0.074 ~ +0.05 | 3.20 | 1.19 | 4.09 | 14.76 | 3.45 |
| -0.154 ~ +0.074 | 10.38 | 1.13 | 12.60 | 14.36 | 10.89 |
| -0.30 ~ +0.154 | 15.3 | 0.92 | 15.12 | 12.33 | 13.79 |
| -1.20 ~ +0.30 | 45.41 | 0.63 | 30.73 | 12.88 | 42.74 |
| +1.20 | 9.25 | 0.61 | 6.07 | 12.65 | 8.55 |
| 原矿 | 100 | 0.83 | 100 | 13.68 | 100 |

由表 2-7 可见，高钙风化石煤具有较好的钒粒级分布不均匀性。随着粒度降低，矿石中钒的品位随之升高，在 -0.038 mm 粒级范围，$V_2O_5$的品位达到 1.86%，占有率也有 51.25%，由此可见，高钙风化石煤中的钒主要分布在微细粒的矿泥中。同时，在各筛分产品中，钒的分布与铝原子的分布规律是一致的，而铝主要分布在铝硅酸盐中，说明该类型石煤中钒主要分布在铝硅酸盐中，与 MLA 分析结果是一致的。由钙的筛分结果可见，含钙矿物在各个粒级中的分布比较均匀。

由表 2-8 可见，高碳石煤中 -0.038 mm 的矿石产率在 14.19%，$V_2O_5$品位高达 1.85%，$V_2O_5$占有率为 28.20%。大于 0.3 mm 的矿石产率在 9.25%，$V_2O_5$品位仅有 0.61% 左右，可见，随着矿石的粒度增大，钒的品位也随之降低。从表所列数据中可以看到，钒在微细粒产品中有所富集，显微镜及扫描电镜考查也表明，粗粒产品中矿物主要为石英、长石等，微细粒产品中矿物主要为微晶石英、微细粒白云母等黏土质及碳质。可见，通过筛分可使钒的主要载体矿物微细粒白云母等黏土质相对富集，但产率较低，细粒矿物产品中钒的占有率也仅为28.20%。同时由表2-8可以看出碳在细粒级矿石中也有所富集，在其他粒级差别不大，仅靠粒级的不同无法将其分开。

## 2.2 黑色岩系镍钼矿镍、钼的赋存状态及嵌布关系

通过化学多元素分析、X衍射分析、物相分析、电子探针和扫面电镜等方法，详细分析了黑色岩系镍钼矿矿物组成、镍钼物相及赋存状态，为此类矿石的浮选回收利用提供了可靠的理论基础。

### 2.2.1 黑色岩系镍钼矿化学组成分析

镍钼矿化学多元素定量分析结果和XRD分析分别见表2-9和图2-11。

表2-9 镍钼矿原矿化学多元素组分分析

| 元素/组分 | TFe | Ni | Mo | C | S | P | As | Cu | Pb |
|---|---|---|---|---|---|---|---|---|---|
| 含量/% | 10.70 | 1.65 | 3.47 | 10.65 | 16.85 | 1.25 | 1.35 | 0.12 | 0.054 |
| 元素/组分 | Zn | V | K | Na | Si | Al | Ca | Mg | 其他 |
| 含量/% | 0.37 | 0.20 | 0.75 | 0.03 | 8.00 | 1.50 | 12.34 | 1.10 | 29.611 |

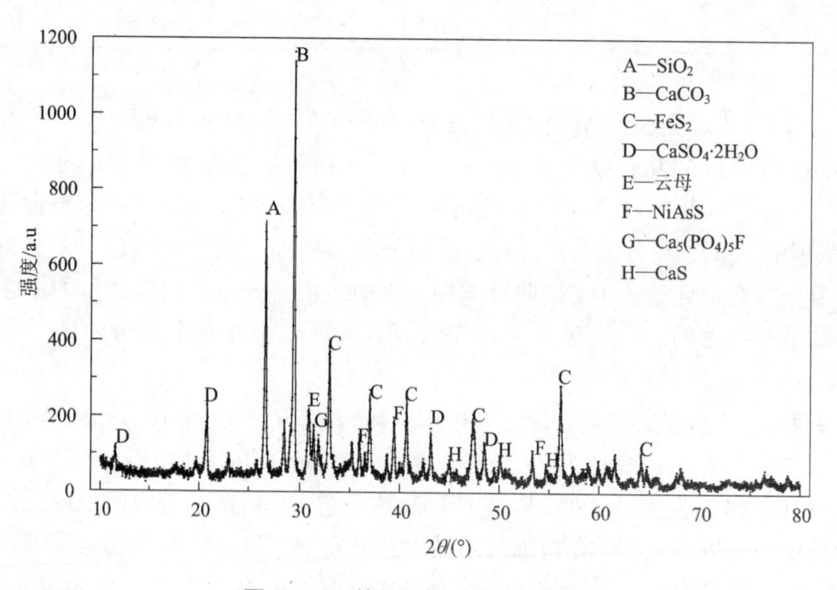


图2-11 镍钼矿原矿XRD图谱

从表2-9的多元素分析结果可以看出，矿石主要化学成分是S、Fe、Si、Ca，其次为C、Ni、Mo以及Al、Mg等。

镍钼矿XRD图谱如图2-11所示，检测结果表明，镍钼矿原矿主要矿物成分是$SiO_2$、$CaCO_3$、$FeS_2$、$CaSO_4 \cdot 2H_2O$、云母、NiAsS、$Ca_5(PO_4)_3F$、CaS等。

## 2.2.2 黑色岩系镍钼矿中钼、镍赋存状态

镍钼矿钼物相分析结果见表2-10。结果表明：镍钼矿中，硫化钼中钼的分布率为80.12%，所以选别过程中，硫化钼为主要选别对象，但19.88%的氧化钼中的钼也应尽量回收，以提高钼的回收率，增加资源利用率。胶硫钼矿电子探针分析结果见表2-11，从中可以看出胶硫钼矿中S∶Mo为2.72~2.94，不是S∶Mo比例为2的辉钼矿，是非晶质硫钼矿，而且其中的碳含量为25.14%~28.44%，所以，很多人也称其为碳硫钼矿。

**表2-10 镍钼矿钼矿物物相分析**

| 物相 | 品位/% | 分布率/% | 备注 |
|---|---|---|---|
| 硫化钼中钼 | 2.78 | 80.12 | 胶硫钼矿 |
| 氧化钼中钼 | 0.69 | 19.88 | 钼酸钙矿、钼华 |
| 总钼(Mo) | 3.47 | 100.00 | |

**表2-11 胶硫钼矿电子探针分析结果/%**

| S | Fe | Ni | Mo | As | C | V | P | O | 合计 | S∶Mo分子比 |
|---|---|---|---|---|---|---|---|---|---|---|
| 30.10 | 3.24 | 2.76 | 33.15 | 1.61 | 26.03 | 0.19 | 0.12 | 1.70 | 98.91 | 2.72 |
| 28.66 | 3.03 | 2.69 | 30.98 | 1.49 | 28.44 | 0.17 | 0.13 | 6.04 | 101.63 | 2.77 |
| 30.28 | 3.29 | 2.99 | 32.82 | 1.34 | 25.14 | 0.11 | 0.12 | 1.31 | 97.39 | 2.77 |
| 30.99 | 3.43 | 2.75 | 31.45 | 1.44 | 26.24 | 0.22 | 0.13 | 1.04 | 97.69 | 2.95 |
| 29.92 | 3.06 | 2.86 | 32.74 | 1.44 | 27.22 | 0.20 | 0.13 | 0.98 | 98.56 | 2.74 |

镍钼矿镍物相分析结果见表2-12。可以看出镍主要赋存于硫化矿铁硫镍矿、针镍矿、镍黄铁矿中，约占原矿总镍的57.93%；其次赋存于硅镁镍矿、镍绿泥石等硅酸盐中，约占原矿总镍的26.64%；少量赋存于镍华、碧矾等氧化镍中，约占原矿总镍的15.43%。镍钼矿中镍矿物电子探针分析结果见表2-13，从中可以看出镍、铁元素赋存关系十分密切，铁硫镍矿、镍黄铁矿、针镍矿和辉砷镍矿中均含有10%以上的碳。

表 2-12　镍钼矿镍矿物物相分析

| 物相 | 品位/% | 分布率/% | 备注 |
|---|---|---|---|
| 硫化镍中镍 | 0.96 | 57.93 | 铁硫镍矿、针镍矿、镍黄铁矿等 |
| 氧化镍中镍 | 0.25 | 15.43 | 镍华、碧矾等 |
| 硅酸盐中镍 | 0.44 | 26.64 | 硅镁镍矿、镍绿泥石等 |
| 总镍 | 1.65 | 100.00 | |

表 2-13　镍钼矿中镍矿物电子探针分析结果/%

| 镍矿种类 | S | Fe | Ni | Mo | As | C | V | P | O | 合计 | S:Ni 分子比 | Fe:Ni 分子比 |
|---|---|---|---|---|---|---|---|---|---|---|---|---|
| 铁硫镍矿 | 31.21 | 7.25 | 41.81 | 0.47 | 1.98 | 10.51 | 0.06 | 0.51 | 3.56 | 97.36 | 1.37 | 0.18 |
| | 33.43 | 6.06 | 43.69 | 0.75 | 0.67 | 12.72 | 0.00 | 0.04 | 1.17 | 98.53 | 1.40 | 0.15 |
| 镍黄铁矿 | 40.46 | 18.85 | 30.10 | 0.53 | 0.85 | 11.05 | 0.03 | 0.04 | 1.70 | 103.61 | 2.47 | 0.66 |
| | 40.85 | 18.82 | 29.86 | 0.70 | 1.12 | 11.51 | 0.06 | 0.26 | 1.92 | 105.10 | 2.51 | 0.66 |
| 针镍矿 | 31.52 | 1.03 | 55.57 | 0.74 | 0.13 | 12.05 | 0.01 | 0.00 | 0.48 | 101.53 | 1.04 | |
| | 32.22 | 1.01 | 56.03 | 0.71 | 0.09 | 11.56 | 0.01 | 0.00 | 0.46 | 102.09 | 1.05 | |
| | 32.47 | 1.56 | 54.74 | 0.33 | 0.83 | 11.06 | 0.03 | 0.04 | 0.46 | 101.52 | 1.09 | |
| 辉砷镍矿 | 17.81 | 0.97 | 31.55 | 0.25 | 37.45 | 10.10 | 0.04 | 0.09 | 2.34 | 100.6 | 1.04 | |

## 2.2.3　黑色岩系镍钼矿矿物含量分析

镍钼矿矿石中主要的金属矿物为黄铁矿、胶硫钼矿、硫镍矿、针硫镍矿、镍华，微量的闪锌矿、方铅矿、黄铜矿等；脉石矿物主要为石英、氟磷灰石、云母、高岭石等黏土、方解石，少量的长石、白云石。由于胶硫钼矿、氧化镍、氧化钼矿可浮性差，其强化捕收的高效捕收剂需重点考虑。

表 2-14　镍钼矿主要矿物组成及其相对含量

| 矿物名称 | 相对含量/% | 矿物名称 | 相对含量/% |
|---|---|---|---|
| 黄铁矿(含微量磁黄铁矿) | 14.5 | 白云石 | 2.32 |
| 方铅矿、闪锌矿、黄铜矿 | 0.46 | 方解石 | 7.61 |

续表 2－14

| 矿物名称 | 相对含量/% | 矿物名称 | 相对含量/% |
|---|---|---|---|
| 毒砂 | 0.18 | 长石 | 4.17 |
| 赤铁矿、褐铁矿(少量磁铁矿) | 1.71 | 云母 | 7.81 |
| 钼酸钙矿 | 0.73 | 氟磷灰石 | 6.37 |
| 胶硫钼矿 | 2.75 | 高岭石等黏土 | 9.38 |
| 钼华 | 0.47 | 石英 | 24.79 |
| 铁硫镍矿、针镍矿、镍黄铁矿 | 0.96 | 碳质 | 7.24 |
| 镍华、碧矾等 | 0.25 | 其他 | 7.86 |
| 硅镁镍矿、镍绿泥石等 | 0.44 | 合计 | 100.00 |

### 2.2.4　黑色岩系镍钼矿筛分分析

镍钼矿筛分分析结果见表 2－15。从表中可以看出，镍钼矿中镍、钼的嵌布粒度非常的细，小于 6 μm 粒级中，镍含量占 59.59%，钼含量占 79.83%。所以浮选回收过程中，镍、钼的单体解离度非常重要，同时细微粒颗粒间的分散与聚集行为是影响浮选效果的重要因素。

**表 2－15　镍钼矿筛分分析结果**

| 粒度/μm | 产率/% | 品位/% | | 分布率/% | |
|---|---|---|---|---|---|
| | | Mo | Ni | Mo | Ni |
| 150～60 | 3.53 | 0.61 | 0.46 | 0.62 | 0.98 |
| 60～30 | 16.12 | 1.02 | 0.41 | 4.72 | 3.96 |
| 30～18 | 19.31 | 0.47 | 0.69 | 2.61 | 8.08 |
| 18～10 | 18.52 | 1.16 | 1.03 | 6.17 | 11.58 |
| 10～6 | 11.56 | 1.82 | 2.26 | 6.05 | 15.81 |
| 6～3 | 8.85 | 3.91 | 3.59 | 9.94 | 19.25 |
| 3～0 | 22.11 | 11.00 | 3.01 | 69.89 | 40.34 |
| 原矿 | 100 | 3.48 | 1.65 | 100.00 | 100.00 |

### 2.2.5　黑色岩系镍钼矿主要矿物嵌布特征

镍钼矿中的镍主要赋存于铁硫镍矿[$(Ni, Fe)S_2$]、针镍矿($NiS$)中，还有少量方硫镍矿($NiS_2$)、硫镍矿($NiNi_2S_4$)、辉砷镍矿(NiAsS)、紫硫镍矿($FeNi_2S_4$)、镍黄铁矿[$(Fe, Ni)_9S_8$]、含镍黄铁矿等。

### 2.2.5.1 镍矿物嵌布特征

由图2-12和图2-13的电镜照片和能谱图可以看出，镍钼矿中铁硫镍矿的嵌布情况较复杂，主要呈胶状，少量呈圆粒状、粒状集合体，与针镍矿、方硫镍矿、硫镍矿、辉砷镍矿等胶结形成不规则状或条带状、环状、波浪状的胶状镍矿物集合体。主要与黄铁矿、胶硫钼矿关系密切，常见包裹黄铁矿呈胶状、细粒状包裹于胶硫钼矿中；部分铁硫镍矿呈细小圆粒状嵌布于方解石等脉石矿物中，偶见分布于胶氟磷灰石中。针镍矿(NiS)为镍的主要赋存矿物之一，常有铁、铜、钴呈类质同象混入物。在反射光下，反射色为乳黄色-黄白色，非均质性。针镍矿主要与黄铁矿共生或与铁硫镍矿、方硫镍矿、含镍黄铁矿等成胶状镍矿物集合体。

在电镜能谱面扫描图中，可以看出镍与硫、铁、砷的共生关系，所以镍主要是以铁硫镍矿和镍黄铁矿形式存在的。

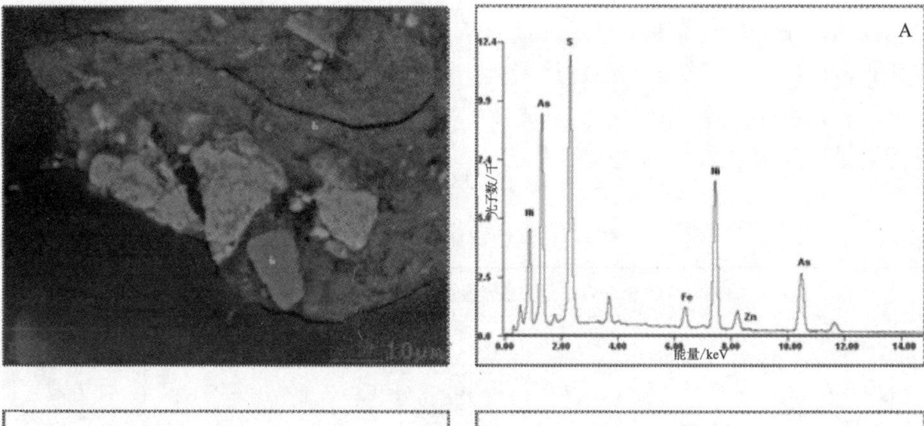


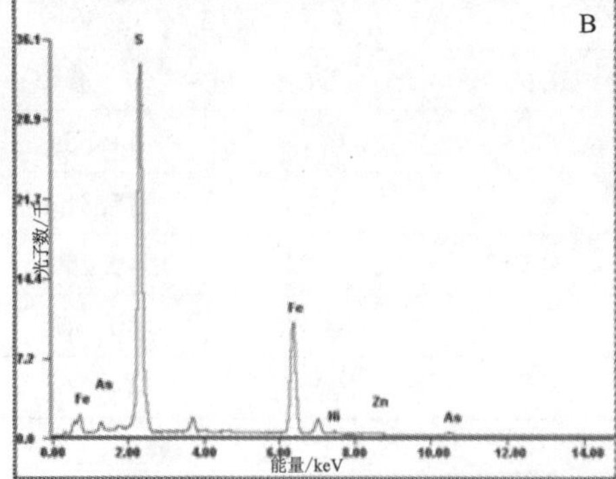


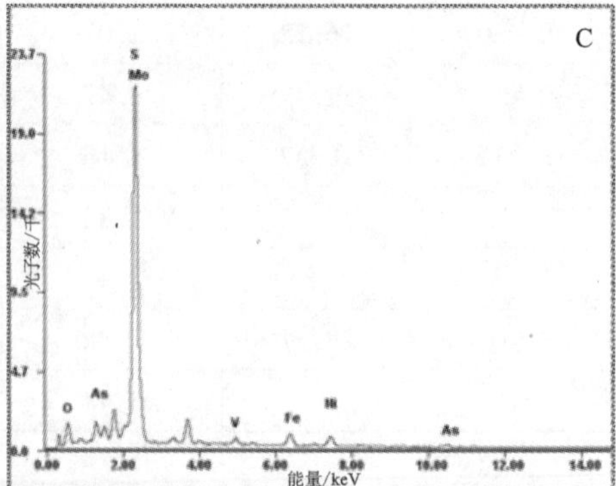


**图2-12 铁硫镍矿的电镜照片和能谱图**

A 铁硫镍矿、针镍矿；B 黄铁矿；C 胶硫钼矿

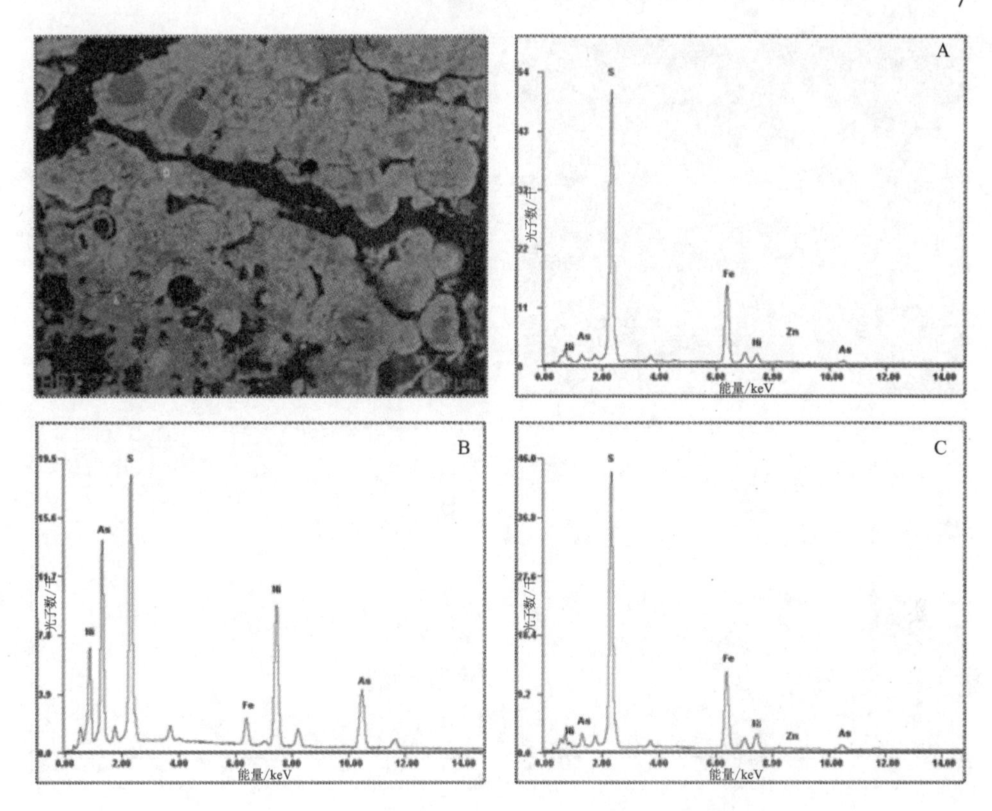


**图2－13　紫硫镍矿、辉砷镍矿的电镜照片和能谱图**

A、C 黄铁矿；B 紫硫镍矿、辉砷镍矿

### 2.2.5.2　胶硫钼矿嵌布特征

由图2－14的电镜照片和能谱图可以看出，镍钼矿中的钼主要赋存于胶硫钼矿中。胶硫钼矿为辉钼矿的另一种产出形式，为非晶质变体，呈胶状、球粒状产出，可重结晶为辉钼矿或风化为蓝钼矿。偏光显微镜下胶硫钼矿呈灰色，均质性。

胶硫钼矿主要与镍黄铁矿、黄铁矿关系密切（见图2－14），常见其包裹圆细粒状的铁硫镍矿、黄铁矿、方解石、白云石、石英等矿物，有时可见包裹闪锌矿或少量的黄铜矿。胶硫钼矿的嵌布粒度不均匀，其中细小包裹物较多。

在扫描电镜能谱图中，可以看出钼与硫的共生关系，所以钼主要是以硫化钼形式存在的（见图2－15），但是夹杂着Fe、P、V等元素。

### 2.2.5.3　黄铁矿嵌布特征

镍钼矿石中主要的硫化铁矿物［见图2－12（B）、图2－13（A、C）、图2－14（B）］，主要呈稀疏浸染状分布于矿石各处，也可见其呈细脉状分布。一般呈他形晶粒状结构，部分自形－半自形粒状。呈浸染状分布在脉石中的黄铁矿光片中大

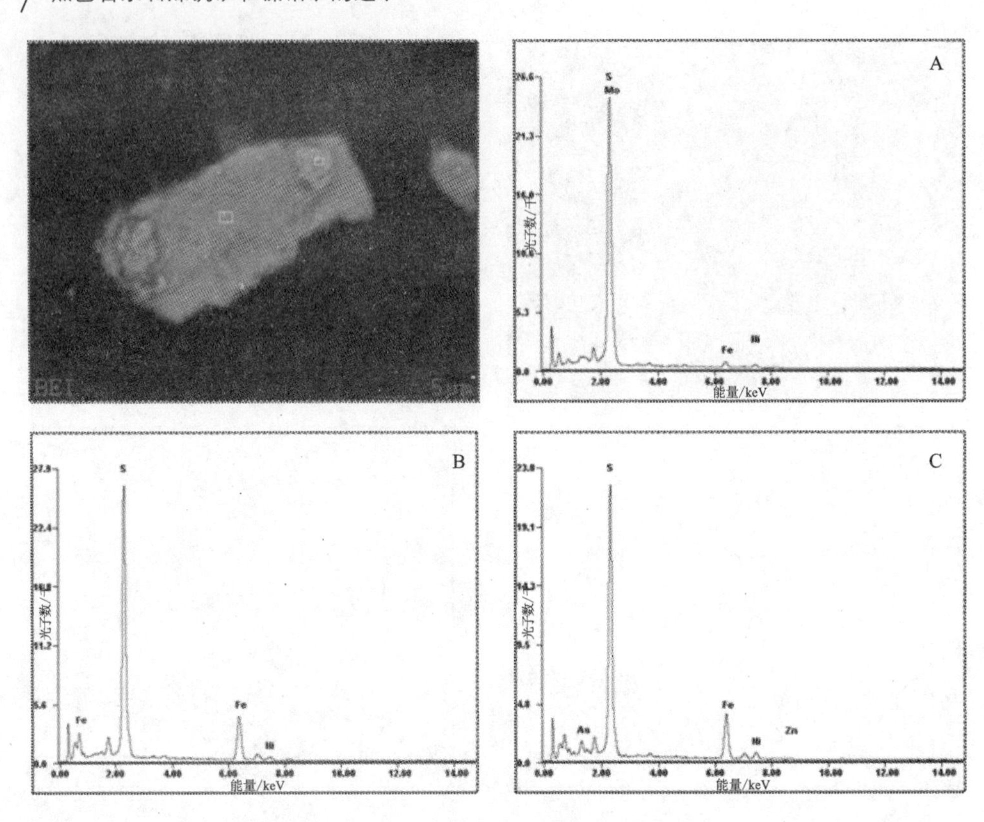


**图 2－14　胶硫钼矿的电镜照片和能谱图**

A 胶硫钼矿；B 黄铁矿；C 辉砷镍矿、镍黄铁矿

多具有麻点，与胶硫钼矿等共生的则相对易于磨光，表面较干净。黄铁矿粒径大小不一，在 0.20～0.02 mm 之间连续不等粒分布。镍钼矿中黄铁矿电子探针分析结果见表 2－16，从中可以看出黄铁矿中含有少量的镍、砷，还有部分氧化矿物，单体黄铁矿中硫铁比在 2.2 左右，说明其中有的黄铁矿也是以胶黄铁矿形式存在的。而且，镍钼矿中铁矿物均含有 12% 左右的碳。

**表 2－16　镍钼矿中黄铁矿电子探针分析结果/%**

| | S | Fe | Ni | Mo | As | C | V | P | O | 共计 | S∶Fe 分子比 |
|---|---|---|---|---|---|---|---|---|---|---|---|
| 黄铁矿和氧化镍铁 | 35.42 | 37.16 | 3.77 | 1.27 | 1.55 | 12.36 | 0.00 | 0.44 | 8.27 | 100.24 | 1.66 |
| | 35.46 | 37.84 | 3.65 | 1.25 | 1.52 | 12.41 | 0.00 | 0.43 | 8.31 | 100.87 | 1.64 |
| 硫铁镍矿 | 45.54 | 31.14 | 5.47 | 0.79 | 1.39 | 14.42 | 0.00 | 0.01 | 0.50 | 99.26 | 2.55 |
| 黄铁矿 | 47.27 | 37.77 | 0.25 | 0.53 | 1.30 | 12.81 | 0.00 | 0.00 | 0.03 | 99.96 | 2.18 |
| | 47.72 | 36.85 | 0.11 | 0.73 | 0.94 | 12.15 | 0.05 | 0.02 | 0.01 | 98.58 | 2.26 |

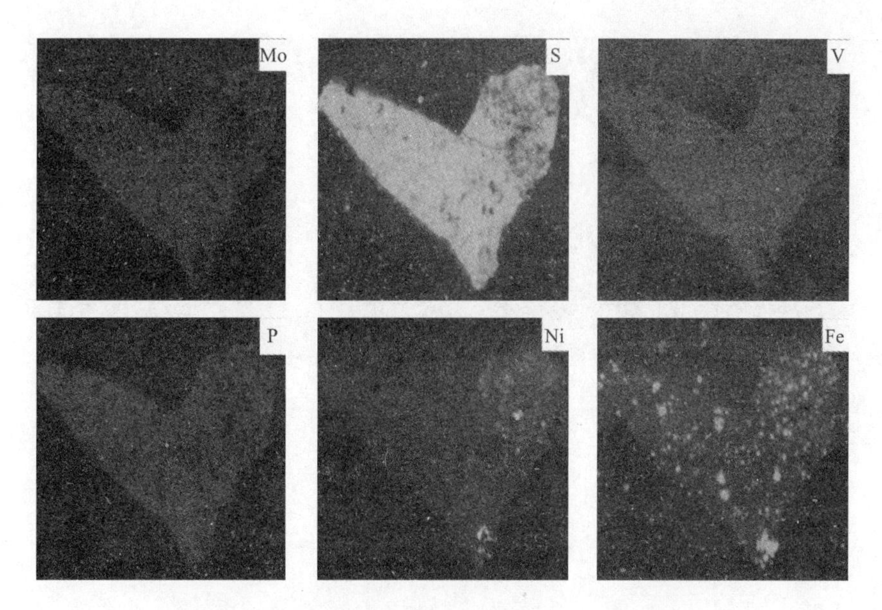


**图2-15　镍钼矿矿石元素电镜面扫描元素分布图像**

#### 2.2.5.4　脉石矿物嵌布特征

镍钼矿中的脉石矿物主要有氟磷灰石、方解石、白云石、石英、黏土矿物、碳质及石膏、石墨等(图2-16)。

氟磷灰石：为胶态氟磷灰石，呈黑色、暗淡黄色，隐晶质。呈胶状的椭圆形或长条形或小透镜状嵌布。偏光显微镜下呈均质性，包裹有闪锌矿、少量黄铁矿、方硫镍矿等，也见嵌布于胶硫钼矿中，共生矿物有碳酸盐、云母、石英等。

碳酸盐：主要为方解石、白云石，呈粒状，少量呈脉状，与黄铁矿、镍矿物等紧密连生。共生矿物有氟磷灰石、石英、碳质、石墨等。

碳质、石墨：碳质为细小颗粒状，黑色，分布于方解石、白云石等矿物颗粒粒间；石墨呈条带状或圆粒状，在偏光显微镜下呈稻草黄色，非均质性强，反射多色性明显。

黏土矿物：以水云母为主，含少量高岭石及绢云母等，呈鳞片状及隐晶质。

石英：呈粒状，嵌布于胶硫钼矿、方解石等矿物中。

### 2.2.6　工艺矿物学分析与浮选的关系

工艺矿物学分析从矿物赋存状态了解了黑色岩系镍钼矿的基本组成，通过此研究可以为其浮选富集提供理论依据。本节针对镍钼矿浮选精矿及尾矿进行分析，找出影响镍钼矿浮选回收的关键因素，针对其进行深入研究。

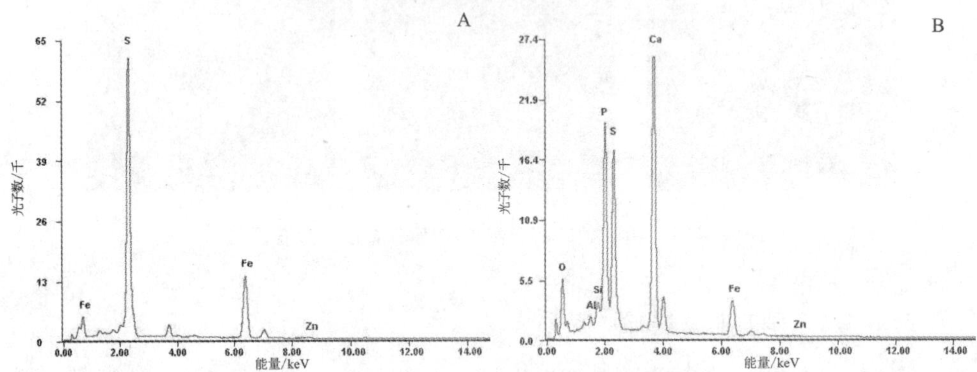


**图 2－16　镍钼矿脉石的电镜照片和能谱图**

A 黄铁矿；B 氟磷灰石、石英

表 2－17 和图 2－17 为镍钼矿浮选精矿钼物相分析及钼粉赋存状态。

**表 2－17　浮选精矿钼物相分析**

| 物相 | 品位/% | 分布率/% | 备注 |
| --- | --- | --- | --- |
| 硫化钼中钼 | 8.87 | 95.54 | 胶硫钼矿 |
| 氧化钼中钼 | 1.68 | 4.46 | 钼酸钙矿、钼华 |
| 总钼(Mo) | 10.55 | 100.00 | |

通过以上分析可以看出，精矿中钼主要为胶硫钼矿，只有 5% 的钼以氧化钼形态存在，所以说浮选过程中，硫化钼矿物先浮选回收。

表 2－18 和图 2－18 所示为浮选尾矿钼物相分析和钼矿物及主要脉石矿物的赋存状态。

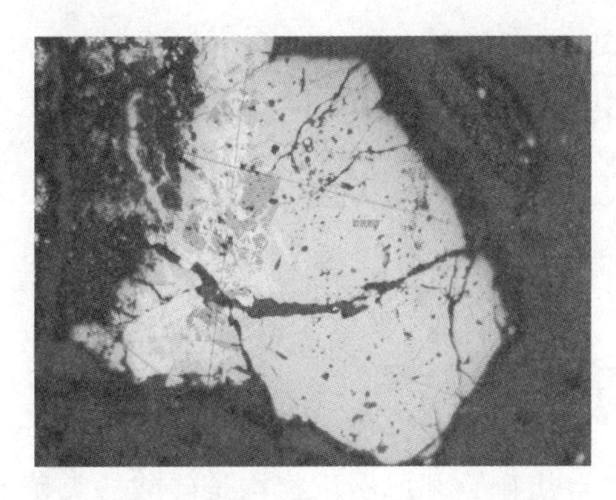

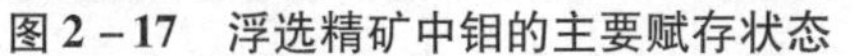

图2-17　浮选精矿中钼的主要赋存状态

图2-18　浮选尾矿中钼及主要脉石赋存状态

表2-18　浮选尾矿钼物相分析

| 物相 | 品位/% | 分布率/% | 备注 |
|---|---|---|---|
| 硫化钼中钼 | 0.24 | 10.45 | 胶硫钼矿 |
| 氧化钼中钼 | 0.74 | 89.55 | 钼酸钙矿、钼华 |
| 总钼(Mo) | 0.98 | 100.00 | |

通过以上分析，可以看出浮选尾矿中，钼主要以氧化钼和钼酸钙形态存在。为了提高镍钼矿中钼的整体回收率，就要尽量回收其中的氧化钼矿物，所以氧化矿物浮选回收的研究至关重要。尾矿中脉石矿物主要有方解石、石英、氟磷灰石等。从图2-18可以看出，氟磷灰石和氧化钼矿物赋存关系最紧密，对氧化钼的浮选回收影响也最大，所以本书主要研究为氧化钼(镍)、钼酸钙与氟磷灰石分浮选分离及机理。

# 参考文献

[1] 方明山，肖仪武，童捷矢. MLA在铅锌氧化矿物解离度及粒度测定中的应用[J]. 有色金属(选矿部分)，2012(03)：1-3.

[2] 李赛赛. 陕西省商南县—山阳县下寒武统黑色岩系中钒矿田地质构造特征及成因探讨[D]. 西安：长安大学，2012.

# 第3章 石煤主要矿物云母和石英的浮选行为及作用机理

## 3.1 捕收剂在含钒石煤浮选中的应用

工艺矿物学研究发现，石煤中主要的含钒矿物和脉石矿物均是硅酸盐类矿物，而阳离子表面活性剂是浮选硅酸盐类矿物最常用的捕收剂。同时，研究发现，阴阳离子表面活性剂的混合使用对云母、石英等矿物具有较好的选择性。所以，为了筛选石煤中含钒矿物捕收剂，本节将阳离子捕收剂和阴阳离子组合捕收剂应用于黏土型石煤钒矿含钒矿物的浮选中，考察阳离子捕收剂和阴阳离子组合捕收剂对石煤钒矿中含钒云母类矿物的捕收性能。

图3-1为试验流程图，磨矿时添加2000 g/t 水玻璃作为矿泥分散剂，磨矿细度控制在-200目75%左右，整个浮选过程中使用硫酸、氢氧化钠为pH调整剂。试验所用捕收剂主要包括：十二胺、十二烷基三甲基氯化铵、醚胺、十八胺、十四烷基三丁基氯化磷及两组阴阳离子组合捕收剂。浮选试验结果见表3-1。试验固定条件如图3-1上标注所示，水玻璃、硫酸为矿浆分散剂和硅酸盐矿物抑制剂；HC为矿浆调整剂；其中，阳离子捕收剂体系下矿浆pH为2~3，组合捕收剂体系下矿浆pH为9~10。

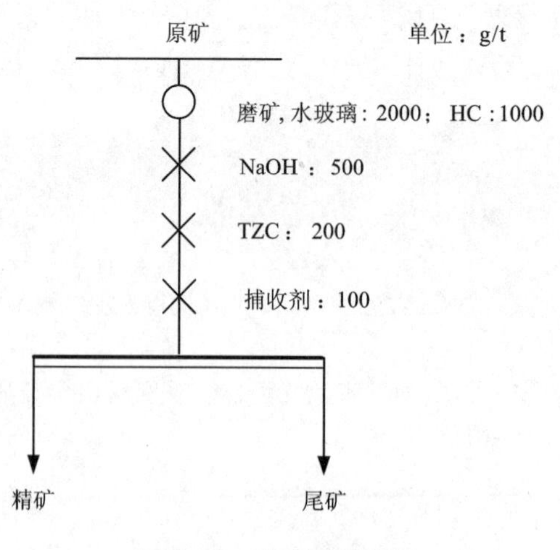


图3-1 试验浮选流程

表3-1　捕收剂筛选试验结果

| 捕收剂 | 产品名称 | 产率/% | $V_2O_5$品位/% | $V_2O_5$回收率/% |
|---|---|---|---|---|
| 十二胺 | 精矿 | 21.36 | 2.05 | 53.19 |
| | 尾矿 | 78.64 | 0.49 | 46.81 |
| | 原矿 | 100 | 0.82 | 100 |
| 十八胺 | 精矿 | 18.25 | 1.32 | 29.63 |
| | 尾矿 | 81.75 | 0.70 | 70.37 |
| | 原矿 | 100 | 0.81 | 100 |
| DTAC | 精矿 | 21.69 | 1.59 | 41.53 |
| | 尾矿 | 78.31 | 0.62 | 58.47 |
| | 原矿 | 100 | 0.83 | 100 |
| DPC | 精矿 | 35.26 | 1.16 | 51.29 |
| | 尾矿 | 64.74 | 0.60 | 48.71 |
| | 原矿 | 100 | 0.79 | 100 |
| 组合捕收剂1(H4)(NaOL/DDA=3:1) | 精矿 | 22.33 | 1.91 | 52.84 |
| | 尾矿 | 77.67 | 0.49 | 47.16 |
| | 原矿 | 100 | 0.81 | 100 |
| 组合捕收剂2(H5)(NaOL/DTAC=3:1) | 精矿 | 22.39 | 1.48 | 41.17 |
| | 尾矿 | 77.61 | 0.61 | 58.83 |
| | 原矿 | 100 | 0.80 | 100 |

由表3-1的试验结果可以看出，在阳离子捕收剂体系下，十二胺是选择性最好的捕收剂，得到的钒精矿品位和回收率都是最高的，这和单矿物浮选结果相一致。在弱碱性条件下，油酸钠和十二胺组合捕收剂浮选效果也比较好，在粗选一次的情况下，可以获得52.84%的回收率，钒粗精矿的品位比原矿提高了一倍以上，实现了该类型石煤钒矿的选矿富集。

由捕收剂条件试验的结果可以看出，单独用十二胺作捕收剂和组合捕收剂浮选指标差别不大，但是由于该石煤矿含泥量非常大，在实际浮选过程中，单独用十二胺作捕收剂，操作难度很大，泡沫量多，且粘稠细腻，难以消泡。使用组合捕收剂，由于捕收剂中阴离子油酸钠用量比十二胺大，所以泡沫性质更接近于油酸钠，泡沫量比十二胺小，且容易消泡。如果进行工业生产，十二胺会使浮选过程产生数量非常庞大的泡沫，对于浮选操作、浮选指标控制和环境非常不利；组合捕收剂体系下的泡沫不粘，非常容易消泡，只要冲以少量的水就可以很快将泡沫消去，容易在生产现场实施。

## 3.2 阳离子捕收剂对石煤主要矿物的浮选行为

在硅酸盐矿物的浮选体系中，阳离子表面活性剂是最常见的捕收剂。本节选取了几种代表性的阳离子表面活性剂十二胺(DDA)、十二烷基三甲基氯化铵(DTAC)、十四烷基三丁基氯化磷和十二烷氧基正丙基醚胺，分别考察了这些阳离子捕收剂对云母和石英的浮选性能。

### 3.2.1 十二胺对云母和石英单矿物的浮选性能

十二胺是浮选中最常见的阳离子捕收剂，广泛应用于长石、高岭石等硅酸盐矿物及有色金属氧化矿的浮选。图3－2a为十二胺作捕收剂、矿浆pH对云母和石英单矿物浮选影响的试验结果，十二胺浓度固定在$1\times10^{-4}$ mol/L。

从图中可以看出，在强酸性条件下，云母浮选回收率最高。随着矿浆pH的升高，云母的浮选回收率呈下降的趋势，在矿浆pH为10时，云母浮选回收率仅为40%左右。在相同十二胺浓度下，石英的浮选回收率呈先上升后下降的趋势。随着矿浆pH升高，石英的浮选回收率上升，当矿浆pH大于10以后，十二胺在溶液中呈分子的形式存在，十二胺的活性降低，导致石英的浮选回收率下降。

图3－2b为矿浆pH为2～3时，十二胺的浓度对云母和石英单矿物浮选影响的试验结果。从图中可以看出，在十二胺浓度较低的情况下，云母浮选回收率比较高，随着十二胺浓度的增大，云母的浮选回收率随之上升，当浓度为$4\times10^{-4}$mol/L时，浮选回收率达到90%以上。在整个浓度范围内，石英的浮选回收率都在20%以下。可见，十二胺作捕收剂时，云母和石英只有在强酸性条件下可浮性差异比较大，为这两种矿物的分离创造条件。

### 3.2.2 十二烷基三甲基氯化铵对云母和石英单矿物的浮选性能

十二烷基三甲基氯化铵是铝土矿反浮选中常用的阳离子捕收剂，本节考察了十二烷基三甲基氯化铵对云母和石英的浮选性能。图3－3a为十二烷基三甲基氯化铵作捕收剂时，矿浆pH对云母和石英单矿物浮选影响的试验结果，捕收剂浓度固定在$1\times10^{-4}$mol/L。

由图可以看出，在研究的矿浆pH范围内，云母浮选回收率都较高，石英的回收率仍呈先上升后下降的趋势，但是在强酸性条件下仍有60%的回收率。可见，十二烷基三甲基氯化铵对这两种矿物的捕收能力比十二胺强，导致选择性较差。

图3－3b为矿浆pH为2～3时，十二烷基三甲基氯化铵的浓度对云母和石英

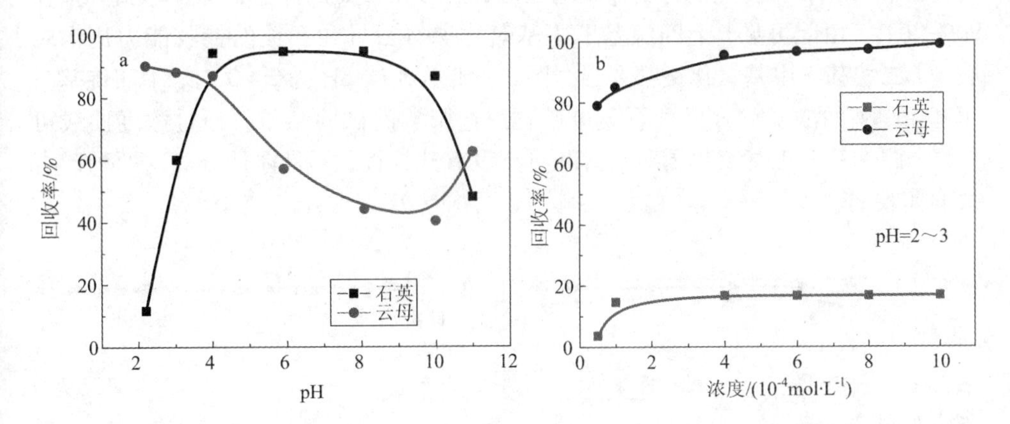


**图3-2　十二胺作捕收剂，矿物浮选回收率与矿浆pH及捕收剂浓度的关系**

单矿物浮选影响的试验结果。从图中可以看出，云母和石英的浮选回收率随药剂浓度的增大而上升，虽然云母和石英在强酸性条件有一定的浮选差异，但是差异比较小，分选效果不如十二胺。

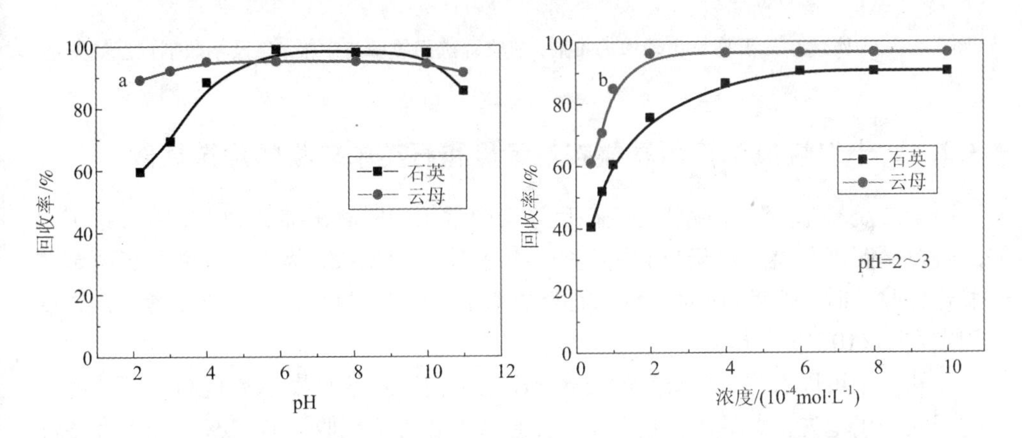


**图3-3　十二烷基三甲基氯化铵作捕收剂，矿物浮选回收率与矿浆pH及捕收剂浓度的关系**

## 3.2.3　十四烷基三丁基氯化磷对云母和石英单矿物的浮选性能

十四烷基三丁基氯化磷用于铝土矿反浮选，对高岭石和一水硬铝石有很好的选择性。本节考察了十四烷基三丁基氯化磷对云母和石英的浮选性能。图3-4a为十四烷基三丁基氯化磷作捕收剂时，矿浆pH对云母和石英的单矿物浮选影响的试验结果，捕收剂浓度固定在$1\times10^{-4}$ mol/L。

由图可见，在研究的浮选 pH 范围内，云母和石英的浮选回收率较高，都在 90% 以上。由此可见，十四烷基三丁基氯化磷对云母和石英的捕收能力比十二胺、十二烷基三甲基氯化铵都要强。图 3 - 4b 为矿浆 pH 为 2 ~ 3 时，十四烷基三丁基氯化磷的浓度对云母和石英单矿物浮选影响的试验结果。通过浓度曲线可见，十四烷基三丁基氯化磷对云母和石英没有选择性，不是浮选分离这两种矿有效的捕收剂。

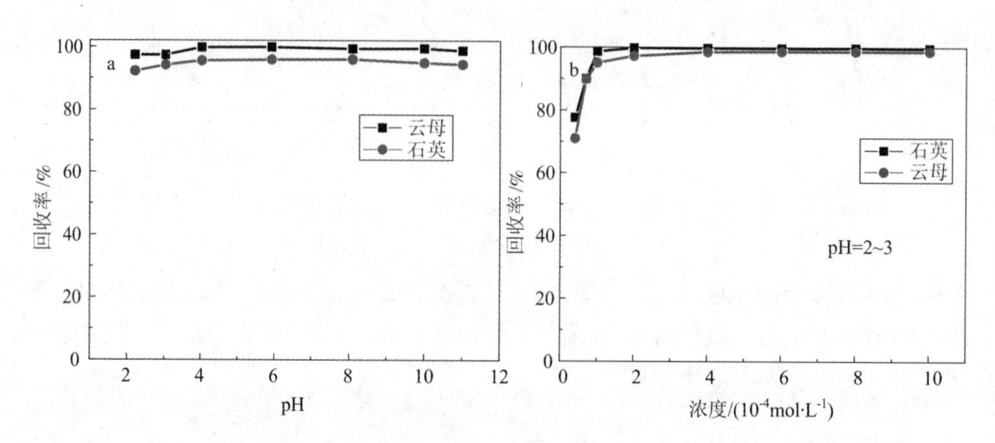


**图 3 - 4　十四烷基三丁基氯化磷作捕收剂，矿物浮选回收率与矿浆 pH 及捕收剂浓度的关系**

## 3.2.4　十二烷氧基正丙基醚胺对云母和石英单矿物的浮选性能

十二烷氧基正丙基醚胺是铁矿反浮选中常用的阳离子捕收剂，本节考察了十二烷氧基正丙基醚胺对云母和石英的浮选性能。图 3 - 5a 为十二烷氧基正丙基醚胺作捕收剂时，矿浆 pH 对云母和石英的单矿物浮选试验结果，其中，捕收剂浓度固定在 $1 \times 10^{-4}$mol/L。

从图中可以看出，在研究的浮选 pH 范围内，云母回收率都较高。石英的浮选回收率仍呈先上升后下降的趋势，在强酸性条件下回收率有 60%，在中性条件下，石英浮选回收率最高。可见，十二烷氧基正丙基醚胺对云母和石英的捕收能力比十二胺强。图 3 - 5b 为矿浆 pH 为 2 ~ 3 时，十二烷氧基正丙基醚胺浓度对云母和石英单矿物浮选影响的试验结果。由图可以看出，虽然云母和石英在强酸性条件有一定的浮选差异，但是差异比较小，分选效果不如十二胺。

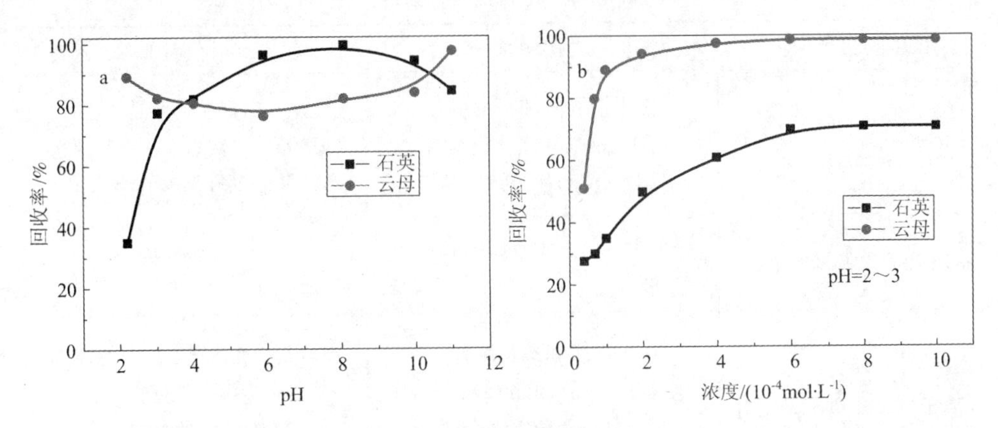


**图 3－5　十二烷氧基正丙基醚胺作捕收剂，矿物浮选回收率与矿浆 pH 及捕收剂浓度的关系**

## 3.3　阴阳离子组合捕收剂对石煤主要矿物的浮选行为

由阳离子表面活性剂浮选结果可知，十二胺对云母和石英的浮选分离效果最好，这和工业应用相一致，在云母浮选中常使用十二胺作为捕收剂。但是浮选在强酸性条件下进行，对浮选设备有严重的腐蚀性，同时，十二胺浮选泡沫粘性大、稳定性很强，且泡沫量大，很长时间难以破裂，不利于浮选操作且对浮选作业过程产生不利影响：①精矿泡沫量大，粘度大，用砂浆泵输送精矿时容易产生“气室”现象而失去抽吸功能；②为了减少精矿泡沫量，增加精矿产品的流动性，会使用大量的冲洗水，导致选矿水量增大，而且会稀释精矿矿浆浓度，影响后续精选作业；③精矿泡沫量大，重力小，在浓缩过程中，一部分泡沫量大的精矿浮在水面会随着泡沫流走；④浮选过程泡沫量大，会吸附大量浮选药剂，导致药剂用量加大。所以，开发新型捕收剂是云母浮选的趋势。

在实际生产应用上，相比较单一表面活性剂，组合表面活性剂得到了更加广泛的应用。浮选体系中采用组合捕收剂，即两种或两种以上表面活性剂共同作捕收剂使用，能够使药剂发挥更好的作用，往往比单一表面活性剂有更佳的浮选效果。浮选药剂组合使用不但可以提高精矿产品的指标，还可以减少药剂用量、降低成本，被国内外越来越多的选矿厂所使用，对选矿工业起到重要作用。表 3－2 列举了最常见的组合表面活性剂在浮选中的应用。

表 3-2 组合捕收剂的应用

| 组合药剂类型 | 实例 | 实际应用 |
| --- | --- | --- |
| 阴离子和阴离子组合 | 苯甲羟肟酸和731组合<br>731、油酸和磺化皂组合<br>乙硫氮、黄药和丁铵黑药组合 | 白钨矿的浮选<br>锂辉石、磷灰石、钛铁矿浮选<br>多金属硫化矿的浮选 |
| 阳离子和阳离子组合 | 十二胺和十八胺组合<br>十二胺和十二烷基三甲氧基硅烷 | 云母的浮选<br>铝土矿的浮选 |
| 离子型和非离子型组合 | 十二胺和醇类组合<br>苯甲羟肟酸和醇类组合<br>醚胺和杂醇组合<br>油酸钠、螯合剂和正辛醇组合 | 高岭石、氧化锌、长石的浮选<br>锡石的浮选<br>胶磷矿的浮选<br>铝土矿的浮选 |
| 阴离子和阳离子组合 | 油酸、磺酸等和十二胺组合<br>十二胺和黄药 | 云母、长石的浮选<br>氧化锌矿的浮选 |

将不同类型或者同种类型的表面活性剂按照不同配比组合，可以显著提高表面活性剂的活性及稳定性，产生明显的协同作用。长期以来，人们普遍认为阴离子表面活性剂和阳离子表面活性剂不能组合使用，因为这两种不同类型的表面活性剂在水溶液中由于强烈的静电作用会产生沉淀或者絮状络合物，失去了活性，特别是在浮选领域，更是把阴离子表面活性剂和阳离子表面活性剂复配视为禁忌。直到 1989 年，Kaler 等人在研究中发现阴阳离子表面活性剂组合后在溶液中自发形成囊泡。浮选实践证明，这两种类型表面活性剂组合后使用比单一的表面活性剂有更好的选择性和捕收性能。因此，阴阳离子表面活性剂复配体系的研究开始成为表面活性剂研究领域的一个重要方向。由于阴阳离子表面活性剂复配体系有很多优良的性质，例如，良好的去污性、增溶性、泡沫性能、消毒、防霉等性质，近年来深受广大化学工作者的青睐，并广泛地应用在化妆品、食品、石油、材料加工等方面。相比较其他类型的组合捕收剂，阴阳离子表面活性剂在浮选中应用例子比较少。

在花岗伟晶岩中，锂辉石经常和锂云母、长石、石英等脉石矿物共生，由于这些矿物同属于硅酸盐类矿物，表面性质和化学性质接近，所以锂辉石的浮选一直是选矿的难题。于福顺等研制出阴阳离子组合捕收剂 YAC 应用于锂辉石的浮选，浮选效果明显优于油酸钠、氧化石蜡皂等阴离子捕收剂，并成功应用于工业生产。对于原矿 $Li_2O$ 品位为 1.48% 左右的锂辉石矿，获得 $Li_2O$ 品位为 5.59% 精矿，回收率可达 85% 以上。

阴阳离子表面活性剂作捕收剂也常用于长石和石英的无氟浮选分离。刘凤春等人用阴阳离子组合表面活性剂浮选长石矿，使长石和脉石矿物石英分离。用十二胺和油酸钠作捕收剂，硫酸代替氢氟酸作 pH 调整剂，通过调节捕收剂的比例和浮选条件，实现了长石和石英的无氟浮选分离，取得较好的试验指标。

阴阳离子表面活性剂在氧化铅锌矿浮选中也有应用。张祥峰等采用阳离子捕收剂十二胺和阴离子捕收剂戊异基黄原酸钾作为组合捕收剂，对异极矿进行浮选，结果发现，当十二胺和戊异基黄原酸钾以摩尔比为 1∶3 时对异极矿进行浮选，比单独使用二者任何一种药剂对异极矿的浮选效果都好，在矿浆 pH 为 10 左右，浮选回收率可达 86%。S. Hamid Hosseini 等人在菱锌矿的浮选中也应用了这种类型的捕收剂，取得了好的试验指标。

阴阳离子组合捕收剂浮选云母的方法在文献中有报道，但是没有系统地研究组合捕收剂配比、种类、浓度等对云母和石英浮选的影响。本节系统地研究阴阳离子组合捕收剂对云母和石英的浮选行为的影响，主要包括矿浆 pH、组合捕收剂比例、种类、浓度等。

### 3.3.1 十二胺和油酸钠组合对云母和石英单矿物的浮选性能

图 3 - 6a 是十二胺和油酸钠为组合捕收剂时，矿浆 pH 对云母单矿物浮选影响的试验结果。其中，组合捕收剂中十二胺的浓度固定为 $1 \times 10^{-4}$ mol/L。由图 3 - 6a可以看出，当十二胺浓度不变时，随着油酸钠用量的增大，云母浮选回收率随之上升。当十二胺与油酸钠混合摩尔比例为 1∶2 和 1∶3 时，云母的浮选回收率在所研究的 pH 范围内均维持在 90% 左右。

图 3 - 6b 为云母浮选回收率与捕收剂浓度的关系，其中矿浆 pH 固定在 9.5 ~ 10，十二胺和油酸钠摩尔比例为 1∶3。由图 3 - 6b 可见，单独使用油酸钠作捕收剂，云母浮选回收率很低。单独使用十二胺作捕收剂，云母浮选回收率随药剂浓度的增大呈上升的趋势，在十二胺浓度为 $4 \times 10^{-4}$mol/L 时，云母浮选回收率接近 100%。十二胺和油酸钠组合药剂作捕收剂时，相同药剂浓度下，云母浮选回收率稍低于单独使用十二胺时的情况，但是，对云母浮选性能仍较强，在浓度为 $4 \times 10^{-4}$mol/L 以上，云母浮选回收率在 90% 左右。由此可见，十二胺和油酸钠组合捕收剂的浮选性能稍差于十二胺，但是和十二胺差距不大，仍是浮选云母的高效捕收剂。

图 3 - 7 是十二胺为阳离子捕收剂、油酸钠为阴离子捕收剂时，石英的浮选回收率与矿浆 pH 及捕收剂浓度的关系。其中，组合捕收剂中十二胺的浓度固定为 $1 \times 10^{-4}$mol/L。由图 3 - 7a 可以看出，当十二胺浓度不变时，随着油酸钠用量的增大，石英的浮选回收率显著下降。当阴离子和阳离子捕收剂摩尔比小于 2 时，阳离子胺类捕收剂起主要作用，石英浮选回收率比较高。当油酸钠和十二胺的摩

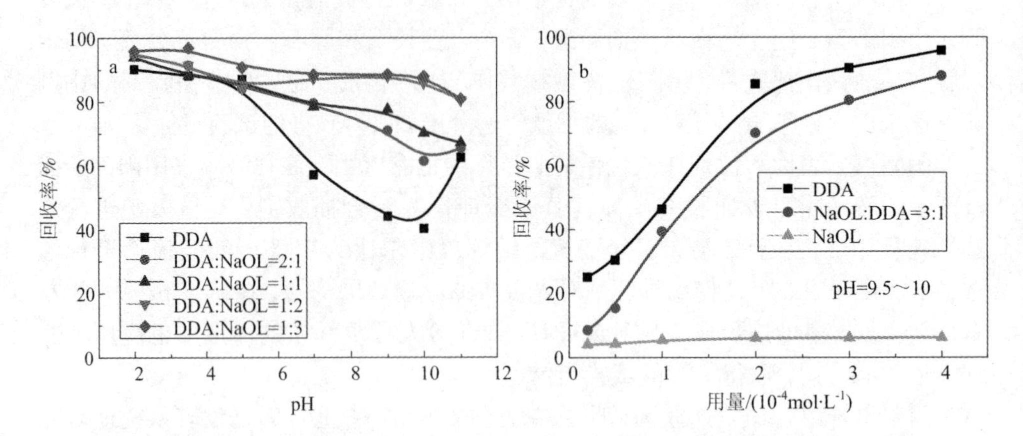


**图 3-6　十二胺和油酸钠组合时，云母浮选回收率与矿浆 pH 及捕收剂浓度的关系**

尔比大于 2 时，石英的可浮性显著降低。当油酸钠和十二胺的摩尔比为 3∶1 时，石英的浮选回收率在所研究的 pH 范围内均维持在 20% 以下。

图 3-7b 为石英浮选回收率与组合捕收剂浓度的关系，其中矿浆 pH 固定在 9.5～10，油酸钠和十二胺摩尔比为 3∶1。由图 3-7b 可以看出，脉石矿物石英的回收率仅有 10% 左右，此条件下，云母可获得 90% 的回收率。由浮选试验结果可以看出，阴离子捕收剂油酸钠和阳离子捕收剂十二胺组合使用，无需在强酸性条件下，也可以有效地分离这两种矿物。

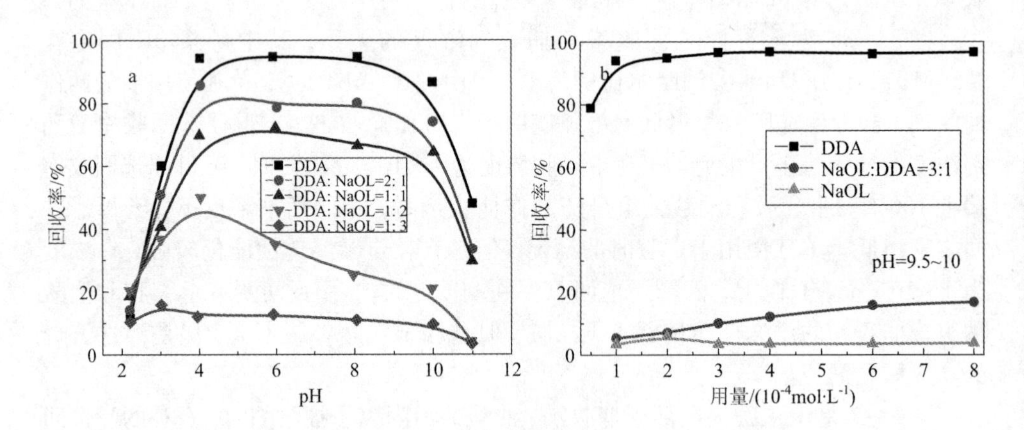


**图 3-7　十二胺和油酸钠组合时，石英浮选回收率与矿浆 pH 及捕收剂浓度的关系**

### 3.3.2　十二烷基三甲基氯化铵和油酸钠组合对云母和石英单矿物的浮选性能

图 3－8a 是十二烷基三甲基氯化铵和油酸钠作组合捕收剂时，云母的浮选回收率与矿浆 pH 的关系。其中，组合捕收剂中十二烷基三甲基氯化铵的浓度固定为 $1\times10^{-4}$ mol/L。由图 3－8a 可以看出，在酸性和中性条件下，随着油酸钠用量的增大，云母浮选回收率和单用十二烷基三甲基氯化铵基本没有变化。在碱性条件下，当油酸钠与十二烷基三甲基氯化铵摩尔比为 2:1 和 3:1 时，云母的浮选回收率显著下降。

图 3－8b 是十二烷基三甲基氯化铵和油酸钠作组合捕收剂时，云母的浮选回收率与捕收剂浓度的关系，其中矿浆 pH 为 5.5～6。由图可以看出，随着捕收剂浓度的增大，云母浮选回收率呈先升高后下降的趋势，捕收性能没有单独阳离子捕收剂组分好。

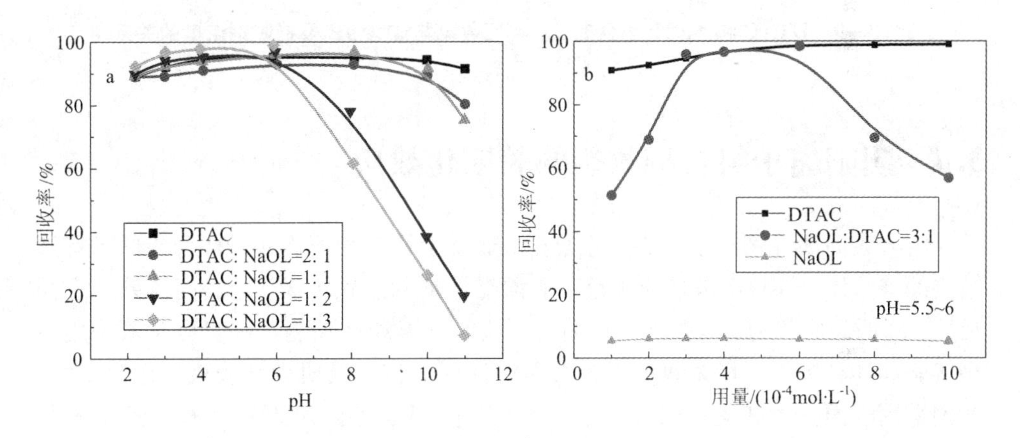


**图 3－8　DTAC 和 NaOL 组合时，云母回收率与矿浆 pH 及捕收剂浓度的关系**

图 3－9a 是十二烷基三甲基氯化铵和油酸钠作组合捕收剂时，石英的浮选回收率与矿浆 pH 关系。其中，十二烷基三甲基氯化铵的浓度固定为 $1\times10^{-4}$ mol/L。由图 3－9a 可以看出，当十二烷基三甲基氯化铵浓度不变时，随着油酸钠用量的增大，石英的浮选回收率显著下降。当油酸钠与十二烷基三甲基氯化铵摩尔比为 2:1 和 3:1 时，石英的浮选回收率在所研究的 pH 范围内均维持在 50% 以下，且随着矿浆 pH 升高，石英的浮选回收率降低。

图 3－9b 是十二烷基三甲基氯化铵和油酸钠作组合捕收剂时，石英的浮选回收率与捕收剂浓度的关系。由图可以看出，石英的浮选回收率在 50% 以下。可见，在一定浓度范围内($3\times10^{-4}$ mol/L～$6\times10^{-4}$ mol/L)，油酸钠与十二烷基三甲

基氯化组合捕收剂对云母的捕收能力显著高于对石英的捕收能力，但是比十二胺和油酸钠组合捕收剂对云母和石英选择性要差。所以选择十二胺和油酸钠组合捕收剂进行进一步的研究。

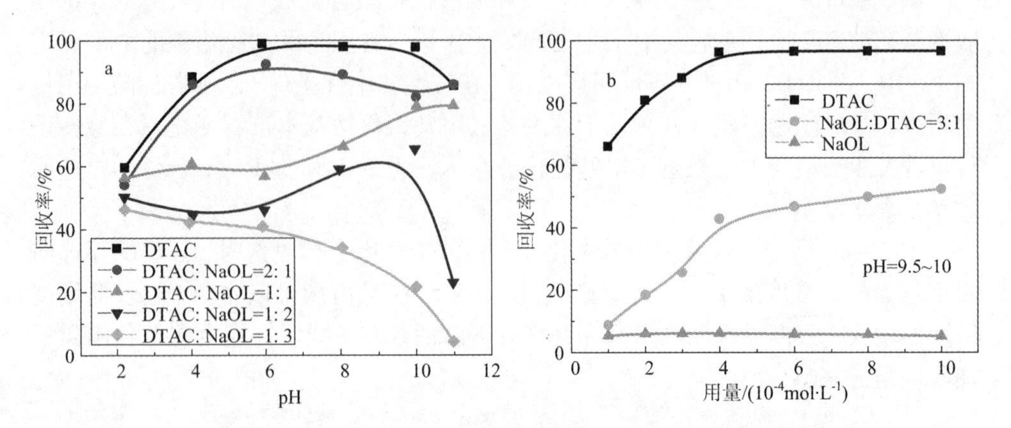


**图3－9　DTAC和NaOL组合时，石英回收率与矿浆pH及捕收剂浓度的关系**

## 3.4　阴阳离子组合捕收剂的胶团化效应

组合表面活性剂在溶液中发生复配，通常会产生相互作用，自组装形成特殊结构的聚集体，导致溶液性质和单一表面活性剂的差别很大，会提高体系的表面活性，降低表面张力，改善泡沫性质等，从而改善浮选性能。许多科学家采用各种实验和计算模拟手段来研究组合表面活性剂的自组装机理和胶束形态。本章，我们采用表面张力和荧光探针的方法，研究十二胺、油酸钠单一表面活性剂及其组合在水溶液中的性质，并采用分子动力学模拟的方法研究表面活性剂在水溶液中的自组装过程，讨论阴阳离子组合表面活性剂在水溶液中的相互作用及胶束结构。

### 3.4.1　阴阳离子表面活性剂复配对降低水的表面张力的协同效应

在浮选过程中，通常使用表面活性剂作捕收剂，选择性地吸附在矿物表面，改变矿物的表面疏水性。少量的表面活性剂就可以降低溶液的表面张力，使体系产生润湿、乳化、分散、气泡、增溶等一系列作用。在表面活性剂溶液中，当表面活性剂浓度增大到一定值时，表面活性剂离子或分子发生缔合，形成胶束，此时，表面活性剂的浓度称为表面活性剂的临界胶束浓度，简称 *CMC*。临界胶束浓度和临界胶团浓度下的表面张力是表面活性剂的一个重要性质，它可以作为表面活性剂的一个量度。*CMC* 值越低，表面活性越强，即表面活性剂能在更低的浓度下发挥更大作用。

本节考察了单一十二胺和油酸钠及二者的组合表面张力和浓度的关系。试验使用的是电导率小于0.0 5 μS/cm 的超纯水(测定其表面张力为72.7 mN/m)，考察了表面活性剂水溶液的表面张力与浓度的关系，绘制成 $\gamma - \log C$ 曲线，试验结果如图3－10所示。

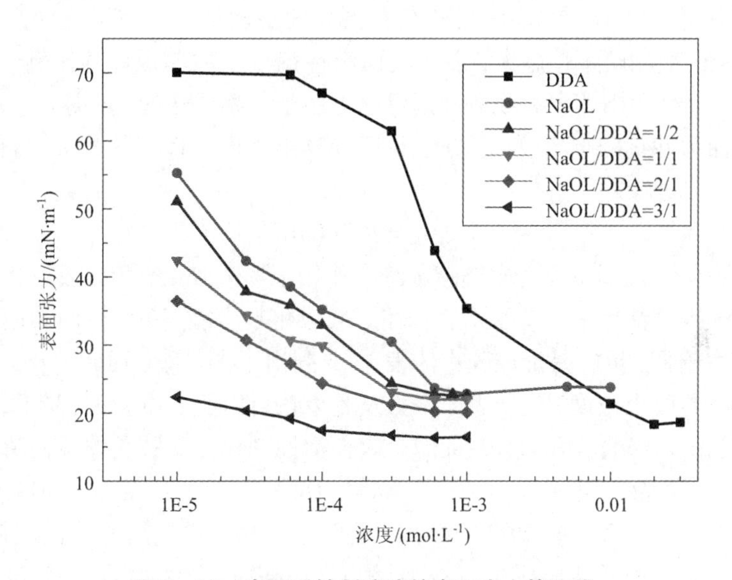


**图3－10　表面活性剂溶液的表面张力等温线**

由图3－10可以看出，少量的十二胺对水溶液表面张力影响非常小，随着十二胺浓度从 $1\times10^{-4}$mol/L 开始增加，水溶液的表面张力迅速下降，在十二胺浓度为 $2.05\times10^{-2}$mol/L时达到最低值，为18.35 mN/m。此后，十二胺浓度的继续增大没有进一步降低水的表面张力，所以，我们认为十二胺在25℃时的 *CMC* 值约为 $2.05\times10^{-2}$mol/L。同样的方法对油酸钠进行分析，得到油酸钠的 *CMC* 值约为 $1.02\times10^{-3}$mol/L，表面张力为23.85 mN/m。由此可见，相比较十二胺，油酸钠在水溶液中更容易形成胶团。

*CMC* 值由表面活性剂的疏水能力决定，疏水能力与疏水基团的碳原子总数和碳链结构有关。由于十二胺的碳原子数为12，相比较油酸钠，十二胺的碳原子数少了6个，因此其疏水性较弱，*CMC* 最高。

由图3－10可以看出，相比较单一表面活性剂，组合表面活性剂的水溶液表面张力显著降低，*CMC* 值比单一组分的 *CMC* 值都要小，这说明十二胺和油酸钠组合在水溶液中发生了较强的协同作用。随着组合表面活性剂中油酸钠比例的增大，其 *CMC* 值减小，当十二胺与油酸钠混合比例为 1∶3 时，*CMC* 值最小，仅为 $3.1\times10^{-4}$ mol/L。同时，组合表面活性剂最低的表面张力值仅有 16.44 mN/m，小于十二胺和油酸钠的最低表面张力值，这说明组合表面活性剂具有更好的起泡性能。

十二胺和油酸钠在溶液中发生了协同作用，其中不同电荷极性基团的静电作用使得表面活性剂分子在气液界面的排列更加紧密，在水中形成混合胶束，表面张力显著降低，比单一的表面活性剂有更高的表面活性。在浮选中，*CMC* 值越小，意味着药剂的疏水性越大，表明表面活性剂分子中非极性基比例较大，捕收性较强，这也是阴阳离子表面活性剂可以应用于矿物浮选的重要原因。

由表面活性剂的临界胶束浓度，可以计算出表面活性剂的胶束化自由能，如公式(3－1)所示。

$$\Delta G_m = RT\ln CMC \tag{3-1}$$

由于表面活性剂主要在碳链疏水缔合作用下形成胶束，所以胶束化自由能可以充分反映表面活性剂的疏水缔合作用。胶束化自由能越低，说明表面活性剂疏水缔合能力越强，更容易形成胶束。表 3－3 列出了十二胺、油酸钠及其组合表面活性剂的临界胶束浓度、最低表面张力及胶束化自由能。由表 3－3 可以看出，单一的十二胺疏水缔合作用最弱，而组合表面活性剂比十二胺和油酸钠疏水缔合作用都强，依次为：DDA < NaOL < NaOL/DDA（1/2）< NaOL/DDA（1/1）< NaOL/DDA(2/1) < NaOL/DDA(3/1)。可见，阴阳离子组合表面活性剂的表面活性比单一组分表面活性剂都强，这也是阴阳离子表面活性剂可以在浮选中应用的基础。

**表 3－3　单一表面活性剂和组合表面活性剂的 *CMC* 值、表面张力及其胶束化自由能**

| 表面活性剂 | *CMC*/(mmol · $L^{-1}$) | 最低表面张力/(mN · $m^{-1}$) | 胶束化自由能(kJ · $mol^{-1}$) |
|---|---|---|---|
| DDA | 20.5 | 18.35 | －9.64 |
| NaOL | 1.02 | 23.85 | －17.07 |
| NaOL/DDA(1/2) | 0.82 | 22.60 | －17.61 |
| NaOL/DDA(1/1) | 0.63 | 21.99 | －18.27 |
| NaOL/DDA(2/1) | 0.55 | 20.15 | －19.33 |
| NaOL/DDA(3/1) | 0.31 | 16.44 | －25.13 |

通常在组合表面活性剂体系下，用参数 $\beta$m 来表征表面活性剂复配增效作用，$\beta$m 越负，说明协同作用效果越好。

$$\beta m = \left(\ln \frac{CMC_{12} \cdot \chi_1}{CMC_1 \cdot \chi_{1m}}\right)/\chi_{2m}^2 = \left(\ln \frac{CMC_{12} \cdot \chi_2}{CMC_2 \cdot \chi_{2m}}\right)/\chi_{1m}^2 \quad (3-2)$$

式中，$CMC_{12}$是指组合表面活性剂体系的临界胶束浓度，$CMC_1$和$CMC_2$是指表面活性剂 1 和表面活性剂 2 单独的临界胶束浓度；$\chi_1$ 和$\chi_2$ 是指表面活性剂 1 和 2 在体相中的摩尔分数，$\chi_1 + \chi_2 = 1$；$\chi_{1m}$和$\chi_{2m}$是指表面活性剂 1 和 2 在混合胶束中的摩尔分数，$\chi_{1m} + \chi_{2m} = 1$；用迭代法可以算出不同摩尔比时复配体系的相互作用参数。

图 3－11 为阴阳离子表面活性剂复配体系的相互作用参数$\beta m$与油酸钠摩尔分数的关系。由图 3－11 可以看出，随着复配体系中油酸钠摩尔分数的增加，相互作用参数$\beta m$负值增大，说明油酸钠的增加有利于组合表面活性剂的协同作用。同时发现，随着油酸钠摩尔分数的增加，形成的胶团中十二胺和油酸钠的比例变化不大，二者的比例大约为 1∶2。

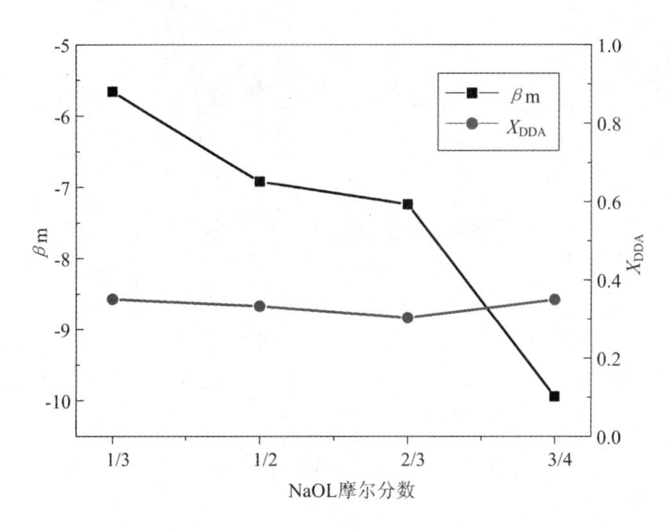


**图 3－11　不同复配体系的相互作用参数$\beta m$及 DDA 在混合胶束中的摩尔分数与油酸钠摩尔分数的关系**

## 3.4.2　阴阳离子表面活性剂在水溶液中的微极性变化规律

不同类型的表面活性剂在水溶液中形成的胶束结构的形态、尺寸及密实程度也不相同。荧光探针技术可以根据探针所处环境的差异，通过分析光谱就可以得到这些不同环境的微极性信息。由表面张力等温线结果可见，相比较单一表面活性剂，组合表面活性剂的表面张力低了至少一个数量级，疏水缔合作用更强。为了进一步研究组合表面活性剂胶团性质，本节采用芘作为探针，研究十二胺、油酸钠及二者组合在水溶液中的微极性的变化。其中，芘的荧光发射峰$I_3/I_1$作为其所处微环境非极性值的量度，$I_3/I_1$值越大，表明所处微环境非极性值越高。

图3-12和图3-13分别是增溶于十二胺、十二胺和油酸钠组合表面活性剂(DDA/NaOL=1/3)溶液中芘的荧光发射光谱。其中，十二胺浓度为$1\times10^{-2}$mol/L，组合表面活性剂浓度为$5\times10^{-4}$mol/L。由图可以看出，芘在十二胺和组合表面活性剂溶液中的荧光发射光谱中，第三个峰明显增强，第一个峰有所减弱。在十二胺和阴阳离子组合表面活性剂胶束$I_3/I_1$分别为1.00和1.21，可见，组合表面活性剂的疏水性高于十二胺的疏水性。由荧光光谱纵坐标的强度可见，当溶液中形成胶团后，组合表面活性剂溶液中芘的荧光强度远强于十二胺，可以推测，溶液中组合表面活性剂胶团的尺寸和致密程度也远大于十二胺。

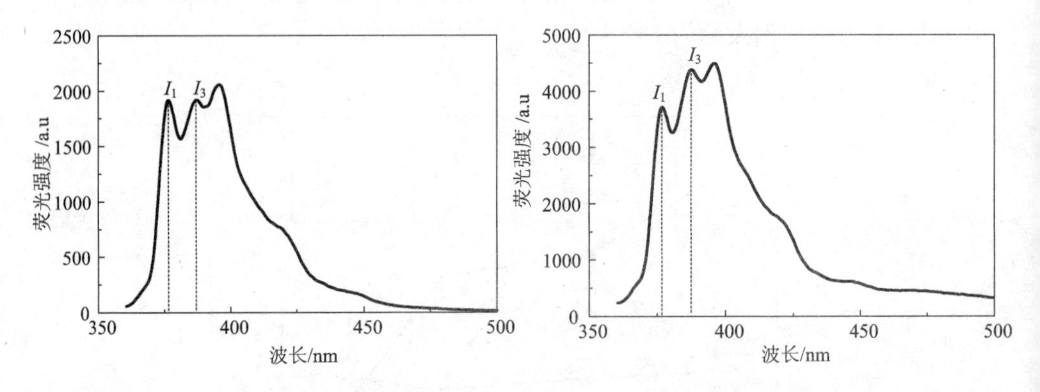


**图3-12　芘在十二胺溶液中的荧光光谱图(10 mol/L)**

**图3-13　芘在十二胺和油酸钠组合溶液(1/3)中的荧光光谱图(0.5 mmol/L)**

图3-14为单一表面活性剂及不同比例阴阳离子组合表面活性剂在水溶液中的微极性值与药剂浓度之间的关系图。

由图3-14可以看出，组合表面活性剂对芘的增溶效果比单一表面活性剂要好的多。同时，极性值($I_3/I_1$)在低浓度下和水的相近，随着药剂浓度的增大，极性值迅速上升，然后在某一个浓度之后趋于稳定，对应的表面活性剂浓度即为临界胶团浓度。用芘荧光光谱测得的DDA、NaOL、DDA/NaOL(2/1)、DDA/NaOL(1/1)、DDA/NaOL(1/2)和DDA/NaOL(1/3)的*CMC*值分别为$2.01\times10^{-2}$mol/L、$1.02\times10^{-3}$mol/L、$9.8\times10^{-4}$mol/L、$7.2\times10^{-4}$mol/L、$4.9\times10^{-4}$mol/L和$4.0\times10^{-4}$mol/L，和表面张力测得的结果相差不大。稳定后的$I_3/I_1$值即为芘在药剂胶团中的非极性值，可见，几种药剂的非极性大小顺序为：DDA/NaOL(1/3)≥DDA/NaOL(1/2)>DDA/NaOL(1/1)>DDA/NaOL(2/1)>NaOL>DDA，组合表面活性剂的非极性比单一表面活性剂的非极性大得多，更容易形成胶团，且胶团形状比单一十二胺和油酸钠大，具有更强的活性。

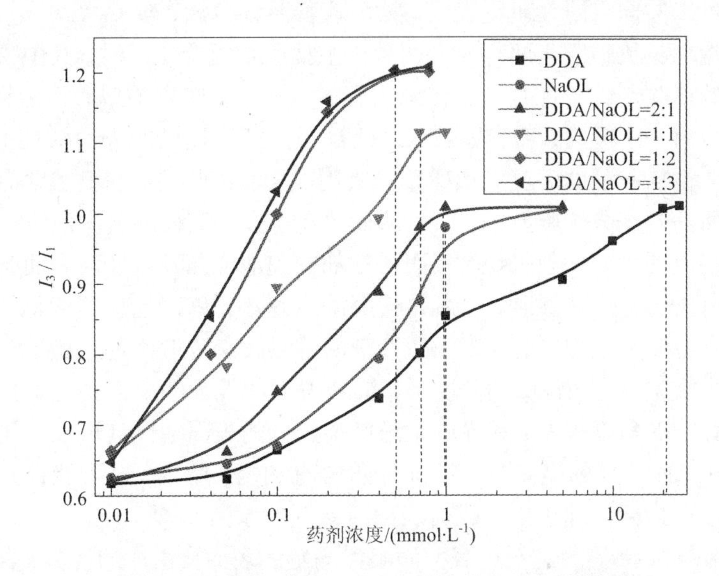


**图 3－14　表面活性剂溶液的极性与药剂浓度关系图**

## 3.5　阴阳离子组合捕收剂对云母和石英的作用机理

从钒在石煤中的状态可知，石煤中主要含钒矿物是云母类矿物，主要脉石矿物为石英。单矿物浮选试验表明，十二胺和油酸钠作组合捕收剂对云母的捕收性能强，而且可以强烈抑制石英的浮选，从而实现了云母和石英在弱碱性条件下的浮选分离，为石煤钒矿浮选提供理论基础。为了进一步研究组合药剂在硅质石煤钒矿中的经典选矿理论，往往通过红外、动电位、XPS 等检测手段描述药剂分子在矿物表面的吸附机理，借助于检测分析手段，开展组合捕收剂的协同作用机理研究，明确组合捕收剂的协同作用本质。不同药剂相互组合在矿物表面的吸附是一个复杂的过程，吸附机理大致可以归纳为共吸附、疏水端加长机理、电荷补偿机理、促进吸附等。

共吸附机理。组合捕收剂在矿物表面形成共吸附，是最普遍的吸附机理。由于矿物表面性质复杂，成分不一，导致了矿物表面活性区是有区别的，而组合药剂的各组分也具有不同的活性，不同活性的药剂分别吸附在活性相当的矿物颗粒的区域，从而增加了药剂在矿物吸附层的密度，在不用增加药剂用量的情况下就可以对矿物有较强的作用。其中，矿物表面的不均匀性之一表现在表面电化学性质的不均匀性，即矿粒表面具有所谓的“阴极区”和“阳极区”，而阳离子型捕收剂与阴离子型捕收剂可以分别吸附在“阴极区”和“阳极区”，所以一些阴阳离子组合捕收剂可以共同吸附在矿物表面，从而改善浮选指标。

疏水端加长机理。当两种或者两种以上捕收剂组合使用时，其中含有较强活性官能团的捕收剂分子优先吸附在矿物表面，例如一些离子型表面活性剂，在矿物表面形成第一层吸附，而相比较，含有较弱活性官能团的表面活性剂分子，吸附在较强活性捕收剂的碳链端形成第二吸附层，就在形式上加长了含有较强活性官能团表面活性剂分子碳链的长度，从而改善了矿物表面的疏水性。

改善溶液环境。一般来说，表面活性剂的起泡性和稳泡性与表面张力和临界胶束浓度有关，表面张力越低，临界胶束浓度越小，矿浆越易于起泡，泡沫也就越稳定。大量研究发现，组合表面活性剂的临界胶束浓度值普遍比单一成分的捕收剂低两个数量级，在较低的浓度下，组合表面活性剂的表面张力就比较低。从浮选溶液环境的角度来看，临界胶束浓度值较低的表面活性剂可以产生比较小且稳定的泡沫，而这样的泡沫对于浮选是非常有利的，所以，这可能也是组合表面活性剂在浮选指标上优于单一成分表面活性剂的原因。

A. Zdziennicka 等通过石英表面润湿性测定和表面自由能的计算，深入探讨了阳离子表面活性剂和醇类组合药剂在石英表面的吸附作用。研究发现，石英表面润湿性和阳离子表面活性剂种类、醇的种类及二者比例有密切的关系，同时，在组合表面活性剂体系下，醇类会在石英表面产生明显的吸附作用。

冯金妮等通过红外光谱分析和解析试验发现，阴离子捕收剂 LZ－00 与阳离子捕收剂椰油胺组合药剂在锂云母表面作用较强，同时存在物理吸附和化学吸附，而该组合捕收剂与石英和长石的作用很微弱。研究发现，阴离子捕收剂LZ－00的加入可增加阳离子胺类捕收剂在锂云母矿物表面的吸附量，而减少其在石英和长石表面的吸附量；LZ－00 与椰油胺组合捕收剂的吸附增强了锂云母疏水性，这将有利于锂云母的浮选分离。

A. Vidyadhar 通过单矿物浮选试验、动电位测试、XPS 分析及红外光谱分析探讨了胺类捕收剂与脂肪醇在石英和长石表面的浮选分离机理。结果表明，在组合捕收剂体系下，脂肪醇与胺类捕收剂可以共吸附于云母和石英表面。当脂肪醇与胺共吸附于矿物表面时，组合捕收剂极性基半径明显大于胺在矿物表面的吸附半径，所以排开水分子的能力也更强，导致矿物表面疏水性更强，浮选效果更佳。

L. Alexandrova 通过表面张力、接触角等手段研究了十四烷基三甲基氯化铵和十二(十四、十六)烷基磺酸钠组合表面活性剂在石英表面的吸附行为。研究结果发现，这两种类型的组合表面活性剂的表面张力和临界胶束浓度值比单一十四烷基三甲基氯化铵和烷基磺酸钠的低很多，表明了组合表面活性剂的活性比单一表面活性剂更强。在组合表面活性剂体系下，阳离子表面活性剂通过静电作用吸附在带负电的石英表面，阴离子表面活性剂通过和阳离子表面活性剂极性基间的静电作用、碳链的疏水缔合作用吸附在石英表面，接触角试验发现，在组合表面活性剂体系下，石英表面的疏水性比单一阳离子表面活性剂体系下降低。

本章通过动电位测试、红外光谱分析、芘荧光探针、吸附量等测试手段系统地研究单一十二胺及十二胺和油酸钠组合药剂与矿物之间的相互作用，揭示组合捕收剂的作用机理，为石煤浮选富集钒的高效捕收剂的研发提供理论依据。

根据矿物荷电理论，阳离子捕收剂和阴离子捕收剂主要以静电作用的形式吸附在硅酸盐矿物表面。因此，研究矿物表面与药剂作用前后动电位的变化，对研究药剂与矿物表面的吸附作用非常关键。

## 3.5.1　十二胺对云母和石英荷电性质的影响

图 3 - 15 为云母在纯水中和在 $1 \times 10^{-4}$ mol/L 的十二胺溶液中表面动电位随 pH 的变化曲线，以及以十二胺为捕收剂，云母的浮选回收率随 pH 的变化曲线。由图可以看出，云母在纯水中带负电，其零电位点在 pH = 2 左右，与文献报道一致。随着溶液 pH 升高，云母表面负的动电位增强。在十二胺溶液中，云母通过静电作用吸附十二胺阳离子捕收剂，导致云母表面电位变正。这与十二胺为捕收剂、云母浮选行为有差异，在强酸性条件下，云母浮选回收率最高；而在碱性条件下，云母表面电负性增强，云母回收率反而降低。

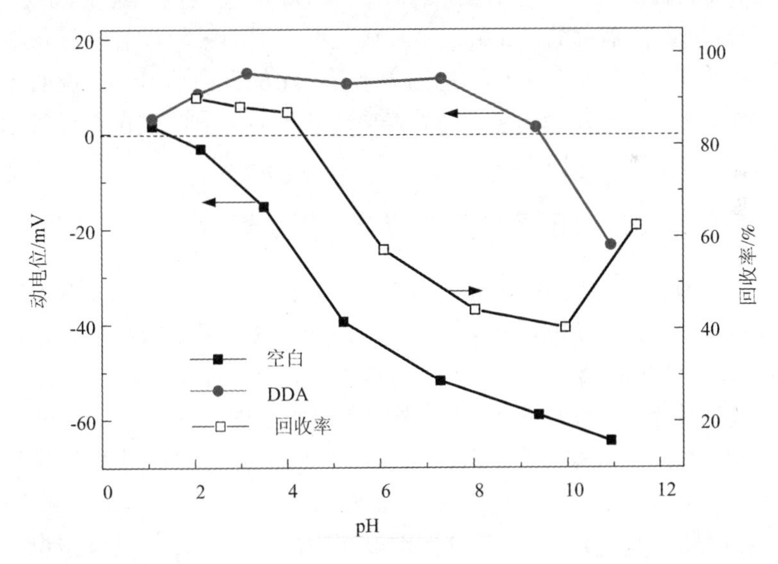


**图 3 - 15　云母在十二胺体系下表面动电位及浮选回收率与 pH 的关系**

由云母的晶体结构可知，云母底面(001)面在水溶液中荷永久负电，不受矿浆 pH 的影响。云母端面(010)面和(110)面就是典型的硅酸盐荷电规律，随着矿浆 pH 升高，动电位越负。所以，云母动电位是底面和端面综合的结果。在强酸性条件下，荷正电的十二胺可以通过静电吸附的形式吸附在云母表面，使其疏水上浮，同时在酸性条件下，云母底面(001)面和端面(010)荷相反电荷，导致底面和端面相互吸引，使其发生团聚现象，颗粒表观比表面积减小，浮选性能增强。而在碱性条件下，不会发生这种团聚现象，云母颗粒比表面积增大，此时，需要吸附更多的十二胺使其疏水上浮。由单矿物浮选数据可见，十二胺浓度增加到 $4\times10^{-4}$ mol/L 时，在碱性条件下的浮选回收率也接近 100%。

作为最典型的硅酸盐矿物，石英主要是由硅氧四面体单体以角顶相连组成的晶体结构。石英解离时大量的 Si—O 键断裂，在水溶液中，石英表面羟基化形成硅羟基 Si—OH。随着矿浆 pH 的变化，硅羟基会发生解离，pH 较低时，硅羟基吸附氢离子而使石英表面荷正电，在较高 pH 条件下，硅羟基析出氢离子而使石英表面荷负电。

图 3-16 为石英在纯水中和在 $1\times10^{-4}$ mol/L 的十二胺溶液中，表面动电位随 pH 的关系曲线，以及以十二胺为捕收剂、石英的浮选回收率随 pH 的变化曲线。由图可以看出，石英的等电点在 pH=2.5 左右，与文献报道一致。随着溶液 pH 升高，石英表面羟基化程度增大，导致石英表面电负性增强。在溶液中加入十二胺后，在 pH=4~11 范围内，石英动电位有所正移，但是石英表面带负电，这说明十二胺在石英表面产生了吸附作用，导致了石英表面电性的改变，但是此条件下，石英表面仍是负电，可见十二胺在石英表面的吸附没有在云母表面吸附密度大。而此时，石英浮选回收率也随着矿浆 pH 的升高而升高，说明十二胺在石英表面的吸附以静电作用为主，随着静电作用增强，十二胺在石英表面吸附增强，捕收能力也随之增强。

### 3.5.2 组合捕收剂对云母和石英荷电性质的影响

图 3-17 为云母在纯水中和在组合捕收剂($4\times10^{-4}$ mol/L，NaOL/DDA = 3∶1)溶液中，云母表面动电位随 pH 的关系曲线，以及组合捕收剂下云母的浮选回收率随 pH 的变化曲线。由图 3-17 可以看出，与组合捕收剂作用后，在 pH = 2~5 的酸性条件下，云母表面动电位高于在纯水中的表面动电位。这是由于吸附了带正电的十二胺阳离子的原因。在 pH 大于 5 时，组合捕收剂作用后的云母表面动电位比在纯水中的表面动电位负值增大，此时，云母浮选回收率一直在 90% 以上。可见，除了十二胺阳离子，油酸钠阴离子组分在云母表面也有吸附作用，十二胺和油酸钠呈负电性的混合物吸附在云母表面，使云母表面电位更负。

图 3-18 为石英在纯水中和在组合捕收剂($4\times10^{-4}$ mol/L，NaOL/DDA = 3∶1)溶液中，石英表面动电位随 pH 的关系曲线，以及该条件下石英的浮选回收率随 pH 的变化曲线。由图可以发现，在十二胺和油酸钠混合溶液中，石英表面

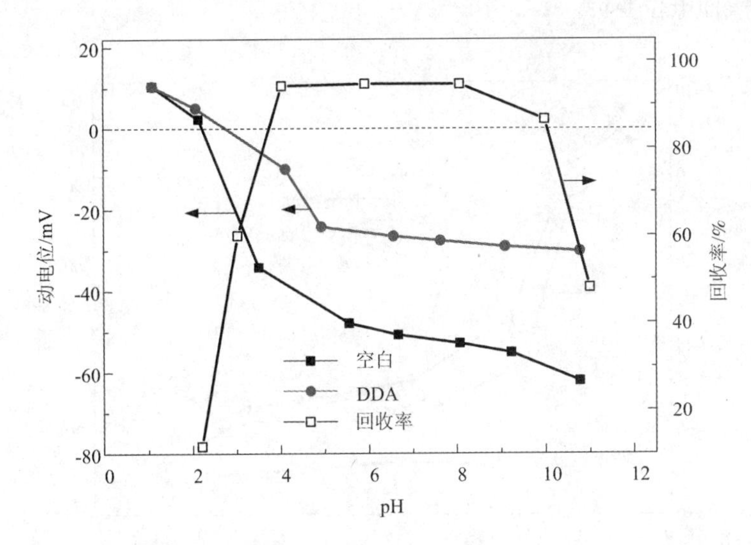


**图 3－16　石英在十二胺体系下表面动电位及浮选回收率与 pH 值的关系**

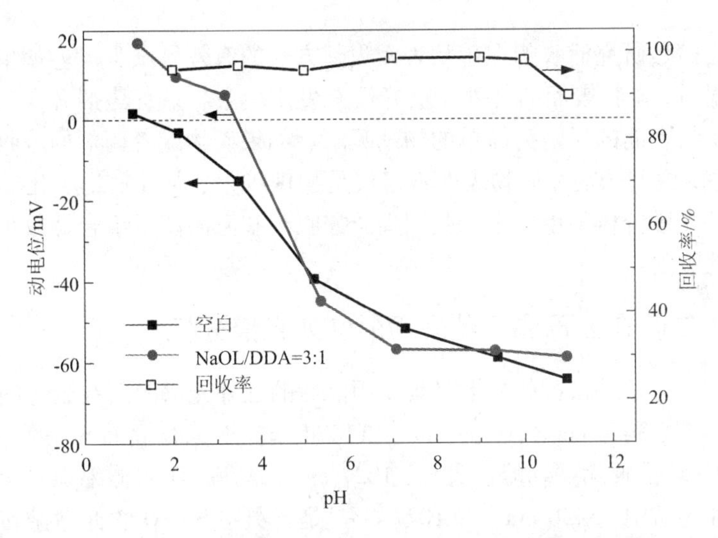


**图 3－17　云母在组合捕收剂体系下表面动电位及浮选回收率与 pH 值的关系**

电位和纯水中相比负移。可见，十二胺在石英表面的吸附受到油酸钠的影响，通过浮选试验发现，石英在此条件下浮选回收率很低，可以推测组合捕收剂在石英表面形成亲水络合物，在阴离子捕收剂浓度高于阳离子捕收剂时，这两种捕收剂在石英表面会形成络合物，络合物中阴离子捕收剂浓度高于阳离子捕收剂，所以导致石英表面电位变负。

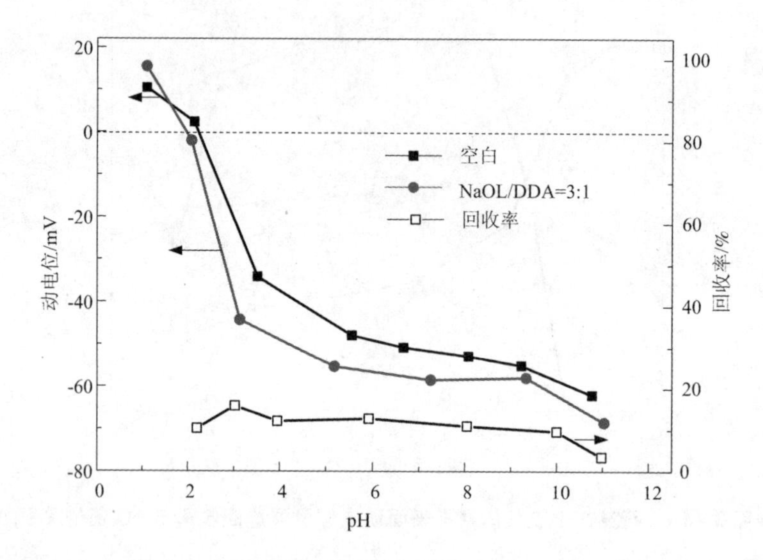


**图 3-18　石英在组合捕收剂体系下表面动电位及浮选回收率与 pH 的关系**

红外光谱是研究捕收剂在矿物表面吸附方式的有效测试手段。如果药剂在矿物表面吸附后，矿物表面的红外光谱峰没有发生偏移，只有药剂和矿物的峰，说明药剂在矿物表面的吸附为简单的物理吸附。如果矿物或者药剂的吸收峰发生了较大的偏移，说明药剂在矿物表面不仅仅是物理吸附，而且发生了化学反应。本节通过红外光谱分析了单一十二胺阳离子捕收剂和阴阳离子组合捕收剂在云母和石英表面的吸附。

## 3.5.3　十二胺在云母和石英表面的红外光谱分析

图 3-19 为云母和石英与十二胺作用前后的红外光谱图。在云母的红外光谱中，3622 $cm^{-1}$，3436 $cm^{-1}$，1637 $cm^{-1}$和 1634 $cm^{-1}$是云母表面 Si—O—H 和 Al—O—H 中 O—H 的伸缩振动峰。另外，1027 $cm^{-1}$是 Si—O 的伸缩振动吸收峰，在石英的红外光谱中，3436 $cm^{-1}$和 1077 $cm^{-1}$是石英中 Si—O 的伸缩振动吸收峰。

云母和石英与十二胺作用前后的红外光谱图明显不同。在波数 2854 $cm^{-1}$和 2923 $cm^{-1}$处出现新的吸收峰，这两个峰分别对应为十二胺中甲基和亚甲基的伸缩振动吸收峰。此外，云母和十二胺作用后的红外光谱在 2364 $cm^{-1}$和 2335 $cm^{-1}$处出现新的峰，为—CN 伸缩振动吸收峰，除此之外，其他峰没有发生变化，说明十二胺在云母和石英表面发生了较强的物理吸附。

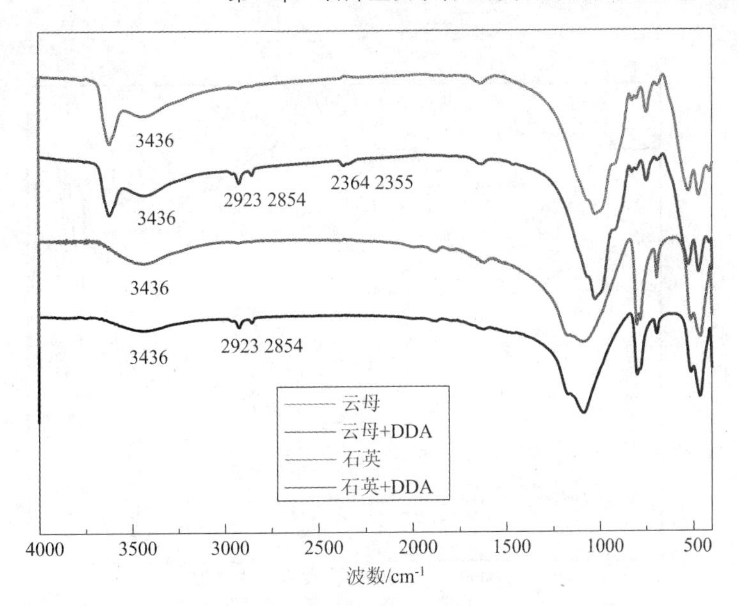


图3-19　云母和石英与十二胺作用前后的红外光谱图

### 3.5.4　组合捕收剂在云母和石英表面的红外光谱分析

图3-20和图3-21为云母和石英与组合捕收剂作用前后的红外光谱图。其中组合捕收剂中，阳离子捕收剂为十二胺，阴离子捕收剂为油酸钠，二者摩尔比为3∶1。

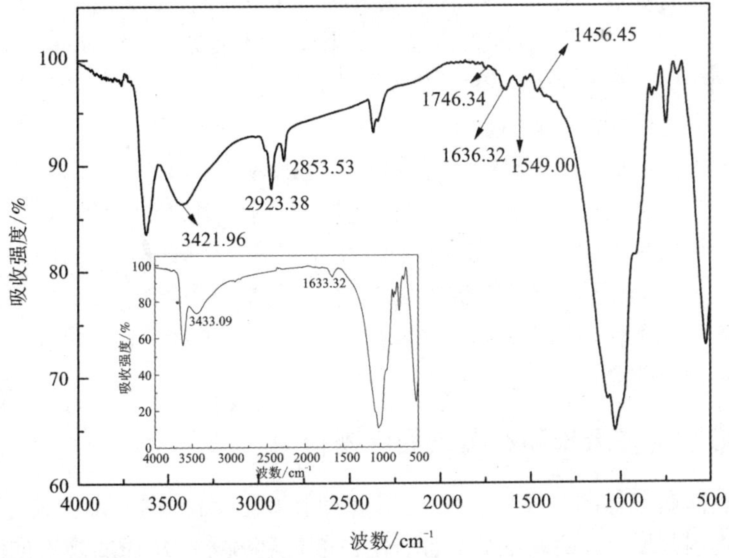


图3-20　云母与组合捕收剂作用前后的红外光谱图

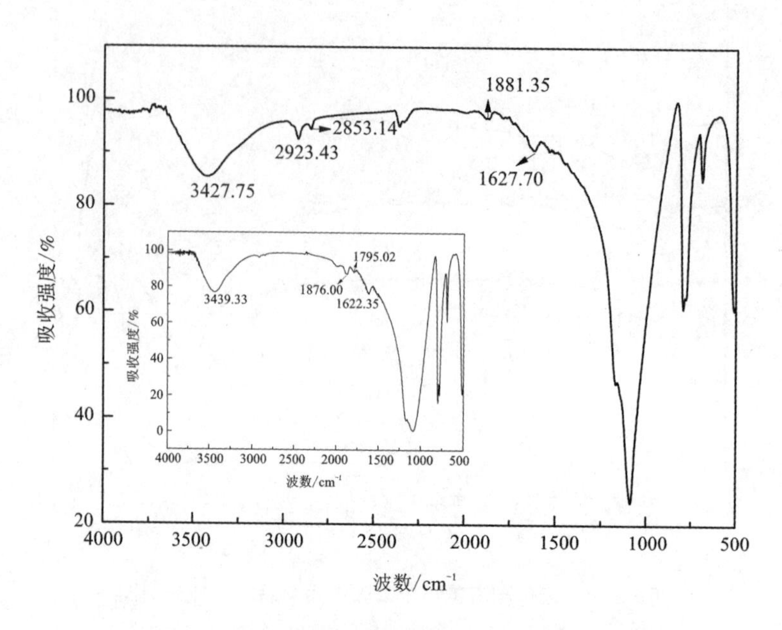


**图 3-21　石英与组合捕收剂作用前后的红外光谱图**

当云母与组合捕收剂作用后，在波数 2853 $cm^{-1}$ 和 2923 $cm^{-1}$ 处出现新的吸收峰，这两个峰分别对应为捕收剂中甲基和亚甲基的伸缩振动峰。此外，在波数 1746 $cm^{-1}$ 处出现—C ═O—伸缩振动吸收峰，可见，油酸钠在云母表面发生了吸附。云母与组合捕收剂作用后的红外光谱在 1549 $cm^{-1}$ 处出现了—$NH_2$的弯曲振动吸收峰，说明十二胺在云母表面发生吸附。由此可见，在组合捕收剂体系中，十二胺和油酸钠在云母表面发生了共吸附作用。

石英与组合捕收剂作用后的红外光谱图中，在波数 2923 $cm^{-1}$ 处出现了—$CH_2$的不对称伸缩振动吸收峰，2854 $cm^{-1}$ 处出现了—$CH_2$的对称伸缩振动吸收峰。由红外光谱分析可见，相比较云母与组合药剂作用后的峰的强度，石英与组合药剂作用后新峰的强度比较弱。可见，红外光谱的结果说明了阴阳离子组合捕收剂在石英表面的吸附作用比较弱。在红外制样过程的冲洗阶段，由于组合捕收剂在石英表面吸附作用较弱，石英表面的药剂被去离子水冲掉，导致红外光谱没有明显的药剂吸收峰。

## 3.5.5　捕收剂在云母和石英表面吸附行为

矿物表面润湿性的差异是实现不同矿物间的浮选分离的基础。在浮选中，一般添加捕收剂，改变目的矿物的极性，使目的矿物疏水，从而实现不同矿物的分离。由图 3-22(a)可以看出，只添加油酸钠作捕收剂，由于油酸钠和云母表面都带负电，产生静电排斥作用，油酸钠在云母表面的吸附量很低，这也是油酸钠对云母浮选效果差的原因。在矿浆 pH = 9.5 ~ 10 范围内，十二胺浓度固定在 $1\times10^{-4}$mol/L的情况下，随着油酸钠药剂浓度增加，油酸钠在云母表面吸附量显著增大，十二胺在云母表面吸附量变化不大，可见，十二胺可以促进油酸钠在云母表面的吸附，同时，不影响其自身的吸附量。图3-22(b)为云母表面接触角随捕收剂浓度变化曲线，其中，矿浆 pH 为9.5~10。由图可以看出，相比较单独十二胺溶液，云母在混合溶液中接触角变化不大，说明在混合溶液中，云母表面也有比较强的疏水性。

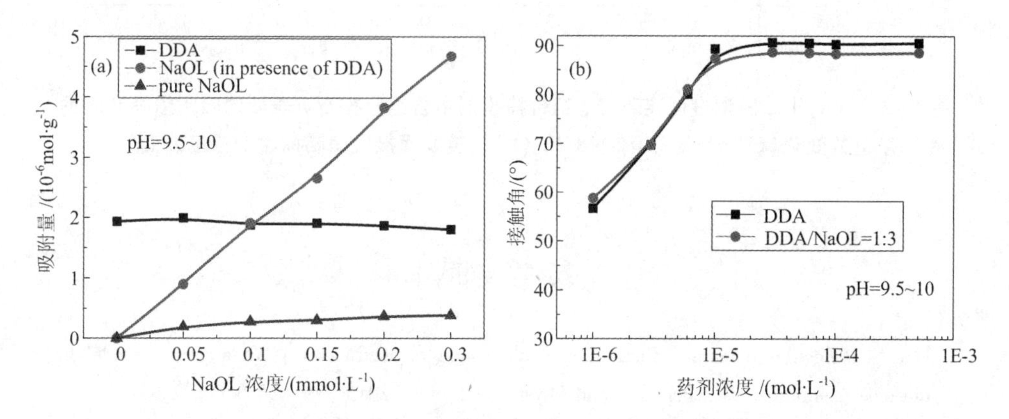


**图3-22　(a)十二胺浓度固定不变，组合捕收剂中各组分在云母表面的吸附量随油酸钠浓度的变化(pH=9.5~10，30℃)；(b)云母表面接触角随捕收剂浓度的变化**

由图3-23可以看出，只添加油酸钠作捕收剂，油酸钠在石英表面的吸附量也很低。在矿浆 pH =9.5 ~10 范围内，十二胺浓度为 $1\times10^{-4}$ mol/L，不添加油酸钠的情况下，十二胺在石英表面的吸附量比较低，这和石英动电位结果相一致。但是此时，石英浮选回收率接近100%，可见，石英表面吸附少量的十二胺就可以使其上浮。十二胺浓度固定在 $1\times10^{-4}$ mol/L 的情况下，随着油酸钠药剂浓度增加，油酸钠在石英表面吸附量显著增大，十二胺在石英表面吸附量变化不大。可见，十二胺同样可以促进油酸钠在石英表面的吸附。在油酸钠较低浓度下，油酸钠对十二胺在石英表面的吸附影响不大，当油酸钠浓度增加到十二胺的3倍，即 $3\times10^{-4}$ mol/L 时，十二胺在石英表面的吸附量显著下降，这和十二胺和油酸钠在云母表面吸附有显著的不同，可见，油酸钠的吸附会减少十二胺在石英表面的吸附量。由图3-23(b)组合捕收剂对石英表面润湿性的影响可以看出，随着组合捕收剂中油酸钠比例的增大，石英表面接触角变小，疏水性显著降低。当十二胺和油酸钠配比为1∶3时，石英表面接触角仅有25°左右。

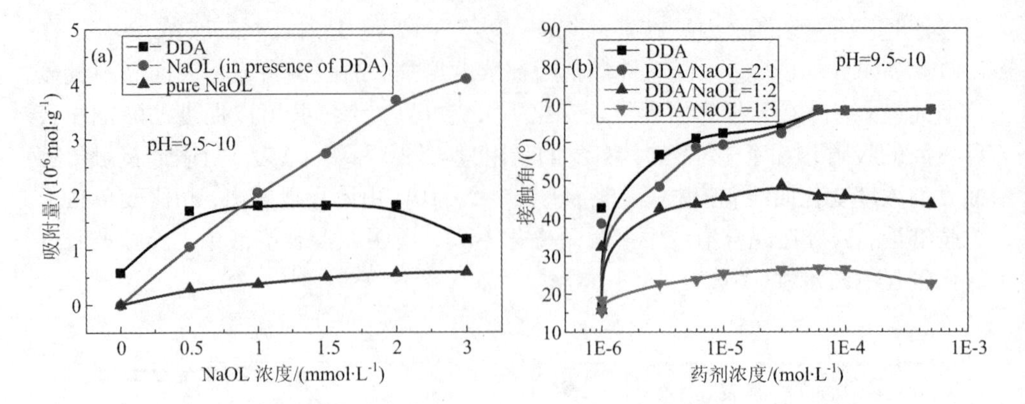


**图 3-23 (a)十二胺浓度固定不变，组合捕收剂中各组分在石英表面的吸附量随油酸钠浓度的变化(pH=9.5~10，30℃)；(b)石英表面接触角随捕收剂浓度的变化**

# 参考文献

[1] Han S. Molecular dynamics simulation of oleic acid/oleate bilayers: An atomistic model for a ufasome membrane[J]. Chemistry and Physics of Lipids, 2013: 79-83.

[2] K B, Ta H, Jp. B. Molecular dynamics simulations of a mixed DOPC/DOPGbilayer[J]. Eur Phys J E Soft Matter, 2003, 12(1S): 135-140.

[3] Nguyen T B N, Dang W B T Q. Improvements of Mixed-surfactants in Alkaline/Surfactant/PolymerSolutions[J]. Petroleum Science and Technology, 2014, 32(12): 1458-1464.

[4] Li Y, Guo Y, Xu G, et al. Dissipative particle dynamics simulation on the properties of the oil/water/surfactant system in the absence and presence of polymer[J]. Molecular Simulation, 2013, 39(4): 299-308.

[5] 姚慧琴，高作宁. 用氯离子电极同时测定阳离子表面活性剂的 *CMC* 及反离子缔合度[J]. 化学研究与应用, 2004, 16: 543-544.

[6] 安志敏. teween40 与阳离子表面活性剂复配体系的核磁共振研究[D]. 石家庄：河北师范大学，2014.

[7] [H. R K, E. F K S. Mixed collector systems inflotation[J]. International Journal of Mineral Processing, 1997(1): 67-79.

[8] Von Rybinski W, Schwuger M J. Adsorption of surfactant mixtures in frothflotation[J]. Langmuir, 1986(5): 639-643.

[9] 蒋昊. 铝土矿浮选脱硅过程中阳离子捕收剂与铝矿物和含铝硅酸矿物作用的溶液化学研究[D]. 长沙：中南大学，2004.

[10] 卢颖，孙胜义. 组合药剂的发展及规律[J]. 矿业工程，2007, 5: 42-44.

[11] 王纪镇，印万忠，刘明宝，等. 浮选组合药剂协同效应定量研究[J]. 金属矿山，2013，(5)：62－66.

[12] 余增辉. 组合选矿药剂在多金属矿浮选工艺中的应用[J]. 江苏冶金，2003，31：31－33.

[13] Desai T R, Dixit S G. Coadsorption of Cationic － Nonionic Surfactant Mixtures on Polytetra Fluoroethylene (PTFE) Surface[J]. Journal of Colloid and Interface Science, 1996, 179(2): 544－551.

[14] Zhang Y, Zhao Y, Zhu Y, et al. Adsorption of mixed cationic－nonionic surfactant and its effect on bentonite structure[J]. Journal of Environmental Sciences, 2012, 24(8): 1525－1532.

[15] Parekh P, Varade D, Parikh J, et al. Anionic － cationic mixed surfactant systems: Micellar interaction of sodium dodecyl trioxyethylene sulfate with cationic gemini surfactants[J]. Colloids and Surfaces A: Physicochemical and Engineering Aspects, 2011, 385(1 － 3): 111－120.

[16] 张云海. 高岭石与一水硬铝石反浮选分离的研究[D]. 长沙：东北大学，2005.

[17] Holland P M. Nonideality At Interfaces In Mixed Surfactant Systems[J]. Mixed Surfactant Systems, 1992, 327－341. \[18] Ew K, Ak M, Be R, et al. Spontaneous vesicle formation in aqueous mixtures of single－tailed surfactants[J]. Science, 1989, (4924): 1371－1374.

[19] Stellner K L, Amante J´C, Scamehorn J F, et al. Precipitation phenomena in mixtures of anionic and cationic surfactants in aqueous solutions[J]. Journal of Colloid and Interface Science, 1988, 123(1): 186－200.

[20] 赵国玺，程玉珍，欧进国，等. 正离子表面活性剂与负离子表面活性剂在水溶液中的相互作用[J]. 化学学报，1980，38(5)：409－420.

[21] Yu F, Wang Y, Zhang L, et al. Role of oleic acid ionic－molecular complexes in the flotation of spodumene[J]. Minerals Engineering, 2015: 7－12.

[22] 刘凤春，刘家弟. 用阴阳离子混合捕收剂浮选分离石英－长石[J]. 中国矿业，2000，9(3)：59－60.

[23] 张祥峰，孙伟. 阴阳离子混合捕收剂对异极矿的浮选作用及机理[J]. 中国有色金属学报，2014，(2)：499－505.

[24] Hosseini S H, Forssberg E. Physicochemical studies of smithsonite flotation using mixed anionic/cationic collector[J]. Minerals Engineering, 2007, 20(6): 621－624.

[25] 张丽敏. 烷氧基硅烷对十二胺浮选铝硅矿物的影响研究[D]. 长沙：中南大学，2009.

[26] 刘德全，周春山. F203和TBP混用浮选锡石细泥捕收机理[J]. 中南工业大学学报，1995：43－47.

[27] 刘德全，周春山，朱建光. 水杨羟肟酸和P－86混用浮选锡石的捕收机理[J]. 有色金属，1995，47(3)：38－42.

[28] Vidyadhar A, Rao K H, Chernyshova I V. Mechanisms of amine － feldspar interaction in the absence and presence of alcohols studied by spectroscopic methods[J]. Colloids and Surfaces A: Physicochemical and Engineering Aspects, 2003, 214(1 － 3): 127－142.

[29] 彭勇军，王典芬. 复合捕收剂协同作用机理研究[J]. 硅酸盐学报，1996：74－79.

[30] Wang L, Hu Y, Liu J, et al. Flotation and adsorption of muscovite using mixed cationic －

nonionic surfactants ascollector [J]. Powder Technology, 2015, 276: 26 - 33.

[31] Zdziennicka A, Jańczuk B. Wettability of quartz by aqueous solution of cationic surfactants and short chain alcoholsmixtures [J]. Materials Chemistry and Physics, 2010, 124(1): 569 - 574.

[32] A Z, B. J. Effect of anionic surfactant and short - chain alcohol mixtures on adsorption at quartz/water and water/air interfaces and the wettability of quartz. [J]. Journal of Colloid and Interface Science, 2011, 354(1): 396 - 404.

[33] 冯金妮. 锂云母高效捕收剂的选择及机理研究[D]. 南昌: 江西理工大学, 2013.

[34] Vidyadhar A, Rao K H, Chernyshova I V. Mechanisms of amine - feldspar interaction in the absence and presence of alcohols studied by spectroscopic methods[J]. Colloids and Surfaces A: Physicochemical and Engineering Aspects, 2003, 214(1 - 3): 127 - 142.

[35] Vidyadhar A, Rao K H, Chernyshova I V, et al. Mechanisms of Amine - Quartz Interaction in the Absence and Presence of Alcohols Studied by Spectroscopic Methods[J]. Journal of Colloid and Interface Science, 2002, 256(1): 59 - 72.

[36] Alexandrova L, Rao K H, Forsberg K S E, et al. The influence of mixed cationic - anionic surfactants on the three - phase contact parameters in silica - solution systems[J]. Colloids and Surfaces A: Physicochemical andEngineering Aspects, 2011, 373(1 - 3): 145 - 151.

[37] Shelley J C, Sprik M, Klein M L. Molecular dynamics simulation of an aqueous sodium octanoate micelle using polarizable surfactant molecules[J]. Langmuir, 1993, 9(4): 916 - 926.

[38] 李春艳, 刘华, 刘波涛. 分子动力学模拟基本原理及研究进展[J]. 广州化工, 2011, 39(4): 11 - 13.

[39] 李卓谡, 赵玉洁, 贾晓娜, 等. 分子动力学计算机模拟技术进展[J]. 机械管理开发, 2008, 23(2): 174 - 176.

[40] 王华. 含表面活性剂复配体系自组装机理的理论研究[D]. 济南: 山东大学, 2014.

[41] 陈正隆, 徐为人, 汤立达. 分子模拟的理论与实践[M]. 化学工业出版社, 2007.

[42] Pang J, Wang Y, Xu G, et al. Molecular dynamics simulations of SDS, DTAB, and C12E8 monolayers adsorbed at the air/water surface in the presence ofDSEP [J]. J Phys Chem B, 2011, 115(11): 2518 - 2526.

[43] Wang X, Liu J, Du H, et al. States of adsorbed dodecyl amine and water at a silica surface as revealed by vibrationalspectroscopy [J]. Langmuir, 2010, 26(5): 3407 - 3414.

[44] Du H, Miller J D. A molecular dynamics simulation study of water structure and adsorption states at talcsurfaces [J]. International Journal of Mineral Processing, 2007, 84(1 - 4): 172 - 184.

[45] Xu Y, Liu Y, He D, et al. Adsorption of cationic collectors and water on muscovite (001) surface: A molecular dynamics simulationstudy[J]. Minerals Engineering, 2013: 101 - 107.

[46] Fu Y, Heinz H. Cleavage Energy Of Alkylammonium - Modified Montmorillonite And Relation To Exfoliation In Nanocomposites: Influence Of Cation Density, Head Group Structure, And ChainLength [J]. Chem. Mater., 2010, 22(4): 1595 - 1605.

[47] Heinz H, Koerner H, Anderson K L, et al. Force Field for Mica - Type Silicates and Dynamics of Octadecylammonium Chains Grafted toMontmorillonite [J]. Chem. Mater., 2005,

5658 – 5669.

[48] 方明山，肖仪武，童捷矢. MLA 在铅锌氧化矿物解离度及粒度测定中的应用[J]. 有色金属(选矿部分)，2012(03)：1 – 3.

[49] 李赛赛. 陕西省商南县—山阳县下寒武统黑色岩系中钒矿田地质构造特征及成因探讨[D]. 西安：长安大学，2012.

[50] 邓海波，张刚，任海洋等. 季铵盐和十二胺对云母类矿物浮选行为和泡沫稳定性的影响[J]. 非金属矿，2012，35(6)：23 – 25.

[51] 于福顺. 石英长石无氟浮选分离工艺研究现状[J]. 矿产保护与利用，2005(3)，41 – 43.

[52] 何桂春，冯金妮，毛美心，等. 组合捕收剂在锂云母浮选中的应用研究[J]. 非金属矿，2013：29 – 31.

[53] 卢毅屏. 铝土矿选择性磨矿—聚团浮选脱硅研究[D]. 中南大学，2012.

[54] Rosen M J, Kunjappu J T. Surfactants and interfacial phenomena [M]. John Wiley & Sons, 2012.

[55] Chvedov D, Logan E L B. Surface charge properties of oxides and hydroxides formed on metal substrates determined by contact angle titration[J]. Colloids and Surfaces A: Physicochemical and Engineering Aspects, 2004, 240(1 – 3): 211 – 223.

[56] 刘亚川，龚焕高，张克仁. 石英长石矿物结晶化学特性与药剂作用机理[J]. 中国有色金属学报，1992：21 – 25.

[57] Wang L, Sun W, Hu Y, et al. Adsorption mechanism of mixed anionic/cationic collectors in Muscovite – Quartz flotation system[J]. Minerals Engineering, 2014: 44 – 50.

[58] Ozdes D, Duran C, Senturk H B. Adsorptive removal of Cd(II) and Pb(II) ions from aqueous solutions by using Turkish illitic clay[J]. J Environ Manage, 2011, 92(12): 3082 – 3090.

[59] Temuujin J, Burmaa G, Amgalan J, et al. Preparation of Porous Silica from Mechanically Activated Kaolinite[J]. Journal of Porous Materials, 2001, 8(3): 233 – 238.

[60] Liu C, Hu Y, Feng A, et al. The behavior of N, N – dipropyl dodecyl amine as a collector in the flotation of kaolinite and diaspore[J]. Minerals Engineering, 2011, 24(8): 737 – 740.

[61] Gupta N, Balomajumder C, Agarwal V K. Adsorption of cyanide ion on pressmud surface: A modelingapproach [J]. Chemical Engineering Journal, 2012: 548 – 556.

[62] 许洪勇，成莲，王东峰等. 傅立叶变换红外光谱法鉴别地沟油的研究[J]. 现代食品科技，2012，28(6).

[63] Wong P T T, Papavassiliou E D, Rigas B. Phosphodiester Stretching Bands in the Infrared Spectra of Human Tissues and Cultured Cells [J]. Applied Spectroscopy, 1991, 45 (9): 1 563 – 1567.

[64] Orhan E C, Bayraktar Ī. Amine – oleate interactions in feldspar flotation [J]. Minerals Engineering, 2006, 19(1): 48 – 55.

[65] Xu L, Wu H, Dong F, et al. Flotation and adsorption of mixed cationic/anionic collectors on muscovite mica[J]. Minerals Engineering, 2013: 41 – 45.

# 第4章 镍钼矿中主要矿物氧化钼(镍)、钼酸钙、氟磷灰石浮选行为及其与药剂作用机理

通过镍钼矿钼、镍矿相分析，得知以氧化钼形式存在的钼占其钼含量的20%左右，以氧化镍形式存在的镍占其镍含量的42%左右，这部分钼主要以氧化钼和钼酸钙形式存在，这部分钼、镍的回收利用对镍钼矿总体钼、镍的浮选回收利用产生很大影响。而且氧化钼(镍)的天然可浮性非常差，这就造成镍钼矿浮选中钼、镍的回收率不高。所以，本章着重阐述了氧化钼(镍)、钼酸钙和主要脉石矿物氟磷灰石的浮选分离及其与药剂的作用机理。

## 4.1 油酸与CPC作捕收剂，氧化钼(镍)、氟磷灰石的可浮性

氧化矿捕收剂常见的种类有阳离子型的各种胺类(醚胺、脂肪胺、吡啶盐)、阴离子型的烃基含氧酸类(油酸、烃基硫酸酯、氧化石蜡皂、烃基胂酸、石油磺酸等)以及两性捕收剂氨基酸类。本节考察了油酸与CPC作为捕收剂、氧化钼(镍)和氟磷灰石浮选回收率随pH和药剂用量的变化关系。

### 4.1.1 油酸浮选氧化钼(镍)、氟磷灰石试验研究

由于氧化钼(镍)纯矿物难以找到，所以氧化钼(镍)为工业试剂。而且氧化钼在碱性条件下会产生溶解，氧化镍在酸性条件下会产生溶解，所以氧化钼试验选择在酸性条件下进行，氧化镍试验选择在碱性条件下进行。由图4-1和图4-2可以看出，在酸性条件下，氧化钼的浮选回收率为66%~70%。pH为4时，随着油酸浓度的增大，氧化钼浮选回收率先逐渐增大，后维持在70%左右，油酸浮选最佳浓度是60 mg/L。氧化镍在碱性条件下，浮选回收率先有小幅上升，随后基本稳定在60%左右。总体来说，pH对油酸浮选氧化镍影响不大。pH为8时，随着油酸浓度的增大，氧化镍浮选回收率逐渐增大，后维持在60%左右。但是，pH对氟磷灰石的浮选回收率影响很大，在整个pH区间内，氟磷灰石回收率从40%增大到83%左右。在pH<6时，油酸浮选氟磷灰石受到抑制，回收率在60%以下；pH>6时，油酸浮选氟磷灰石回收率上升到80%以上。

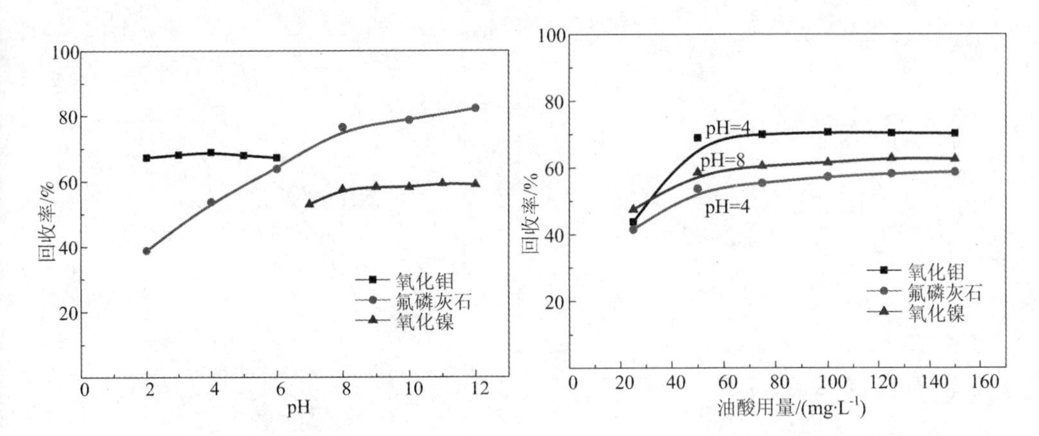


**图4-1 pH对油酸浮选氧化钼(镍)和氟磷灰石的影响(油酸浓度50 mg/L)**

**图4-2 油酸浓度对氧化钼(镍)和氟磷灰石可浮性的影响**

## 4.1.2 CPC浮选氧化钼(镍)、氟磷灰石试验研究

由图4-3和图4-4可以看出，在酸性条件下，氧化钼的浮选回收率为73%~78%。氧化钼的浮选回收率随着pH的升高呈逐渐降低的趋势。但总的看来，pH对CPC浮选氧化钼影响不大。pH为4时，随着捕收剂CPC浓度的增大，氧化钼浮选回收率先逐渐增大，后维持在76%左右，最佳浓度是$2\times10^{-4}$mol/L。氧化镍在碱性条件下，浮选回收率先有小幅上升，随后基本稳定在65%左右。总体来说，pH对CPC浮选氧化镍影响不大。pH为8.1时，随着捕收剂CPC浓度的增大，氧化镍浮选回收率逐渐增大，后维持在66%左右。但是，pH对氟磷灰石的浮选回收率影响很大，在整个pH区间内，氟磷灰石回收率从35%增大到83%左右。在pH<8时，CPC浮选氟磷灰石受到抑制，回收率在40%以下；pH>8时，CPC浮选氟磷灰石回收率呈直线上升趋势。而且，随着捕收剂CPC用量的增加，氟磷灰石的浮选回收率逐渐增大，但是增加速度很慢，整个用量范围内，回收率增大不到20%。

由油酸与CPC对氧化钼、氧化镍、氟磷灰石浮选结果可知，CPC对氧化钼、氧化镍的浮选回收率高于油酸，而且对于氟磷灰石的浮选性能差于油酸，所以选择CPC作为捕收剂进行浮选及机理研究。

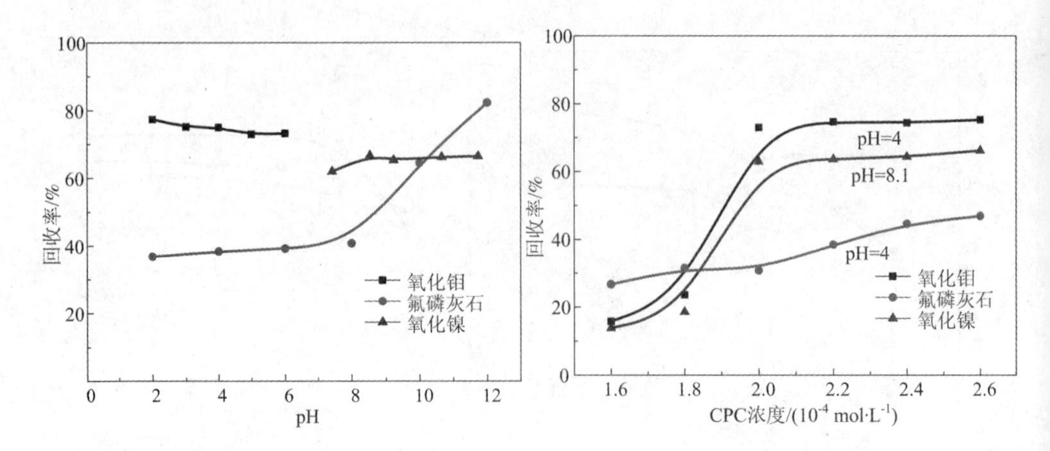


**图4-3 pH对CPC浮选氧化钼(镍)和氟磷灰石的影响(CPC浓度$2\times10^{-4}$mol/L)**

**图4-4 CPC浓度对氧化钼(镍)和氟磷灰石可浮性的影响**

## 4.2 CPC作为捕收剂，抑制剂对矿物可浮性的影响

由图4-3和图4-4分析可知，在酸性条件下，CPC作为捕收剂，氧化钼和氟磷灰石浮选回收率差异比较大，但是为了进一步提高浮选精矿品位，选择合适的抑制剂，增大氧化钼(镍)和氟磷灰石的可浮性差异是十分必要的。本节考察了水玻璃、六偏磷酸钠和酒石酸对氧化钼(镍)和氟磷灰石的浮选抑制行为。

### 4.2.1 CPC作为捕收剂，水玻璃对矿物可浮性的影响

水玻璃是一种水溶性硅酸盐，其化学式为$Na_2O \cdot n\,SiO_2$，$n$称为水玻璃模数。再选矿过程中，水玻璃可以作为抑制剂来抑制脉石，而且水玻璃通常还可以是矿泥分散剂。

水玻璃为强碱弱酸盐，水溶液中其溶解平衡如下：

$$SiO_{2(S)} + 2\,H_2O \rightleftharpoons Si(OH)_{4(aq)} \quad K_{s0} = 10^{-2.7} \tag{4-1}$$

$$SiO_2(OH)_2^{2-} + H^+ \rightleftharpoons SiO(OH)_3^- \quad K_1^H = 10^{12.56} \tag{4-2}$$

$$SiO(OH)_3^- + H^+ \rightleftharpoons Si(OH)_{4(aq)} \quad K_2^H = 10^{9.43} \tag{4-3}$$

由水玻璃溶解平衡反应可绘制$Na_2SiO_3$水解优势组分图[99]，见图4-5。

$H_2SiO_3$和$HSiO_3^-$被认为是水玻璃起抑制作用的有效成分，它们可以在脉石矿物表面吸附，生成水化膜而使其亲水性增大。矿泥分散主要是因为胶态$SiO_2$吸附在其表面。

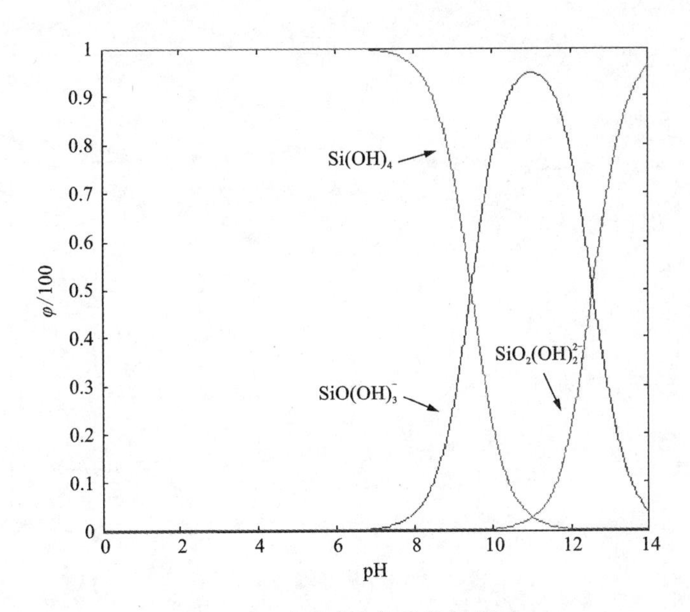


图4-5　水玻璃水解优势组分图

本小节通过改变pH和水玻璃用量，考察了CPC对氧化钼(镍)和氟磷灰石浮选行为的影响，试验结果见图4-6和图4-7。

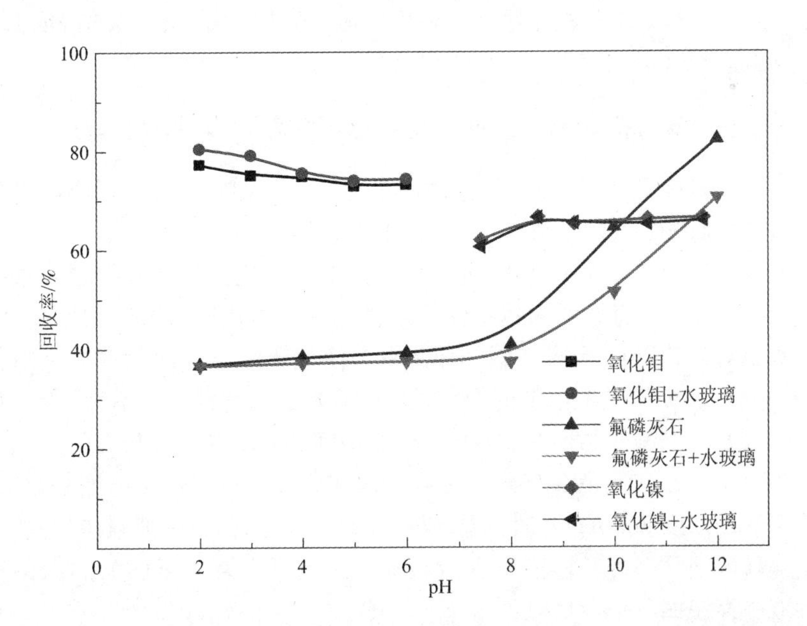


图4-6　pH对水玻璃抑制性能的影响(CPC浓度$2\times10^{-4}$mol/L，水玻璃浓度100 mg/L)

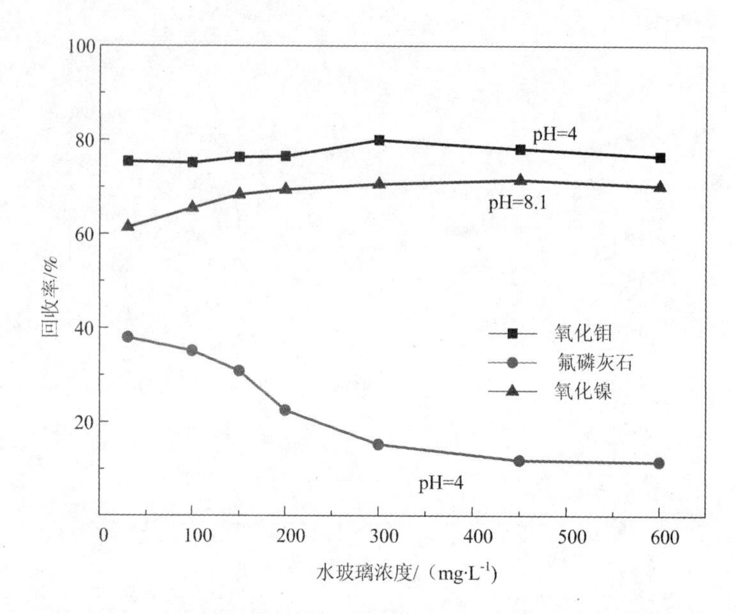


**图 4－7　水玻璃浓度对氧化钼(镍)和氟磷灰石可浮性的影响(CPC 浓度 $2\times10^{-4}$ mol/L)**

由图 4－6 可知，水玻璃浓度为 100 mg/L 时，水玻璃对氧化钼(镍)不产生抑制作用，对氟磷灰石的抑制效果也不佳。图 4－7 水玻璃浓度实验表明，随着水玻璃浓度的增大，对氟磷灰石浮选抑制效果增强，在水玻璃浓度为 450 mg/L 时，可以将氟磷灰石浮选回收率抑制在 11% 左右。

## 4.2.2　CPC 作为捕收剂，六偏磷酸钠对矿物可浮性的影响

本小节通过改变 pH 和六偏磷酸钠浓度，考察了 CPC 对氧化钼(镍)和氟磷灰石浮选行为的影响，试验结果见图 4－8 和图 4－9。

由图 4－8 可知，六偏磷酸钠在酸性条件下对氧化钼的浮选抑制效果并不明显。在 pH 为 4 时，随着六偏磷酸钠浓度的增大，氧化钼浮选回收率变化不大。六偏磷酸钠对氧化镍的浮选抑制作用很弱，使氧化镍浮选回收率略有降低。在 pH 为 8.1 时，六偏磷酸钠浓度的增大，对 CPC 浮选氧化镍影响不大，但六偏磷酸钠对氟磷灰石的抑制效果很好。在整个 pH 区间，可以将氟磷灰石的浮选回收率抑制在 25% 以下。随着六偏磷酸钠浓度的增大，对氟磷灰石浮选抑制效果增强，在六偏磷酸钠浓度 220 mg/L 时，可以将氟磷灰石浮选回收率抑制在 8% 左右。

六偏磷酸钠是一种长链型多聚磷酸盐，其分子式为$(NaPO_3)_n$。六偏磷酸钠在水溶液中存在如下平衡反应：

$$(NaPO_3)_6 + 6H_2O \rightleftharpoons 6NaOH + 6HPO_3 \qquad (4-4)$$

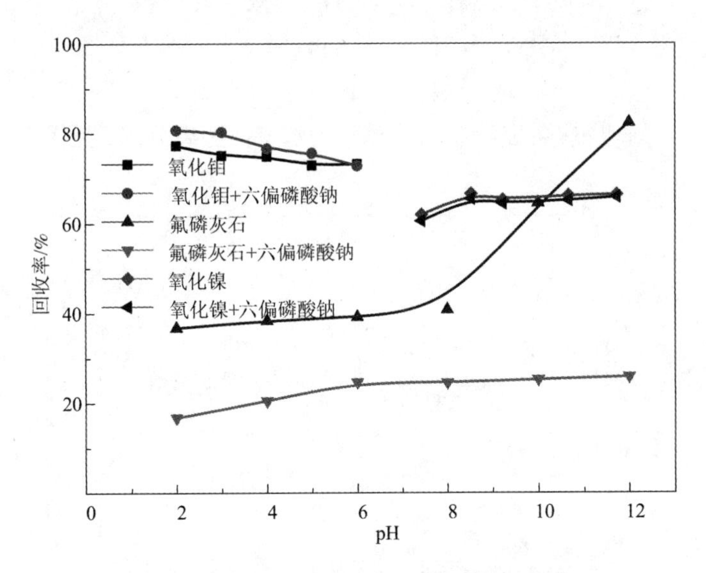


**图 4-8　pH 对六偏磷酸钠抑制性能的影响**

(CPC 浓度：$2\times10^{-4}$ mol/L；六偏磷酸钠浓度：50 mg/L)

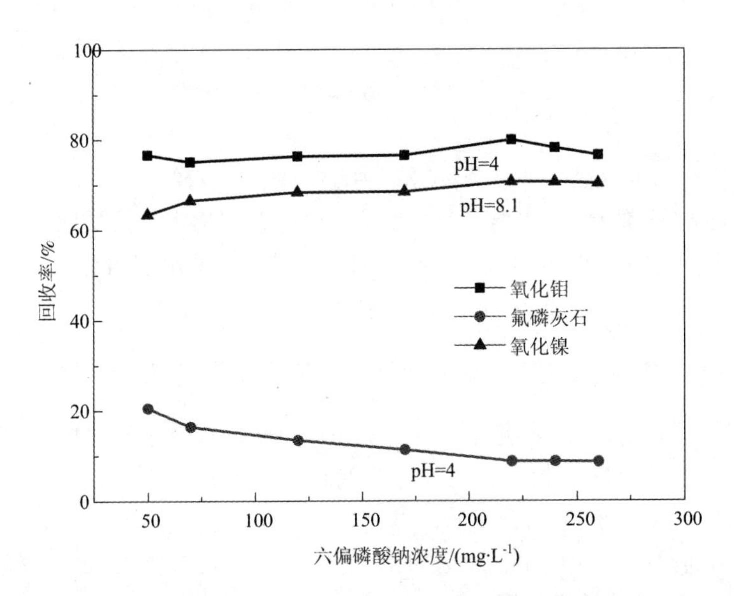


**图 4-9　六偏磷酸钠浓度对氧化钼(镍)和氟磷灰石可浮性的影响**

(CPC 浓度：$2\times10^{-4}$ mol/L)

$$HPO_3 + H_2O \rightleftharpoons H_3PO_4 \tag{4-5}$$

$$PO_4^{3-} + H^+ \rightleftharpoons HPO_4^{2-} \quad K_1^H = 10^{12.35} \tag{4-6}$$

$$HPO_4^{2-} + H^+ \rightleftharpoons H_2PO_4^- \quad K_2^H = 10^{7.2} \tag{4-7}$$

$$H_2PO_4^- + H^+ \rightleftharpoons H_3PO_4 \quad K_3^H = 10^{2.15} \tag{4-8}$$

根据以上平衡反应可以绘制六偏磷酸钠水解优势组分图，见图 4 - 10。

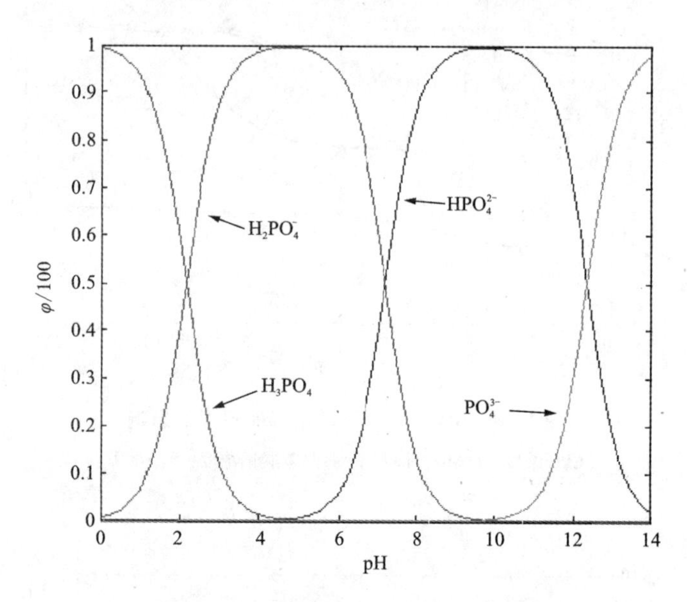


**图 4 - 10　六偏磷酸钠水解优势组分图**

六偏磷酸钠可以很好地选择性吸附钙镁矿物，六偏磷酸钠水解产生的阴离子可以与脉石矿物表面的金属离子产生反应，在脉石矿物表面形成络合物，从而达到抑制矿物浮选的目的。在 pH 为 4 ~ 8 时，六偏磷酸钠水解组分主要是 $H_2PO_4^-$，是起抑制作用的主要组分。

### 4.2.3　CPC 作为捕收剂，酒石酸对矿物可浮性的影响

酒石酸，即 2, 3 - 二羟基丁二酸，是一种羧酸，存在于多种植物中。酒石酸作为一种小分子有机抑制剂，与传统药剂相比来源广、价格低、用量少、水溶性好。

本小节通过改变 pH 和酒石酸浓度，考察了 CPC 对氧化钼(镍)和氟磷灰石浮选行为的影响，试验结果见图 4 - 11 和图 4 - 12。

由图 4 - 11 可知，酒石酸对氧化钼(镍)的浮选抑制效果并不明显，但是对氟磷灰石有比较好的抑制效果。在整个 pH 区间，可以将氟磷灰石的浮选回收率抑制在 30% 以下。酒石酸浓度实验表明，随着酒石酸浓度的增大，对氟磷灰石浮选

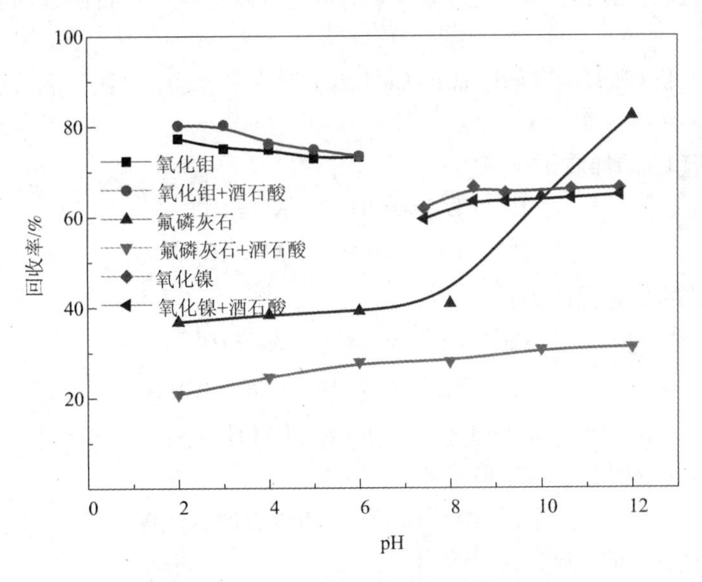


**图4－11　pH对酒石酸抑制性能的影响**

(CPC浓度：$2\times10^{-4}$mol/L；酒石酸浓度：4 mg/L)

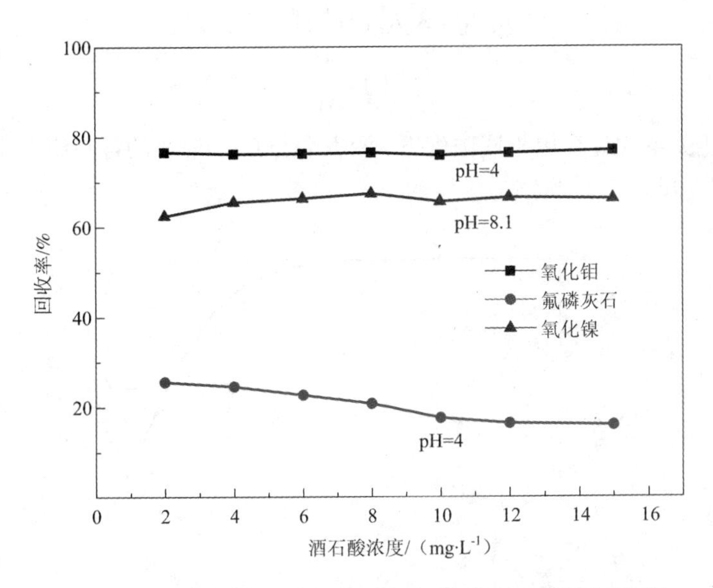


**图4－12　酒石酸浓度对氧化钼(镍)和氟磷灰石可浮性的影响**

(CPC浓度：$2\times10^{-4}$mol/L)

抑制效果增强，在酒石酸浓度为 12 mg/L 时，可以将氟磷灰石浮选回收率抑制在 15% 左右。

酒石酸可以和氟磷灰石表面的 $Ca^{2+}$ 离子形成络合物，对氟磷灰石上浮产生抑制。

酒石酸(L)的加质子反应为：

$$H^{+} + L^{2-} \text{=\!=\!=} HL^{-} \quad K_1^H = 10^{4.34} \tag{4-9}$$

$$H^{+} + HL^{-} \text{=\!=\!=} H_2L \quad K_2^H = 10^{2.98} \tag{4-10}$$

与 $Ca^{2+}$ 的络合反应为：

$$Ca^{2+} + L^{2-} \text{=\!=\!=} CaL \quad K_1 = 10^{1.80} \tag{4-11}$$

$$Ca^{2+} + HL^{-} \text{=\!=\!=} CaHL^{+} \quad K_2 = 10^{1.11} \tag{4-12}$$

$$\alpha_{Ca} = 1 + K_1(L) + K_2(L)(H^{+})K_1^H \tag{4-13}$$

在 pH =4.0 时，$\alpha_L = 3.40$

$$\alpha_{Ca} = 1 + 10^{1.43} C_T \quad (C_T\text{为酒石酸总浓度}) \tag{4-14}$$

各组分的分布率为：

$$\Phi_{Ca^{2+}} = \frac{1}{\alpha_{Ca}} \times 100\% \tag{4-15}$$

$$\Phi_{CaL} = K_1[L]\Phi_{Ca^{2+}} \tag{4-16}$$

$$\Phi_{CaHL} = K_2 K_1^H [H^{+}][L]\Phi_{Ca^{2+}} \tag{4-17}$$

$$[L] = \frac{C_T}{\alpha_L} \tag{4-18}$$

由上述关系式计算出不同浓度下，酒石酸与 $Ca^{2+}$ 形成的各种络合组分的分布率，见图 4-13。

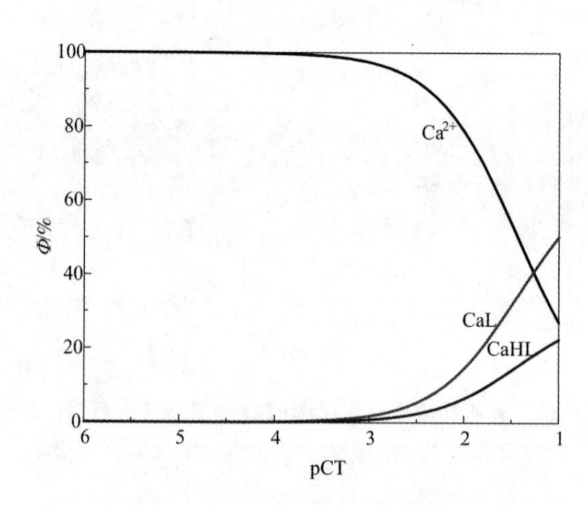


**图 4-13　$Ca^{2+}$ 与酒石酸生成络合离子分布图**

由图4－13可以看出，酒石酸与$Ca^{2+}$离子形成络合物的量随着酒石酸浓度的增大而增大，络合物附着于氟磷灰石表面，影响捕收剂与氟磷灰石接触，从而抑制了氟磷灰石的浮选上浮。

## 4.3 脂肪酸类捕收剂对钼酸钙、氧化镍、氟磷灰石可浮性的影响

盐类矿物浮选中，捕收剂的选择十分重要。本小节主要考察了733、油酸对钼酸钙、氧化镍和氟磷灰石浮选性能的影响，浮选结果见图4－14和图4－15。

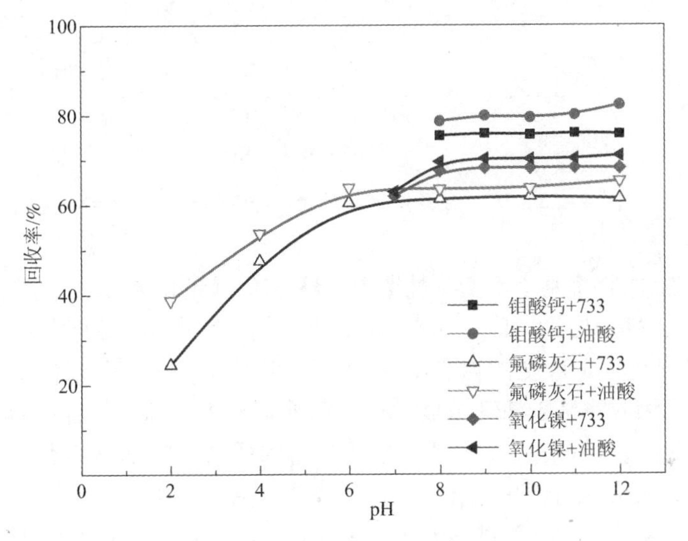


**图4－14 pH对733、油酸浮选性能的影响**

（733、油酸浓度：50 mg/L）

由图4－14和图4－15可知，733作为一种混合脂肪酸类捕收剂，在pH 8～12范围以内，钼酸钙的浮选回收率在75%左右，随着pH的升高钼酸钙的回收率基本不变，在pH为11时，浮选回收率达到76%。总体来看，733作捕收剂，pH对钼酸钙的回收率影响不大。733对氧化镍浮选回收率在pH 6～8之间逐渐增大，pH大于8后，回收率稳定在68%左右。733对氟磷灰石也有比较好的捕收作用，在pH小于6的条件下，氟磷灰石浮选回收率逐渐增大，在pH大于6时，其回收率稳定在60%左右。油酸作捕收剂时，随着pH的增大，钼酸钙的浮选回收率在80%～85%逐渐增大，氧化镍浮选回收率在pH小于8时逐渐增大，pH大于8后，回收率稳定在70%左右。氟磷灰石的浮选回收率在pH小于6时逐渐增大，

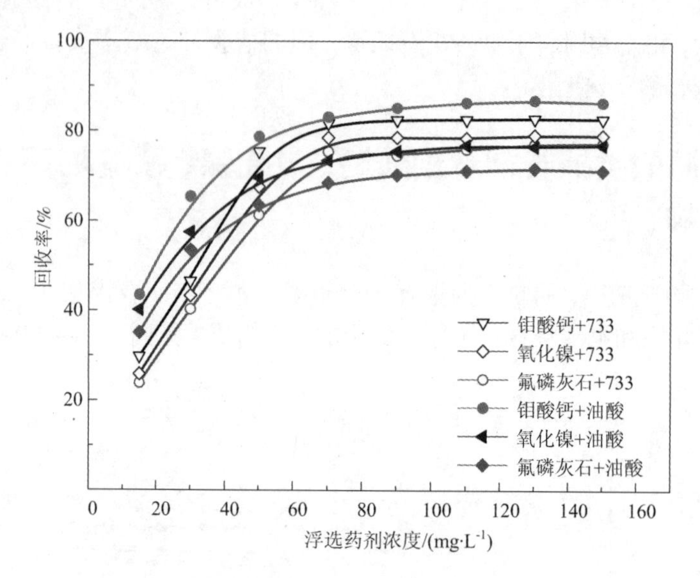


**图 4-15　733、油酸浓度对矿物可浮性的影响(pH=8)**

pH 大于 6 后，回收率基本不变。捕收剂 733 和油酸的浓度试验，在 pH=8 的条件下进行。在 733 浓度小于 75 mg/L 时，钼酸钙、氧化镍、氟磷灰石的浮选回收率均随着捕收剂 733 浓度的增大而呈直线上升趋势；在 733 浓度大于 75 mg/L 时，矿物浮选回收率随着 733 浓度的增加而变化不大。油酸作捕收剂时，在浓度低于 90 mg/L 时，钼酸钙、氧化镍、氟磷灰石的浮选回收率均随着油酸浓度的增大逐渐增加，在浓度高于 90 mg/L 时，矿物浮选回收率达到最大。

通过试验数据可知，油酸对钼酸钙、氧化镍的浮选回收效果好于 733。而且，733、油酸对钼酸钙、氧化镍的浮选效果好于氟磷灰石。所以选择油酸浮选分离钼酸钙、氧化镍和氟磷灰石效果好。

## 4.4　CPC 浮选氧化钼、氟磷灰石作用机理

为了验证单矿物浮选试验的结论以及进一步探讨捕收剂、抑制剂与矿物表面的作用规律，本节对捕收剂 CPC 在氧化钼、氟磷灰石矿物表面的吸附量进行了测定，考察了水玻璃、六偏磷酸钠和酒石酸的加入对 CPC 在两种矿表面吸附量的影响。

### 4.4.1　CPC 在氧化钼、氟磷灰石表面的吸附量研究

图 4-16 和图 4-17 为 pH 变化及 CPC 浓度变化对 CPC 在氧化钼和氟磷灰石

矿物表面吸附量的影响。

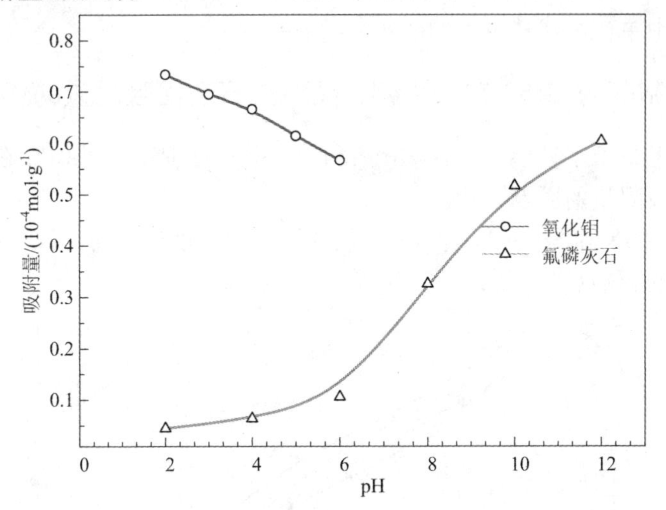


**图 4－16　CPC 在氧化钼、氟磷灰石表面吸附量与 pH 的关系**

（CPC 浓度为 $2\times10^{-3}$ mol/L，无抑制剂）

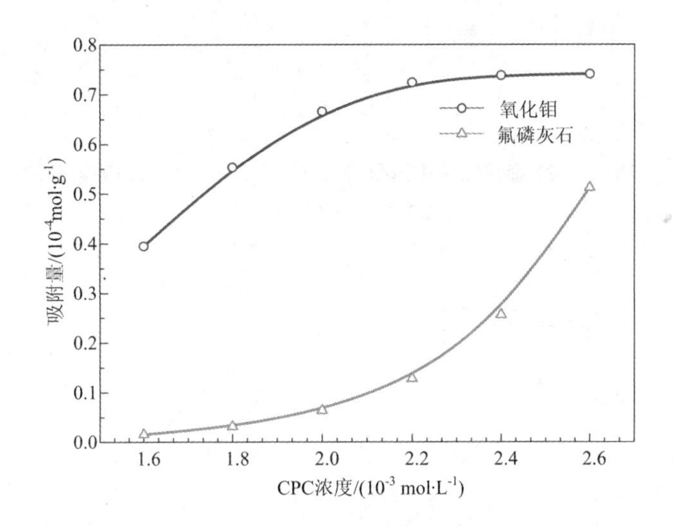


**图 4－17　CPC 在氧化钼、氟磷灰石表面的吸附量与其浓度的关系（pH＝4）**

从图 4－16 可以看出，随着 pH 的增大，CPC 在氧化钼表面的吸附量呈现逐渐下降的变化，CPC 在氟磷灰石表面的吸附量呈逐渐增大的变化。CPC 在氧化钼表面吸附量随着 pH 的增加而有所减小，主要是由于氧化钼表面有所溶解导致。

图 4－17 所示为 pH＝4 时 CPC 浓度对其在氧化钼和氟磷灰石表面吸附量的影响。由图可知，随着 CPC 浓度的增大，其在氧化钼和氟磷灰石矿物表面的吸附

量也随之增大，而且，在氧化钼表面的吸附量远大于在氟磷灰石表面。此测试结果与第四章中单矿物浮选试验的图 4 – 4 结果相吻合。

## 4.4.2 抑制剂对 CPC 在氧化钼、氟磷灰石表面吸附量的影响

本小节考查了水玻璃、六偏磷酸钠和酒石酸三种抑制剂对 CPC 在氧化钼和氟磷灰石表面吸附量的影响。

(1)图 4 – 18 和图 4 – 19 为 pH 变化及抑制剂浓度变化对 CPC 在氧化钼矿物表面吸附量的影响。

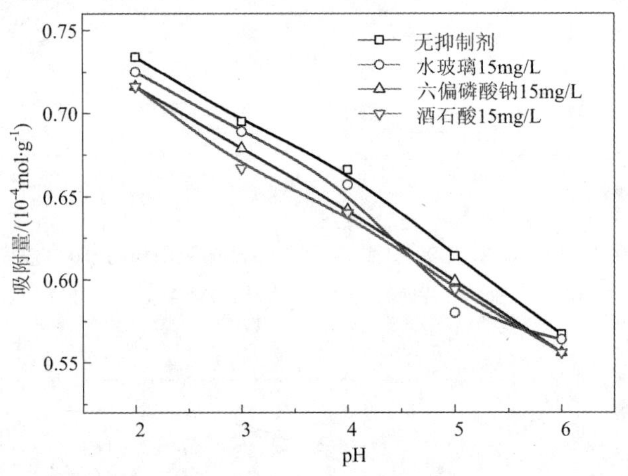


**图 4 – 18　三种抑制剂在不同 pH 下对 CPC 在氧化钼表面吸附量的影响**

(CPC 浓度 $2 \times 10^{-3}$ mol/L)

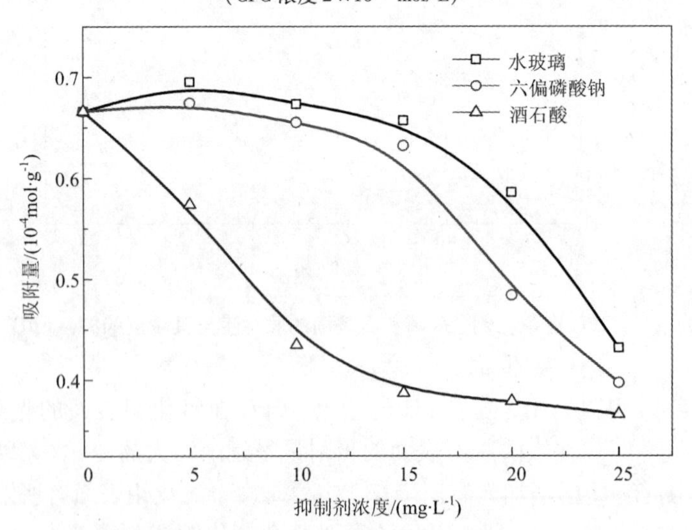


**图 4 – 19　CPC 在氧化钼表面吸附量与抑制剂浓度的关系**

(CPC 浓度 $2 \times 10^{-3}$ mol/L，pH = 4)

由图 4－18 可以看出，随着溶液 pH 的升高，抑制剂水玻璃、六偏磷酸钠和酒石酸的加入使 CPC 在氧化钼表面的吸附量逐渐降低。在一定浓度抑制剂的作用下，CPC 在氧化钼表面的吸附量都比不加抑制剂时要低，但是吸附量降低幅度很小。三种抑制剂对 CPC 在氧化钼表面的吸附量的影响能力顺序为：酒石酸 > 六偏磷酸钠 > 水玻璃。

由图 4－19 可以看出，在 pH =4 条件下，随着抑制剂水玻璃或六偏磷酸钠浓度的增大，CPC 在氧化钼表面的吸附量先基本不变，随后呈直线下降趋势。随着酒石酸浓度的增大，CPC 在氧化钼表面的吸附量先呈直线下降趋势，随后变为缓慢下降。当抑制剂达到一定用量时，可使 CPC 在氧化钼表面吸附量降低到很小。说明浮选过程中，抑制剂用量要适当，否则对氧化钼也会产生很大的抑制作用。

(2)图 4－20 和图 4－21 分别为 pH 变化及抑制剂浓度变化对 CPC 在氟磷灰石矿物表面吸附量的影响。

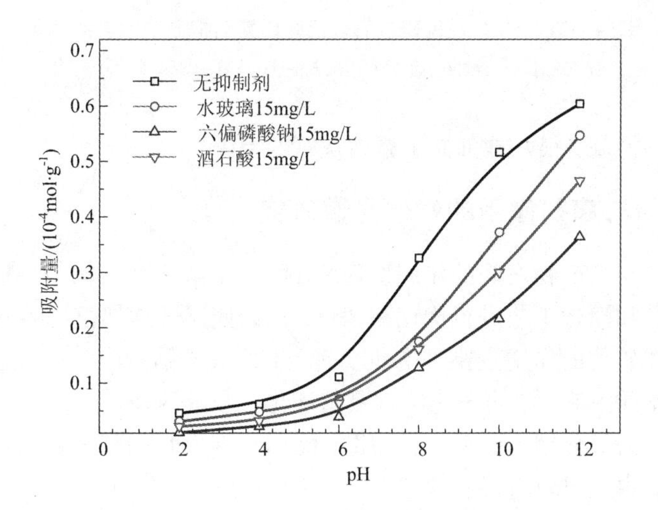


**图 4－20　三种抑制剂在不同 pH 下对 CPC 在氟磷灰石表面吸附量的影响**

(CPC 浓度 $2 \times 10^{-3}$ mol/L)

图 4－20 为不同 pH 下抑制剂水玻璃、六偏磷酸钠和酒石酸对 CPC 在氟磷灰石表面吸附量的影响。从图中可以看出，随着 pH 的增大，CPC 在氟磷灰石表面吸附量逐渐增加，pH <6 时，吸附量增加得比较缓慢，pH >6 时，吸附量增大速度很快。在整个 pH 范围之内，加抑制剂时 CPC 在氟磷灰石表面的吸附量比不加抑制剂时要低，三种抑制剂对 CPC 在氟磷灰石表面吸附量的影响能力为：六偏磷酸钠 > 酒石酸 > 水玻璃。

由图 4－21 可以看出，在 pH =4 条件下，随着抑制剂浓度的增大，CPC 在氟磷灰石表面的吸附量呈直线下降趋势。随着抑制剂浓度的增大，氟磷灰石与捕收

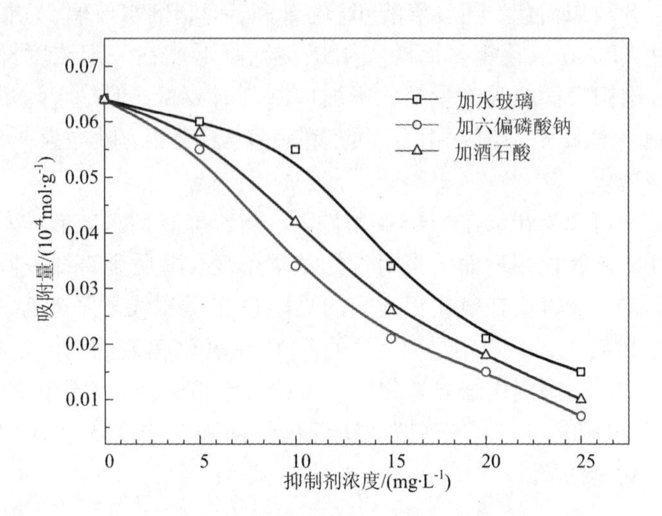


**图 4-21　CPC 在氟磷灰石表面吸附量与抑制剂浓度的关系**

(CPC 浓度 $2\times10^{-3}$ mol/L, pH = 4)

剂的吸附受到抑制，很好地抑制了氟磷灰石的上浮。

### 4.4.3　矿物与药剂作用的红外光谱研究

研究捕收剂与矿物之间的作用机理，有助于了解药剂结构与性能的关系，利于对浮选条件和浮选工艺进行优化和调整，从而使浮选达到很好的分离效果。

捕收剂与矿物的作用主要是指捕收剂在矿物表面的吸附。捕收剂在矿物表面上的吸附从本质上来看，可分为物理吸附和化学吸附两种。

图 4-22 为氧化钼、氟磷灰石、CPC 及 CPC 在氧化钼和氟磷灰石表面吸附的红外光谱图。由图可以看出：

(1) 氧化钼的红外光谱图，峰 988.9 $cm^{-1}$、879.6 $cm^{-1}$和 490 $cm^{-1}$分别为钼氧双键 $Mo—O_1$、$Mo—O_2$、$Mo—O_3$所引起的伸缩振动，为氧化钼的特征峰。

(2) 氟磷灰石的红外光谱图，图中 3530 $cm^{-1}$处吸收峰较明显，表明这种矿物含有较多的结构水或者吸附水。1450 $cm^{-1}$处为 $CO_3^{2-}$ 的特征吸收峰，说明此氟磷灰石可能出现了 $CO_3^{2-}$ 取代 $PO_4^{3-}$ 的情况。1060 $cm^{-1}$、600 $cm^{-1}$处为 $PO_4^{3-}$ 所引起的伸缩振动特征峰，为氟磷灰石的特征峰。

(3) 氯化十六烷基吡啶（CPC）的红外光谱图，从图中可以看到，687 $cm^{-1}$、785 $cm^{-1}$处为杂环上的—C—H 面外振动，1330 $cm^{-1}$处为—C—N—伸缩振动峰，1370 $cm^{-1}$处为非极性基上的$—CH_3$碳氢键对称伸缩振动吸收峰，1640 $cm^{-1}$处为含氮头基伸缩振动峰，2920 $cm^{-1}$、2850 $cm^{-1}$处为非极性基上$—CH_2—$碳氢键对称

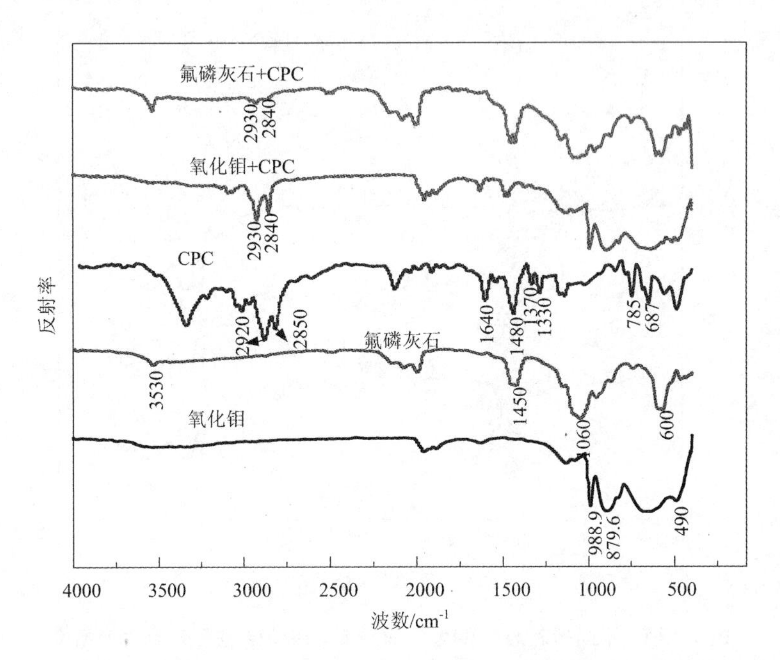


**图 4-22　氧化钼、氟磷灰石、CPC 及 CPC 在氧化钼、氟磷灰石表面吸附的红外光谱图**

伸缩振动峰。

(4)对比氧化钼和 CPC 在氧化钼表面吸附后的红外光谱曲线，发现 CPC 作用后，在 2930 $cm^{-1}$、2840 $cm^{-1}$处出现了两个吸收峰，分别对应—$CH_3$和—$CH_2$—。CPC 在氟磷灰石表面作用前后，红外光谱曲线在 2930 $cm^{-1}$、2840 $cm^{-1}$处出现了两个吸收峰，分别对应—$CH_3$和—$CH_2$—。

图 4-23 为 CPC 在氧化钼表面吸附红外光谱及加入不同抑制剂后 CPC 在氧化钼表面吸附变化的红外光谱图。由图可以看出：氧化钼与 CPC 作用红外光谱图中 2930 $cm^{-1}$、2840 $cm^{-1}$处出现了两个吸收峰，分别对应—$CH_3$和—$CH_2$—。分别加入三种不同抑制剂进行红外光谱测试，通过对比测试图谱可以看出，抑制剂的加入使 CPC 在氧化钼表面的吸附特征峰 2930 $cm^{-1}$、2840 $cm^{-1}$有所减弱，说明抑制剂对 CPC 在氧化钼表面吸附产生了一定的抑制作用。但结合浮选结果来看，这种抑制作用比较微弱，对氧化钼浮选影响不大。

图 4-24 为 CPC 在氟磷灰石表面吸附红外光谱及加入不同抑制剂后 CPC 在氟磷灰石表面吸附变化的红外光谱图。由图可以看出：氟磷灰石与 CPC 作用红外光谱图中 2930 $cm^{-1}$、2840 $cm^{-1}$处出现了两个吸收峰，分别对应—$CH_3$和—$CH_2$—。分别加入三种不同抑制剂进行红外光谱测试，通过对比测试图谱可以看出，抑制剂的加入使 CPC 在氟磷灰石表面的吸附特征峰 2930 $cm^{-1}$、2840 $cm^{-1}$有

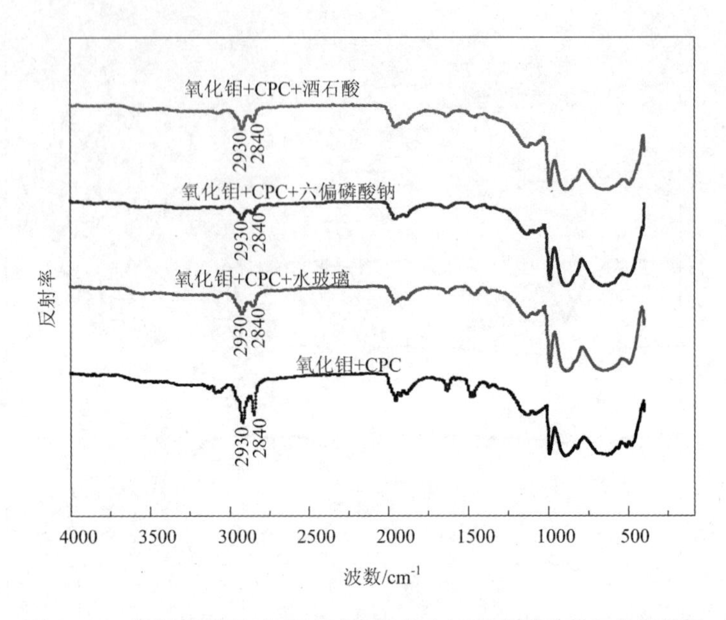


**图 4－23　不同抑制剂对 CPC 在氧化钼表面吸附影响的红外光谱图**

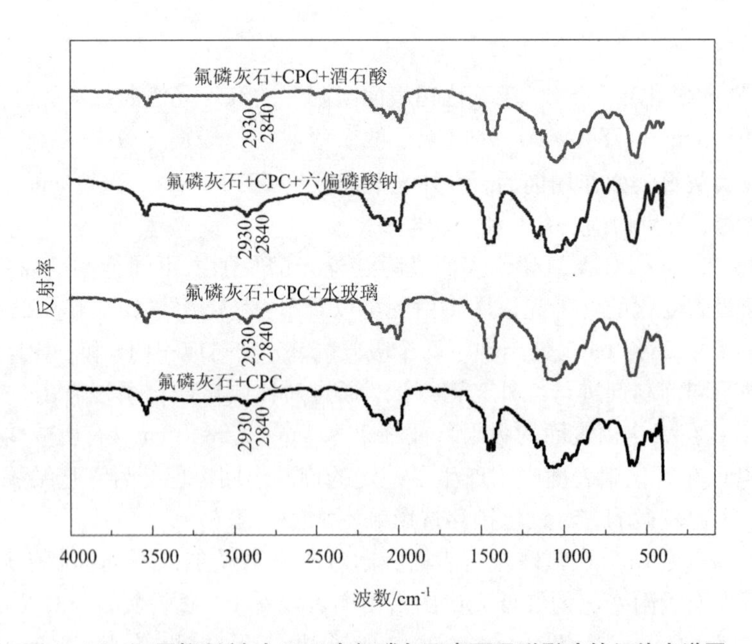


**图 4－24　不同抑制剂对 CPC 在氟磷灰石表面吸附影响的红外光谱图**

所减弱，说明抑制剂对CPC在氟磷灰石表面产生了一定的抑制作用。但结合浮选结果来看，这种抑制作用比较强，因为CPC对氟磷灰石表面吸附本就不是很强，所以红外光谱图上显示并不十分明显。

## 4.5 脂肪酸类捕收剂浮选钼酸钙、氟磷灰石的作用机理

浮选是表面已疏水的矿粒在流体中向气泡碰撞黏附并上浮的过程。矿粒向气泡附着的过程中固－水界面和水－气界面消失，新生成固－气界面。该过程体系对外界所做的功即为黏着功($W_{SG}$)。可以通过计算某一矿粒在水中向气泡附着的黏着功来衡量它的润湿性，从而判断矿粒的可浮性。

### 4.5.1 pH和药剂浓度对捕收剂与矿物作用黏着功 $W_{SG}$ 的影响

图4－25为不同捕收剂与钼酸钙和氟磷灰石作用的黏着功随pH的变化，由图可知：

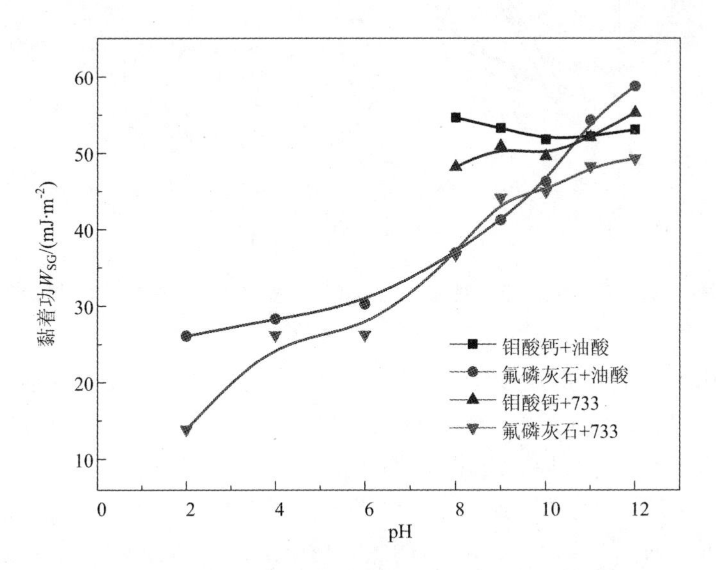


**图4－25 不同捕收剂时，药剂与钼酸钙和氟磷灰石作用的黏着功随pH的变化**

(733、油酸浓度50 mg/L)

(1)捕收剂为油酸时，钼酸钙黏着功随pH的升高变化不大，整体保持在51 mJ/m$^2$到55 mJ/m$^2$之间。氟磷灰石黏着功随pH的升高逐渐增大，说明pH的增大增加了氟磷灰石表面活性，使其更易于与气泡吸附，增大了氟磷灰石的可浮性。

(2)捕收剂为733时，钼酸钙黏着功随pH的升高而增大，但增大得并不多，即pH的增大使钼酸钙表面更疏水，增大其可浮性。氟磷灰石黏着功随pH的升高而逐渐增大，733在氟磷灰石颗粒表面的吸附量增加很快。当pH大于11后，氟磷灰石黏着功的增大速度变缓。在pH等于12时其黏着功达到最大，为49 mJ/m$^2$左右。

图4-26为捕收剂浓度对药剂与钼酸钙和氟磷灰石作用的黏着功的影响，由图可知：

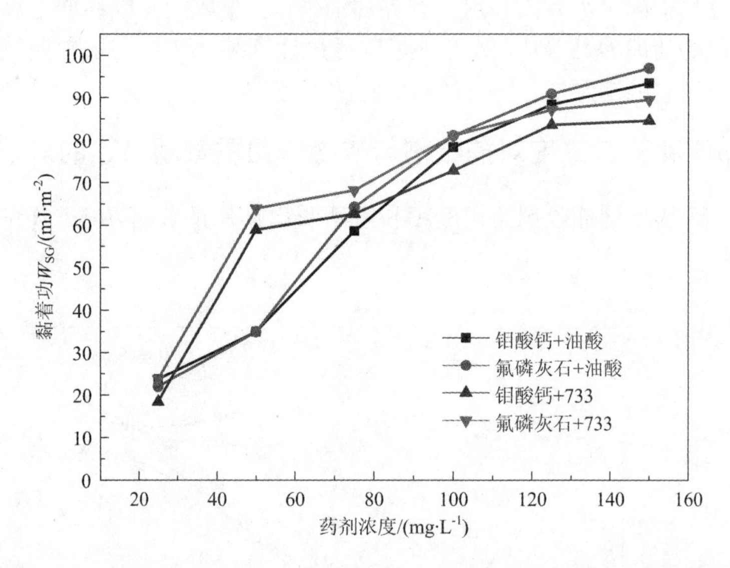


**图4-26 药剂浓度变化对药剂与钼酸钙和氟磷灰石作用的黏着功的影响**

(1)钼酸钙黏着功随着捕收剂浓度的增大而逐渐增大，并且在捕收剂浓度低于85 mg/L时，油酸作用下钼酸钙的黏着功小于733作用下钼酸钙的黏着功；捕收剂浓度大于85 mg/L时，油酸作用下钼酸钙的黏着功大于733。

(2)氟磷灰石黏着功随捕收剂浓度的增大逐渐增大，并且在捕收剂浓度低于100 mg/L时，油酸作用下氟磷灰石的黏着功小于733；捕收剂浓度大于100 mg/L时，油酸作用下钼酸钙黏着功大于733。

(3)捕收剂浓度在20~80 mg/L时，钼酸钙黏着功与氟磷灰石黏着功差距比较大，在50 mg/L时，这个差距值达到最大，说明这个捕收剂浓度对于浮选分离钼酸钙和氟磷灰石比较好。

## 4.5.2 六偏磷酸钠的加入对捕收剂与矿物作用黏着功 $W_{SG}$ 的影响

图4-27为六偏磷酸钠加入对油酸与矿物作用黏着功随pH变化的影响，由

图可知：

(1)在试验 pH 范围内，六偏磷酸钠的加入使钼酸钙黏着功降低很多，由原来的 50 mJ/m$^2$以上下降到 40 mJ/m$^2$左右，说明六偏磷酸钠阻止了钼酸钙颗粒与气泡的附着，对钼酸钙浮选产生了一定抑制作用。

(2)在试验 pH 范围内，六偏磷酸钠的加入使氟磷灰石黏着功大幅降低。相同 pH 值下，pH <8 时，黏着功下降 15 mJ/m$^2$左右；pH >8 时，下降幅度更大，达 20 mJ/m$^2$左右。说明在 pH >8 时，六偏磷酸钠使氟磷灰石颗粒附着于气泡更困难，降低了其浮选回收率。

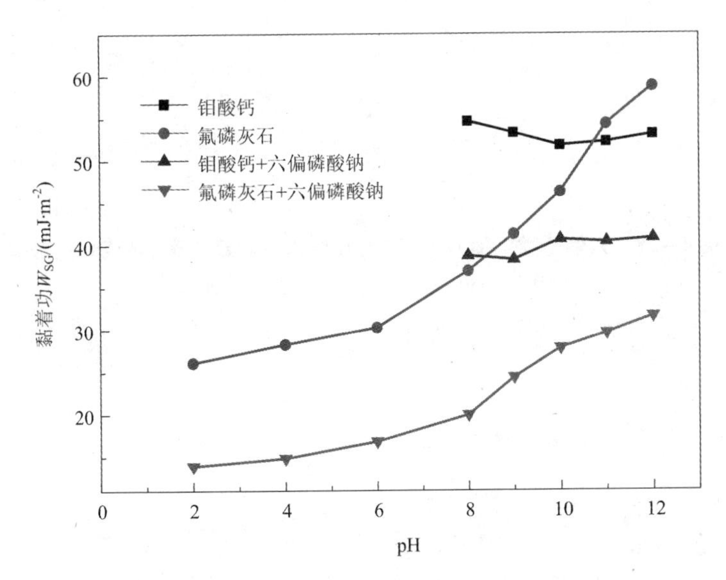


**图 4-27　六偏磷酸钠的加入对油酸与矿物作用黏着功随 pH 变化的影响**

（油酸浓度为 50 mg/L，六偏磷酸钠浓度为 50 mg/L）

图 4-28 为六偏磷酸钠的加入对 733 与矿物作用黏着功随 pH 变化的影响，由图可知：

(1)在试验 pH 范围内，六偏磷酸钠的加入使钼酸钙黏着功降低很多，由原来的 50 mJ/m$^2$以上下降到 35 mJ/m$^2$左右，说明六偏磷酸钠阻止了钼酸钙颗粒与气泡的附着，对钼酸钙浮选产生了一定抑制作用。

(2)在试验 pH 范围内，六偏磷酸钠的加入使氟磷灰石黏着功有所降低。相同 pH 下，pH <8 时，黏着功下降比较小，而且在 pH =6 时还出现反复；pH >8 时，下降幅度变大，达 10 mJ/m$^2$左右。说明在 pH >8 时，六偏磷酸钠使氟磷灰石颗粒附着于气泡更困难，降低其浮选回收率。

图 4-29 六偏磷酸钠浓度对捕收剂与矿物作用黏着功的影响，由图可知：

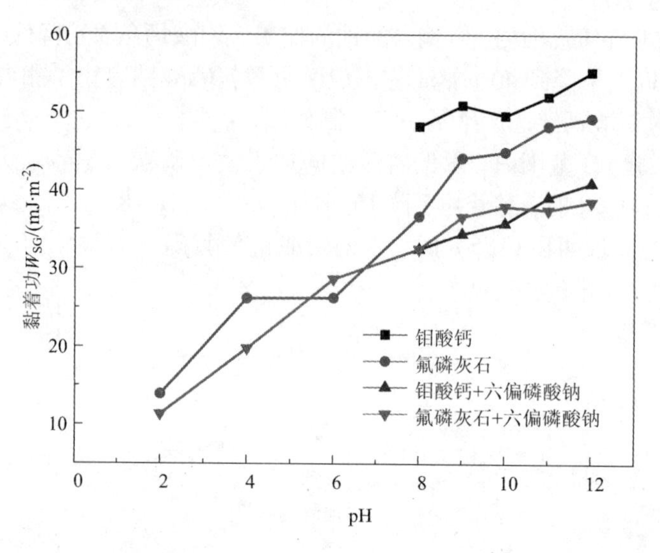


**图 4-28　六偏磷酸钠加入对 733 与矿物作用黏着功随 pH 变化的影响**

（733 浓度为 50 mg/L，六偏磷酸钠浓度为 50 mg/L）

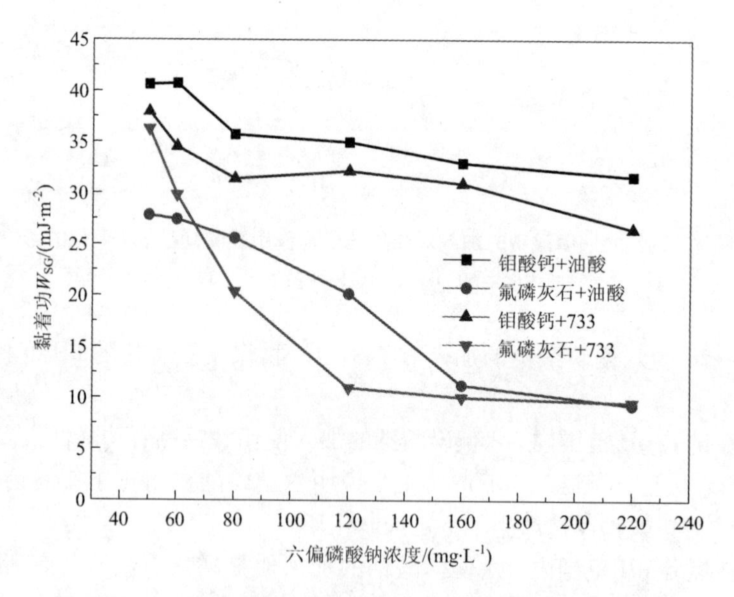


**图 4-29　六偏磷酸钠浓度对捕收剂与矿物作用黏着功的影响**

（733、油酸浓度 50 mg/L）

(1)油酸、733 在钼酸钙表面的吸附受六偏磷酸钠浓度影响不大，表现为随着六偏磷酸钠浓度的增大黏着功逐渐降低，但降低幅度不大。油酸作捕收剂，黏着功由 40 $mJ/m^2$下降至 33 $mJ/m^2$ 左右；733 作捕收剂，黏着功由 38 $mJ/m^2$下降至 23 $mJ/m^2$左右。说明六偏磷酸钠浓度的增大，对钼酸钙颗粒与气泡附着起的抑制作用较小。

(2)油酸、733 在氟磷灰石表面的吸附受六偏磷酸钠浓度影响较大，表现为随着六偏磷酸钠浓度的增大黏着功逐渐降低。油酸为捕收剂，黏着功由 28 $mJ/m^2$下降至 10 $mJ/m^2$左右；733 为捕收剂，黏着功由 32 $mJ/m^2$下降至 10 $mJ/m^2$左右。说明六偏磷酸钠浓度的增大，对氟磷灰石颗粒与气泡附着起到了很强的抑制作用，且六偏磷酸钠浓度增大到一定程度，均可以使氟磷灰石黏着功降到 10 $mJ/m^2$左右。

## 4.6 钼酸钙和氟磷灰石溶解与浮选溶液化学分析

### 4.6.1 钼酸钙溶解组分浓度对数图及对浮选的影响

钼酸钙在水溶液中存在如下平衡反应，见表 4－1。

表 4－1 钼酸钙饱和水溶液中的平衡反应(25℃)

| 化学反应方程式 | 平衡常数(lg$K$) | |
|---|---|---|
| $CaMoO_{4(s)} = Ca^{2+} + MoO_4^{2-}$ | −9.3 | (4－19) |
| $Ca^{2+} + OH^- = Ca(OH)^+$ | 1.4 | (4－20) |
| $Ca^{2+} + 2OH^- = Ca(OH)_{2(aq)}$ | 2.77 | (4－21) |
| $Ca(OH)_{2(s)} = Ca^{2+} + 2OH^-$ | −5.22 | (4－22) |
| $H_2MoO_{4(s)} = 2H^+ + MoO_4^{2-}$ | −18.84 | (4－23) |
| $2H^+ + MoO_4^{2-} = H_2MoO_{4(aq)}$ | 6.85 | (4－24) |
| $HMoO_4^- = H^+ + MoO4^{2-}$ | −5.01 | (4－25) |
| $MoO_2{}^{2+} + 2H_2O = 4H^+ + MoO_4^{2-}$ | −8.33 | (4－26) |
| $MoO_2(OH)^+ + H_2O = 3H^+ + MoO_4^{2-}$ | −7.88 | (4－27) |

由表 4－1 中钼酸钙溶解平衡反应可以计算出钼酸钙各溶解组分浓度与 pH 的关系。

特定的 pH 条件下，$Ca(OH)_2$和 $H_2MoO_4$以沉淀形式存在于钼酸钙饱和溶液中，这个在钼酸钙溶解平衡中应该考虑。钼酸钙饱和溶液中各组分浓度与 pH 之间的关系可以通过浮选溶液化学计算得到，见图 4－30。

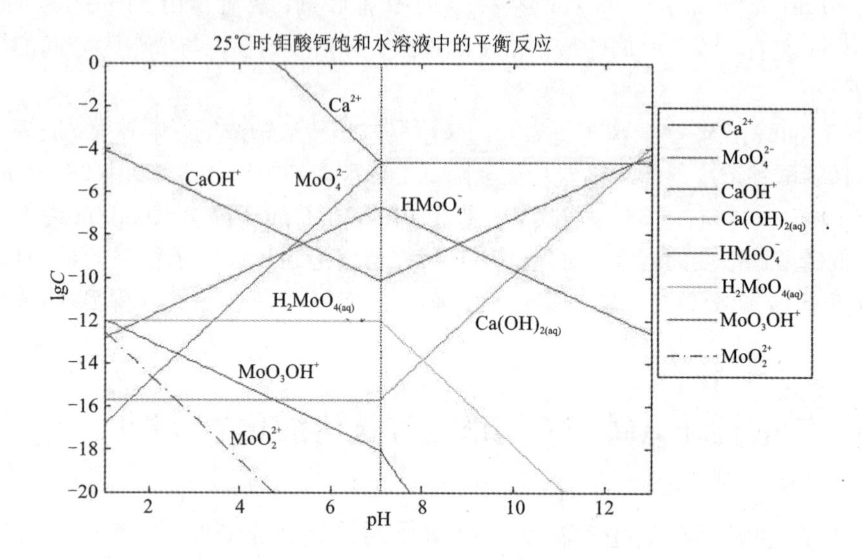


**图 4－30 钼酸钙的溶解组分浓度与 pH 的关系**

由上图可以看出，饱和钼酸钙溶液的组成很复杂。在酸性区域，钼酸沉淀可以通过钼酸钙矿与 $H^+$ 反应产生，$Ca^{2+}$ 为矿浆溶液中的主要组分。在碱性区域，由于 $Ca(OH)_2$ 沉淀的产生，$Ca^{2+}$ 浓度变得很低，溶液中便有 $HMoO_4^-$ 存在。所以，在酸性区域内正负离子的浓度相当，碱性区域对阴离子捕收剂在矿物表面产生的静电吸附不利，因为此时钼酸钙矿表面为负电荷。

## 4.6.2 氟磷灰石溶解度对数图及其 PZC 的确定

氟磷灰石在水溶液中存在的如下平衡反应，见表 4－2。

**表 4－2 氟磷灰石饱和水溶液中的平衡反应（25℃）**

| 化学反应方程式 | 平衡常数（lgK） | |
|---|---|---|
| $Ca_{10}(PO_4)_6(F)_2 = 10Ca^{2+} + 6PO_4^{3-} + 2F^-$ | 11.8 | (4－28) |
| $Ca^{2+} + H_2PO_4^- = CaH_2PO_4^+$ | 1.1 | (4－29) |
| $Ca^{2+} + HPO_4^{2-} = CaHPO_{4(aq)}$ | 2.7 | (4－30) |
| $CaHPO_{4(S)} = Ca^{2+} + HPO_4^{2-}$ | －7.0 | (4－31) |
| $Ca^{2+} + 2OH^- = Ca(OH)_{2(aq)}$ | 2.77 | (4－32) |

续表4-2

| 化学反应方程式 | 平衡常数(lg$K$) | |
|---|---|---|
| $Ca^{2+} + OH^- \rightleftharpoons CaOH^+$ | 1.4 | (4-33) |
| $Ca^{2+} + PO_4^{3-} \rightleftharpoons CaPO_4^-$ | 6.46 | (4-34) |
| $Ca^{2+} + F^- \rightleftharpoons CaF^+$ | 1.9 | (4-35) |
| $CaF_{2(S)} \rightleftharpoons Ca^{2+} + 2F^-$ | -10.4 | (4-36) |
| $H_2PO_4^- + H^+ \rightleftharpoons H_3PO_4$ | 2.15 | (4-37) |
| $H_2PO_4^- \rightleftharpoons H^+ + HPO_4^{2-}$ | -7.20 | (4-38) |
| $HPO_4^{2-} \rightleftharpoons H^+ + PO_4^{3-}$ | -12.35 | (4-39) |

由表4-2氟磷灰石溶液中各平衡反应及反应常数，可以计算出氟磷灰石各溶解组分浓度与晶格离子浓度关系，见图4-31。

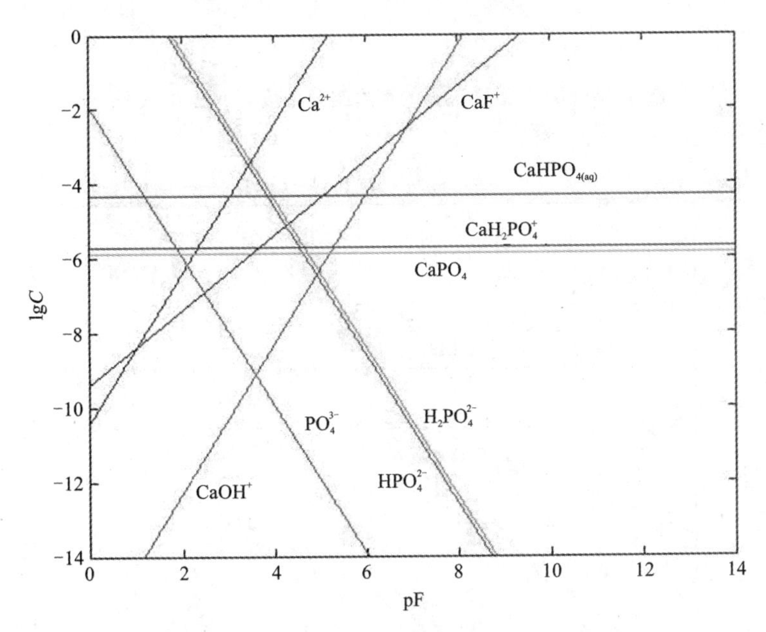


**图4-31(a) 氟磷灰石的溶解组分浓度与pF的关系**

由上图可以看出，氟磷灰石饱和溶液中各组分浓度与pF、$pHPO_4$、pCa的关系，当$CaF^+$和$H_2PO_4^-$浓度相等时，根据相应的晶格离子的负对数值可以确定相应的等电点。由图可得pF=4.5，pCa=4.2，$pHPO_4$=5.8，试验所测定pF=4.6，$pHPO_4$=5.2，pCa=4.4，此结果与试验结果接近。由氟磷灰石溶解组分浓度关系

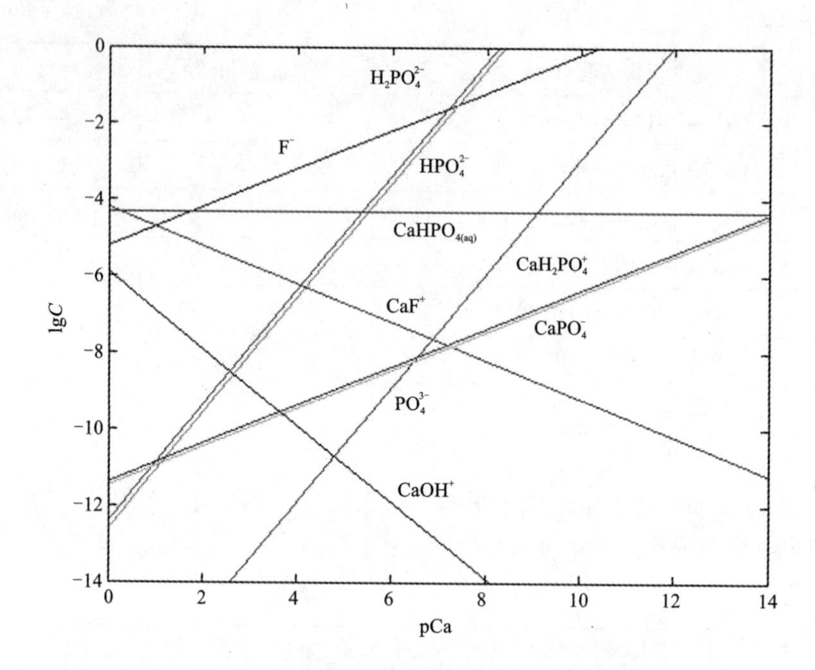


图 4－31(b)　氟磷灰石的溶解组分浓度与 **pCa** 的关系

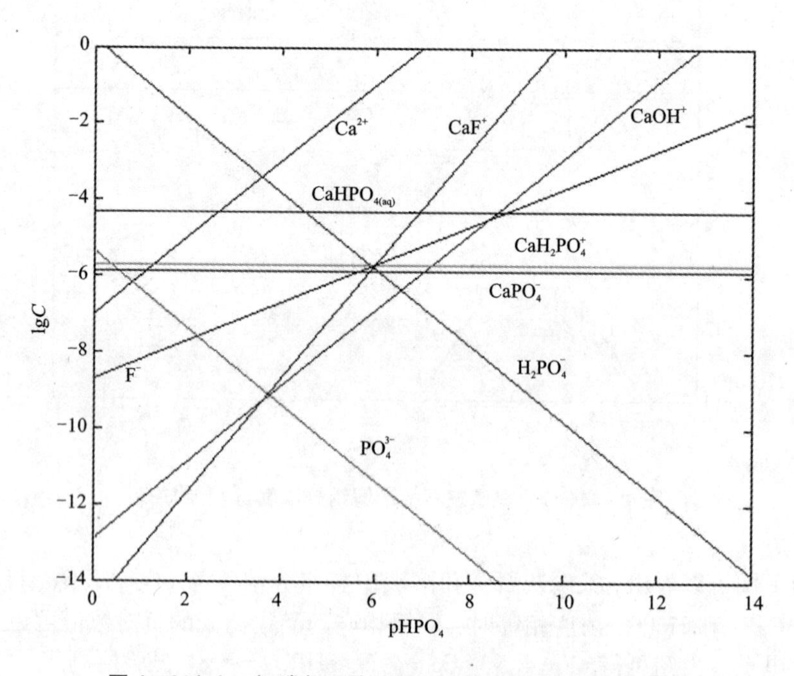


图 4－31(c)　氟磷灰石的溶解组分浓度与 $\mathbf{pHPO_4}$ 的关系

图可以知道其定位离子为 $Ca^{2+}$、$F^-$、$CaF^+$、$HPO_4^{2-}$、$H_2PO_4^-$ 等。在矿物学中，定位离子在矿物表面双电层中可以决定矿物表面电位。图 4 - 32 为氟磷灰石电位与 pH 的关系。

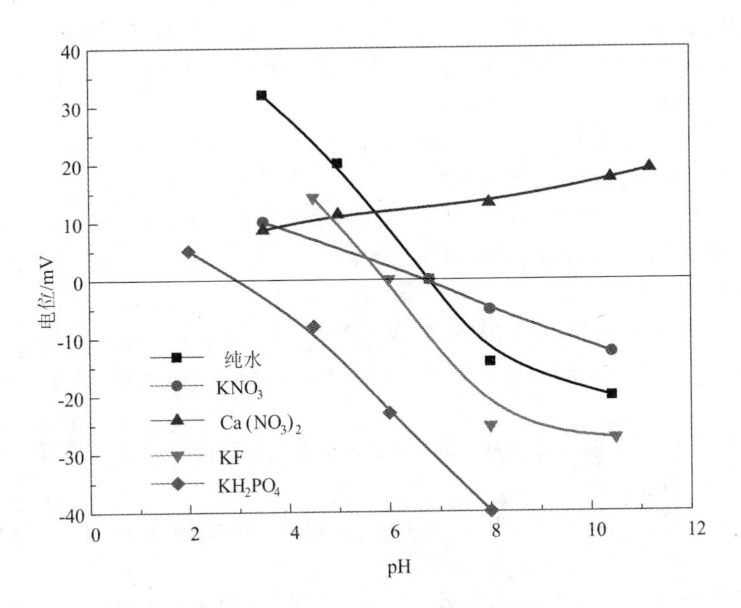


**图 4 - 32　氟磷灰石电位与 pH 的关系**

由图 4 - 32 可以看出，与纯水中氟磷灰石的电位曲线相比，$KNO_3$ 加入后，氟磷灰石电位曲线变化不大。但是，$Ca(NO_3)_2$、KF、$KH_2PO_4$ 的加入使氟磷灰石的电位曲线变化很大，说明氟磷灰石晶格中的定位离子对其电位影响很大。所以，浮选过程中，定位离子的变化，使氟磷灰石电位产生变化，从而影响氟磷灰石表面与捕收剂作用效果不同，达到浮选过程中其与目的矿物分离的目的。

# 参考文献


[1] 卢毅屏. 铝土矿选择性磨矿—聚团浮选脱硅研究[D]. 长沙：中南大学，2012.

[2] Rosen M J, Kunjappu J T. Surfactants and interfacialphenomena [M]. John Wiley & Sons, 2012.

[3] 汤雁斌. 国内外钼矿选矿技术进步与创新[J]. 铜业工程，2010，01：29 - 33.

[4] 张文钲. 钼矿选矿技术进展[J]. 中国钼业，2008，32(1)：1 - 7.

[5] 何书明，谢海云，姜亚雄等. 氧化矿捕收剂在矿物表面的作用机理研究进展[J]. 矿冶，2013，04：9 - 13.

[6] 王淀佐，胡岳华. 浮选溶液化学[M]. 长沙：湖南科学技术出版社，1988.

[7] 朱玉霜，朱建光. 浮选药剂的化学原理[M]. 长沙：中南工业大学出版社，1996.

[8] 刘建东，孙伟. BP 系列捕收剂对氧化钼和脉石矿物浮选性能研究[J]. 矿冶工程，2013，02：40 - 43.

[9] 闻辂，梁婉雪，章正刚等. 矿物红外光谱学[M]. 重庆：重庆大学出版社，1988.

[10] 胡皆汉，郑学仿. 实用红外光谱学[M]. 北京：科学出版社，2011.

[11] 王淀佐，邱冠周，胡岳华. 资源加工学[M]. 长沙：中南大学出版社，2005.

[12] 张刚，赵中伟，李江涛等. 氢氧化钠分解钼酸铅的热力学分析[J]. 中南大学学报(自然科学版)，2008，39(5)：902 - 906.

[13] 宋其圣，郭新利，苑世领等. 十二烷基苯磺酸钠在 $SiO_2$ 表面聚集的分子动力学模拟[J]. 物理化学学报，2009，06：1053 - 1058.

[14] ZHANG Y, HOLZWARTH N A W, WILLIAMS R T. Electronic band structures of the scheelite materials $CaMoO_4$, $CaWO_4$, $PbMoO_4$ and $PbWo_4$[J]. Phys Rev(B), 1998, 57(20): 12738 - 12750.

[15] ROBERT M H, LARRY W F, JOSEPH W E M, High - pressure crystal chemistry of scheelite - type tungstates and molybdates[J]. Journal of Physics and chemistry of Solids, 1985, 46: 253 - 263.

[16] 濮春英，刘廷禹，张启仁. 钼酸钙晶体中点缺陷的电子结构研究[J]. 上海理工大学学报，2008，02：112 - 115.

[17] Godycki L E, Rundle R E, The Structure of Nickel Dimethylglyoxime[J]. Acta Crystallogr. 1953, 6: 487 - 495.

[18] 王宗明，何欣翔，孙殿卿. 实用红外光谱学[M]. 北京：石油工业出版社，1982，290.

# 第 5 章　石煤钒矿选矿技术

在石煤详细的工艺矿物学研究的基础上，结合石煤浮选基础理论分析，中南大学以陕西风化石煤和高碳石煤为研究对象，进行详细的选矿试验研究，开发出可行的试验方案，实现了这两种典型的石煤钒矿中含钒矿物的预富集。

## 5.1　高钙风化黏土型石煤钒矿选矿技术

### 5.1.1　原矿性质及选矿难点

高钙风化黏土型石煤矿采自陕西省山阳县地区。该类型矿石具体的工艺矿物学性质已经在第 3 章有过介绍。由工艺矿物学研究可以发现，该类型矿石存在钒品位低、嵌布粒度细、矿物种类多的特点，主要影响选矿的因素有如下几点：

(1)原生矿石种类繁多，除了含有石英、含钒云母外，还有伴生的白云石、方解石等含钙矿物、呈微细粒存在的黄铁矿、钛铁矿等金属矿物。

(2)原矿钒品位非常低，仅有 0.68% 左右，达不到冶炼要求，也导致选矿成本过高。

(3)含钒矿物嵌布粒度细，与其他矿物共生关系复杂。例如含钒云母类矿物和含钒石榴石、含钒钛铁矿、石英、长石等共生，且大部分含钒云母类矿物嵌布极细，很难采用常规的选矿手段将其富集。

(4)矿石泥化较严重，待选矿石含有大量的原生泥，对浮选产生不利影响。

由于风化石煤钒矿矿物组成与嵌布关系较为复杂，含有含钒云母、高岭石、方解石等易泥化的矿物，同时含有黄铁矿、钛铁矿等金属矿物，因此，通常会采用多种选矿方法组合的联合选矿法来处理石煤矿，例如重选 - 浮选联合流程、重选 - 磁选联合流程、分级 - 浮选联合流程、焙烧 - 浮选联合流程等。本章主要介绍分级 - 浮选联合工艺处理高钙风化石煤钒矿。

### 5.1.2　擦洗 - 沉降脱泥工艺

由筛分试验发现，含钒矿物主要分布在微细粒的矿泥中。为了避免矿泥对浮选指标的影响，同时尽早回收矿泥中的钒，一般采用预先脱泥的方法优先回收矿泥精矿。采用沉降分级手段将原矿预先脱泥，以提高矿泥中钒的品位。为了彻底脱除原矿表面吸附的细粒矿泥，在沉降分级前对原矿进行擦洗试验，擦洗及沉降试验所用设备如图 5－1 所示，沉降流程如图 5－2 所示。

图 5－1　擦洗脱泥试验设备图

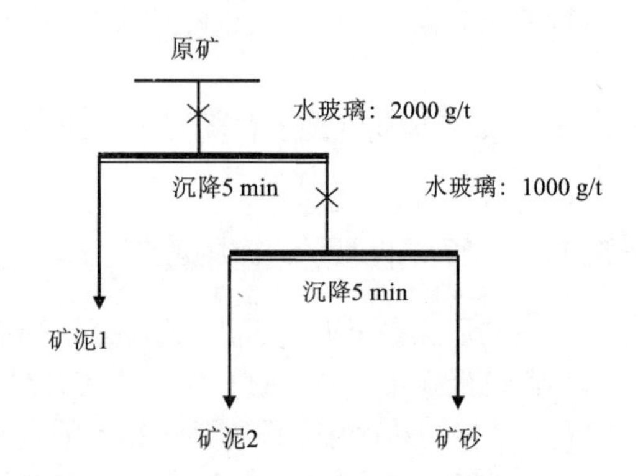


图 5－2　擦洗脱泥流程图

擦洗浓度是影响擦洗效果的一个主要参数。首先固定擦洗时间为 20 min，进行擦洗浓度的条件试验。试验固定条件为：分散剂水玻璃用量为 2000 g/t，擦洗搅拌速度为 500 r/min，搅拌时间为20 min，擦洗后加水至矿浆浓度为 20%，继续搅拌 5 min 后静置沉降，沉降时间为 5 min，擦洗的矿浆浓度为变量，试验结果列于表 5－1。

表 5－1　擦洗浓度试验指标

| 擦洗浓度 | 产品 | 产率/% | 品位/% | | 回收率/% | |
|---|---|---|---|---|---|---|
| | | | CaO | $V_2O_5$ | CaO | $V_2O_5$ |
| 17% | 矿泥 | 10.81 | 1.06 | 2.46 | 3.48 | 39.85 |
| 25% | 矿泥 | 13.75 | 1.16 | 2.30 | 4.94 | 47.83 |
| 33% | 矿泥 | 14.91 | 1.28 | 2.26 | 5.62 | 51.84 |
| 50% | 矿泥 | 15.62 | 1.52 | 2.13 | 7.27 | 49.43 |

由表 5－1 的试验结果可以看出，随着擦洗浓度的升高，矿泥产率逐渐增大，

矿泥中 $V_2O_5$ 的品位逐渐减小，回收率逐渐增大，矿浆浓度为33%时趋于稳定。综合考虑选择擦洗浓度为33%，此时矿泥产率为14.91%，矿泥中 $V_2O_5$ 的品位为2.26%，回收率为51.84%。通过擦洗试验，矿泥中CaO的品位降低到1.28%，比直接筛分得到的矿泥中CaO的品位低了很多，回收率也降到5.62%。可见，擦洗比筛分更具选择性，可以脱除矿泥中绝大多数的钙，提高矿泥中钒的品位，且钒的回收率基本没有变化。

擦洗浓度固定的条件下，擦洗时间决定擦洗脱泥的程度，所以固定擦洗浓度为33%，考察了擦洗时间对矿泥品位及回收率的影响，结果列于表5-2。由表5-2可知，随着擦洗时间的增大，矿泥的产率逐渐增大，矿泥中 $V_2O_5$ 的品位逐渐减小，回收率逐渐增大，当擦洗时间增加到20 min后，擦洗时间对矿泥产率影响不大，所以选择擦洗时间为20 min。

**表5-2　擦洗时间试验指标**

| 擦洗时间/min | 产品 | 产率/% | 品位/% | | 回收率/% | |
|---|---|---|---|---|---|---|
| | | | CaO | $V_2O_5$ | CaO | $V_2O_5$ |
| 5 | 矿泥 | 11.85 | 1.05 | 2.41 | 3.81 | 44.75 |
| 10 | 矿泥 | 12.70 | 1.12 | 2.32 | 4.38 | 43.41 |
| 15 | 矿泥 | 13.28 | 1.22 | 2.34 | 4.99 | 46.04 |
| 20 | 矿泥 | 14.91 | 1.28 | 2.26 | 5.62 | 51.84 |
| 25 | 矿泥 | 14.82 | 1.79 | 2.25 | 8.04 | 50.10 |

擦洗是高浓度矿浆在高强度搅拌下，对矿粒表面进行剪切摩擦作用，去掉矿粒表面的矿泥及氧化物薄膜，提高矿泥的产率。高强度搅拌是擦洗的一个重要条件，搅拌速度决定了搅拌强度，因此，试验研究过程中，着重对搅拌速度进行了筛选试验工作。选择搅拌速度为200 r/min、300 r/min、400 r/min、500 r/min、600 r/min，结果列于表5-3。由结果可以看出，随着搅拌速度的升高，擦洗强度增大，矿泥产率逐渐增大，矿泥中 $V_2O_5$ 的品位逐渐减少，回收率逐渐上升。当搅拌速度为500 r/min后矿泥指标趋于稳定，综合考虑选择搅拌速度为500 r/min，此时矿泥产率为14.91%，矿泥中 $V_2O_5$ 的品位为2.26%，回收率为51.84%。

表 5-3　搅拌速度试验指标

| 搅拌速度 /(r·min$^{-1}$) | 产品 | 产率/% | 品位/% | | 回收率/% | |
|---|---|---|---|---|---|---|
| | | | CaO | $V_2O_5$ | CaO | $V_2O_5$ |
| 200 | 矿泥 | 10.61 | 1.06 | 2.42 | 3.44 | 40.35 |
| 300 | 矿泥 | 11.70 | 1.12 | 2.35 | 4.43 | 42.55 |
| 400 | 矿泥 | 12.28 | 1.22 | 2.31 | 5.25 | 46.64 |
| 500 | 矿泥 | 14.91 | 1.28 | 2.26 | 5.62 | 51.84 |
| 600 | 矿泥 | 14.95 | 1.30 | 2.25 | 6.20 | 52.00 |

擦洗作业分离出的细粒级矿物中，除含钒细泥外，还有一部分微细粒级的石英等硅酸盐脉石矿物及方解石、白云石等含钙、镁矿物，在分离细粒级别钒矿物的过程中也一同被分离出来，这部分细粒脉石矿物在产品中占一定比例，由于混入量较大，贫化了矿泥产品中 $V_2O_5$的品位。在工艺流程相对简单的擦洗方案中结合药剂的优势，可以得到较好品位和回收率的矿泥。因此，试验研究过程中，我们着重对细粒矿物开展分散剂的筛选试验工作，结果列于表 5-4。由结果可见，在擦洗过程中加入分散剂，可以获得较高品位的精矿产品。多种分散剂对比试验结果表明，水玻璃对矿泥的选择性分散效果最好，矿泥中 $V_2O_5$的品位最高，但是回收率比较低。水玻璃虽然对矿泥的选择性抑制效果不是最好，但是回收率最高，且水玻璃为常见矿泥分散剂，价格低廉，综合考虑选择水玻璃作为矿泥的分散剂，可以获得 $V_2O_5$品位 2.26%、回收率 51.84% 的精矿产品。

表 5-4　分散剂种类试验指标

| 抑制剂种类 | 产品 | 产率/% | 品位/% | | 回收率/% | |
|---|---|---|---|---|---|---|
| | | | CaO | $V_2O_5$ | CaO | $V_2O_5$ |
| 六偏磷酸钠 | 矿泥 | 12.43 | 1.53 | 2.37 | 5.71 | 44.89 |
| 木质素磺酸钠 | 矿泥 | 12.36 | 2.57 | 1.95 | 9.95 | 36.27 |
| 氟硅酸钠 | 矿泥 | 13.60 | 1.12 | 2.02 | 4.74 | 41.39 |
| 碳酸钠 | 矿泥 | 11.03 | 1.13 | 2.47 | 3.86 | 40.04 |
| 水玻璃 | 矿泥 | 14.91 | 1.28 | 2.26 | 5.62 | 51.84 |

选择矿泥分散剂为水玻璃，进行了水玻璃用量的条件试验，结果列于表5-5。由结果可见，不加分散剂，矿泥产率仅为9.56%，钒的回收率很低，加

入分散剂后矿泥产率明显增大，说明分散剂的分散效果比较明显。随着分散剂用量的增加，精矿品位及回收率增加幅度不大。根据试验结果，选择一段擦洗分散剂用量为2000 g/t为宜。

表5-5　分散剂用量试验指标

| 水玻璃/(g·t$^{-1}$) | 产品 | 产率/% | 品位/% | | 回收率/% | |
|---|---|---|---|---|---|---|
| | | | CaO | $V_2O_5$ | CaO | $V_2O_5$ |
| 0 | 矿泥 | 9.56 | 1.89 | 2.02 | 4.59 | 28.96 |
| 1000 | 矿泥 | 13.26 | 1.68 | 2.12 | 6.93 | 41.33 |
| 2000 | 矿泥 | 14.91 | 1.28 | 2.26 | 5.62 | 51.84 |
| 3000 | 矿泥 | 14.41 | 1.11 | 2.31 | 4.91 | 50.11 |
| 4000 | 矿泥 | 14.31 | 1.10 | 2.29 | 4.84 | 49.72 |

擦洗过程中被分散的细粒脉石矿物，在擦洗作业结束后，与含钒细粒产品之间有个分离解析过程。在不加分散剂的擦洗作业结束后，精矿产品即便沉降时间很久，这个离析过程也不会发生，部分细粒脉石矿物混杂于精矿产品中，致使精矿品位不高。这就是为什么不加分散剂进行擦洗时，精矿产品$V_2O_5$品位较低的原因。这种擦洗过程，保留了原矿细粒分级后，较高品位含钒矿物相对富集的一个基本过程。加入选择性分散剂的擦洗作业，由于药剂对矿泥的高效分散作用，清洗了影响精矿品位的硅酸盐细粒脉石的表面，加速了细粒硅酸盐脉石的沉降，将细粒脉石矿物与含钒细粒矿泥分离，并在沉降过程中解析出去，从而提高了精矿产品中$V_2O_5$的品位。

表5-6为不同重选方法所得的试验指标。沉降试验的条件如下：矿浆浓度为20%，沉降时间为5 min。

表5-6　不同重选方法的试验指标

| 重选方法 | 产品名称 | 产率/% | $V_2O_5$品位/% | $V_2O_5$回收率/% |
|---|---|---|---|---|
| 筛分 | 精矿 | 18.46 | 1.86 | 51.28 |
| | 尾矿 | 81.54 | 0.40 | 48.72 |
| | 原矿 | 100 | 0.66 | 100 |

续表 5－6

| 重选方法 | 产品名称 | 产率/% | $V_2O_5$品位/% | $V_2O_5$回收率/% |
| --- | --- | --- | --- | --- |
| 摇床 | 精矿 | 20.24 | 1.78 | 53.03 |
| | 尾矿 | 79.76 | 0.4 | 46.97 |
| | 原矿 | 100 | 0.68 | 100 |
| 尼尔森 | 精矿 | 10.10 | 2.29 | 34.43 |
| | 尾矿 | 89.90 | 0.49 | 65.57 |
| | 原矿 | 100 | 0.67 | 100 |
| 沉降 | 精矿 | 14.91 | 2.26 | 50.43 |
| | 尾矿 | 85.09 | 0.39 | 49.67 |
| | 原矿 | 100 | 0.67 | 100 |

由表 5－6 可见，不同重选方法对试验指标影响差别较大，对比这四种方法，摇床的方法得到的钒精矿 $V_2O_5$ 品位最低(1.78%)，而回收率相对较高(53.03%)；尼尔森选矿机得到的钒精矿 $V_2O_5$品位最高(2.29%)，而回收率最低(34.43%)。对比可知，沉降试验所得试验指标最好。所以，最终确定采用沉降的方法对该矿进行钒的富集。

对擦洗后矿浆进行了沉降浓度试验，试验流程如图 5－2 所示，试验固定条件为：分散剂水玻璃为 2000 g/t，擦洗浓度为 33%，擦洗搅拌速度为 500 r/min，擦洗时间为 20 min，擦洗后加水至矿浆浓度分别为 10%、20%、25%、35%，继续搅拌 5 min 后静置沉降，沉降时间为 5 min，试验结果见表 5－7。由表可知，随着沉降浓度的增大，矿泥产率逐渐下降，钒的品位逐渐上升，沉降浓度为 10% 时，矿泥的指标最好，但是矿浆浓度太小导致用水量增大。综合考虑，选择沉降浓度为 25%，此时矿泥中 $V_2O_5$的品位为 2.38%，回收率为 47.72%。

**表 5－7　沉降浓度试验指标**

| 沉降浓度/% | 产品 | 产率/% | 品位/% | | 回收率/% | |
| --- | --- | --- | --- | --- | --- | --- |
| | | | CaO | $V_2O_5$ | CaO | $V_2O_5$ |
| 10 | 矿泥 | 16.75 | 0.98 | 2.10 | 5.07 | 52.36 |
| 20 | 矿泥 | 14.91 | 1.28 | 2.26 | 5.62 | 51.84 |
| 25 | 矿泥 | 13.30 | 1.79 | 2.38 | 7.28 | 47.72 |
| 35 | 矿泥 | 12.00 | 2.01 | 2.40 | 7.26 | 43.79 |

沉降时间影响矿泥的产率及品位，所以对沉降时间做了条件试验，试验流程如图 5－2 所示，试验固定条件为：分散剂水玻璃为 2000 g/t，擦洗浓度为 33%，擦洗搅拌速度为 500 r/min，擦洗时间为 20 min，擦洗后加水至矿浆浓度为 25%，继续搅拌 5 min 后静置沉降，沉降时间为变量，其他条件保持不变，试验结果见表 5－8。

**表 5－8 沉降时间试验指标**

| 沉降时间/min | 产品 | 产率/% | 品位/% | | 回收率/% | |
|---|---|---|---|---|---|---|
| | | | CaO | $V_2O_5$ | CaO | $V_2O_5$ |
| 2 | 矿泥 | 16.27 | 1.73 | 2.19 | 8.39 | 52.68 |
| 5 | 矿泥 | 13.30 | 1.79 | 2.38 | 7.28 | 47.72 |
| 7 | 矿泥 | 10.60 | 1.10 | 2.46 | 4.24 | 41.55 |
| 10 | 矿泥 | 9.01 | 1.05 | 2.58 | 3.52 | 38.12 |

由表 5－8 可知，随着沉降时间的增加，精矿钒品位呈上升趋势，精矿钒产率及回收率呈下降趋势。沉降时间为 5 min 可以达到较好的分离效果。

为了进一步提高矿泥的品位，我们在上述条件试验的基础上对矿砂做了第二次加药沉降脱泥，以提高矿泥中钒的回收率，流程如图 5－2 所示。第一段脱泥条件如下：分散剂水玻璃为 2000 g/t，擦洗浓度为 33%，擦洗搅拌速度为 500 r/min，擦洗时间为 20 min，擦洗后加水至矿浆浓度为 25%，继续搅拌 5 min 后静置沉降，沉降时间为 5 min。第二段脱泥条件如下：分散剂水玻璃为 1000 g/t，加水至矿浆浓度为 25%，继续搅拌 5 min 后静置，沉降时间为 5 min，试验结果见表 5－9。

**表 5－9 两段脱泥流程试验指标**

| 产品 | 产率/% | 品位/% | | 回收率/% | |
|---|---|---|---|---|---|
| | | CaO | $V_2O_5$ | CaO | $V_2O_5$ |
| 矿泥 1 | 13.30 | 1.79 | 2.38 | 7.28 | 47.72 |
| 矿泥 2 | 3.15 | 1.85 | 1.99 | 1.78 | 9.45 |
| 尾矿 | 83.55 | 3.56 | 0.34 | 90.94 | 42.83 |
| 原矿 | | 3.27 | 0.66 | | |

由表 5－9 的试验结果可见，通过第二段脱泥试验，可以将矿泥中 $V_2O_5$ 的总回收率提高到57.17%，平均品位为2.30%。

### 5.1.3 含钙矿物浮选条件试验研究

为了确定不同磨矿细度对浮选指标的影响，分别考查了不同磨矿细度条件下的浮选结果，流程如图 5－3 所示。试验药剂制度如下：水玻璃作为脉石矿物的抑制剂，油酸钠作为钙矿物的捕收剂。由于只是筛选最佳磨矿条件，并未对药剂种类、用量进行优化，药剂用量暂时拟定一个恒定值，试验考查了磨矿时间分别为 5 min、7 min、9 min、11 min、13 min 时对该矿浮选指标的影响，试验结果列于表 5－10。

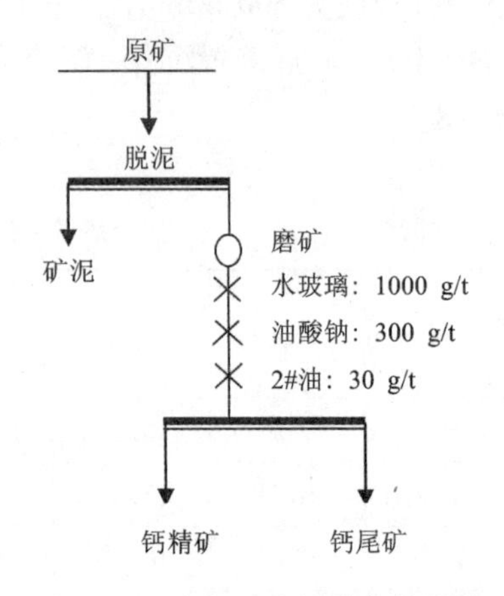


图 5－3 含钙矿物浮选条件流程

由表 5－10 可知，随着磨矿时间的增加，CaO 的品位呈先升高后降低的趋势，回收率逐渐增大。可见随着矿物解离度的增加，矿物之间分离度增大，品位随之升高，磨矿细度对钙浮选影响比较大；磨矿时间为 9 min 时，钙精矿品位达到 11.20%，回收率为 38.81%；磨矿时间过长，矿物会产生过磨，使得粒度过小，细泥含量增大，对浮选药剂的选择性降低，会使精矿品位降低，浮选效果反而变差。所以选择磨矿时间为 9 min，即 －0.074 mm 粒级占 65.74%，浮选效果最佳。

表 5－10 磨矿时间条件试验指标

| 磨矿时间/min | 产品 | 产率/% | 品位/% | | 回收率/% | |
|---|---|---|---|---|---|---|
| | | | CaO | $V_2O_5$ | CaO | $V_2O_5$ |
| 5 | 矿泥 | 16.39 | 1.83 | 2.30 | 9.26 | 56.04 |
| | 钙精矿 | 5.12 | 8.05 | 0.41 | 12.72 | 3.12 |
| | 尾矿 | 78.49 | 3.22 | 0.35 | 78.02 | 40.84 |
| | 原矿 | 100 | 3.24 | 0.67 | 100 | 100 |
| 7 | 矿泥 | 16.39 | 1.83 | 2.31 | 9.25 | 57.46 |
| | 钙精矿 | 7.26 | 10.89 | 0.39 | 24.37 | 4.30 |
| | 尾矿 | 76.35 | 2.82 | 0.33 | 66.38 | 38.24 |
| | 原矿 | 100 | 3.24 | 0.66 | 100 | 100 |

续表5－10

| 磨矿时间/min | 产品 | 产率/% | 品位/% | | 回收率/% | |
|---|---|---|---|---|---|---|
| | | | CaO | $V_2O_5$ | CaO | $V_2O_5$ |
| 9 | 矿泥 | 16.42 | 1.83 | 2.20 | 9.20 | 55.06 |
| | 钙精矿 | 11.32 | 11.20 | 0.37 | 38.81 | 6.38 |
| | 尾矿 | 72.26 | 2.35 | 0.35 | 51.99 | 38.56 |
| | 原矿 | 100 | 3.27 | 0.66 | 100 | 100 |
| 11 | 矿泥 | 16.38 | 1.93 | 2.28 | 9.77 | 55.76 |
| | 钙精矿 | 12.00 | 9.28 | 0.38 | 34.43 | 6.81 |
| | 尾矿 | 71.62 | 2.52 | 0.35 | 55.80 | 37.43 |
| | 原矿 | 100 | 3.23 | 0.67 | 100 | 100 |
| 13 | 矿泥 | 16.82 | 1.96 | 2.28 | 10.08 | 58.43 |
| | 钙精矿 | 15.56 | 8.25 | 0.45 | 39.26 | 10.67 |
| | 尾矿 | 67.62 | 2.45 | 0.3 | 50.66 | 30.90 |
| | 原矿 | 100 | 3.27 | 0.66 | 100 | 100 |

为了查明钒矿物在磨矿产品各粒级分布情况，对磨矿时间为9 min的磨矿产品进行了筛析，结果列于表5－11。

**表5－11 磨矿时间为9 min时各粒级钒品位分布情况**

| 粒级/mm | 产率/% | $V_2O_5$/% | | CaO/% | |
|---|---|---|---|---|---|
| | | 品位 | 占有率 | 品位 | 占有率 |
| －0.038(脱泥产物) | 16.39 | 2.29 | 56.74 | 1.88 | 9.34 |
| －0.038(磨矿产品) | 32.12 | 0.46 | 22.33 | 3.82 | 37.19 |
| －0.074～＋0.038 | 16.63 | 0.32 | 8.04 | 4.24 | 21.37 |
| －0.154～＋0.074 | 22.17 | 0.27 | 9.05 | 3.41 | 22.91 |
| －0.6～＋0.154 | 12.69 | 0.20 | 3.84 | 2.39 | 9.19 |

表5－11结果表明，9 min时磨矿细度－0.074 mm占65.14%左右，大部分钒都分布在该粒级，其金属钒分布率约占87.11%。与原矿沉降分级结果不同，磨矿后钒在各粒级中分布比较均匀，品位都很低，必须选择浮选或者其他高效的

选矿方法进一步富集脱泥之后的低品位含钒矿物。

由工艺矿物学分析可知，该矿样钙主要以方解石和白云石的形式存在，根据碳酸盐矿物浮选的相关文献，本试验选择 NaOH 和 $Na_2CO_3$ 作为矿浆 pH 调整剂，分别考虑这两种调整剂对浮选的影响，具体试验流程如图 5 - 3 所示。

试验固定条件如图 5 - 3 上标注，其中磨矿时间选择为 9 min，水玻璃为矿浆分散剂和脉石矿物的抑制剂；钙浮选采用油酸钠捕收剂和 2#油起泡剂；钙矿物 pH 调整剂种类为变量，浮选时间根据试验现象确定。试验结果见表 5 - 12。由表 5 - 12 可以看出，调整剂为 NaOH 时，钙精矿中钙的品位比用 $Na_2CO_3$ 时高，钙的回收率相差不大，所以选择 NaOH 作为钙矿物浮选的 pH 调整剂。进一步考查了 NaOH 用量分别为 0 g/t、500 g/t、1000 g/t 对该矿浮选指标的影响，试验结果列于表5 - 13。

**表 5 - 12　pH 调整剂种类条件试验指标**

| 调整剂 /($g \cdot t^{-1}$) | 产品 | 产率/% | 品位/% | | 回收率/% | |
|---|---|---|---|---|---|---|
| | | | CaO | $V_2O_5$ | CaO | $V_2O_5$ |
| NaOH | 矿泥 | 16.38 | 1.89 | 2.28 | 9.52 | 56.39 |
| | 钙精矿 | 11.28 | 11.02 | 0.38 | 38.22 | 6.47 |
| | 尾矿 | 72.34 | 2.35 | 0.34 | 52.26 | 37.14 |
| | 原矿 | 100 | 3.25 | 0.66 | 100 | 100 |
| $Na_2CO_3$ | 矿泥 | 16.63 | 2.08 | 2.26 | 10.65 | 55.83 |
| | 钙精矿 | 12.64 | 9.25 | 0.45 | 36.00 | 8.45 |
| | 尾矿 | 70.73 | 2.45 | 0.34 | 53.35 | 35.72 |
| | 原矿 | 100 | 3.25 | 0.67 | 100 | 100 |

**表 5 - 13　pH 调整剂用量条件试验指标**

| NaOH 用量 /($g \cdot t^{-1}$) | 产品 | 产率/% | 品位/% | | 回收率/% | |
|---|---|---|---|---|---|---|
| | | | CaO | $V_2O_5$ | CaO | $V_2O_5$ |
| 0 | 矿泥 | 16.42 | 1.83 | 2.20 | 9.20 | 55.06 |
| | 钙精矿 | 11.32 | 11.20 | 0.37 | 38.81 | 6.38 |
| | 尾矿 | 72.26 | 2.35 | 0.35 | 51.99 | 38.56 |
| | 原矿 | 100 | 3.27 | 0.66 | 100 | 100 |

续表5-13

| NaOH用量/$(g\cdot t^{-1})$ | 产品 | 产率/% | 品位/% | | 回收率/% | |
|---|---|---|---|---|---|---|
| | | | CaO | $V_2O_5$ | CaO | $V_2O_5$ |
| 500 | 矿泥 | 16.38 | 1.89 | 2.28 | 9.52 | 56.39 |
| | 钙精矿 | 11.28 | 11.02 | 0.38 | 38.22 | 6.47 |
| | 钒精矿 | 72.34 | 2.35 | 0.34 | 52.26 | 37.14 |
| | 原矿 | 100 | 3.25 | 0.66 | 100 | 100 |
| 1000 | 矿泥 | 16.69 | 2.12 | 2.25 | 10.76 | 55.66 |
| | 钙精矿 | 25.06 | 6.95 | 0.45 | 52.94 | 16.71 |
| | 尾矿 | 58.25 | 2.05 | 0.32 | 36.30 | 27.63 |
| | 原矿 | 100 | 3.29 | 0.67 | 100 | 100 |

由表5-13的结果可以看出，矿浆pH对浮选效果影响很大，当不加NaOH浮选时，矿浆pH为5~8，钙精矿中的钙的品位有11.20%，回收率为38.81%；随着NaOH的用量增大为500 g/t时，矿浆pH为9~10，浮选指标与自然pH条件下相比，钙精矿的指标相差不大；当NaOH用量进一步增大时，浮选选择性变差，钙精矿产率急剧上升，钙精矿中的钙品位降低，钙精矿中钒的损失率也随之增加。综上所述，在自然pH条件下，浮选钙的效果最好。

为有效分离含钙矿物与石英、长石等脉石矿物，强化浮选药剂选择性，试验针对上述主要矿物进行了抑制剂的选择和用量研究。由于原矿中主要脉石矿物为石英，试验中为了有效分离钙矿物与其他硅酸盐矿物及氧化铁、铝矿，必须强化药剂制度的选择性。为了提高浮选分离的效果，必须添加抑制剂抑制硅质脉石矿物。试验对三种抑制剂(氟硅酸钠、水玻璃、六偏磷酸钠)进行了探索研究。

试验固定条件为：磨矿时间选择为9 min，钙浮选采用油酸钠为捕收剂(用量为300 g/t)，2#油为起泡剂；变量为抑制剂种类及用量。由于考察的为钙矿物浮选的抑制剂种类与用量，没有进一步对钒矿进行浮选，浮选时间根据试验现象确定。试验结果见表5-14。试验结果表明，氟硅酸钠和六偏磷酸钠对硅质矿物的抑制效果不好，使得浮选的选择性变差，水玻璃对硅质矿物抑制效果比较好。

**表 5-14 抑制剂种类条件试验指标**

| 抑制剂种类 | 产品 | 产率/% | 品位/% | | 回收率/% | |
|---|---|---|---|---|---|---|
| | | | CaO | $V_2O_5$ | CaO | $V_2O_5$ |
| 水玻璃(1000 g/t) | 矿泥 | 16.42 | 1.83 | 2.20 | 9.20 | 55.06 |
| | 钙精矿 | 11.32 | 11.20 | 0.37 | 38.81 | 6.38 |
| | 尾矿 | 72.26 | 2.35 | 0.35 | 51.99 | 38.56 |
| | 原矿 | 100 | 3.27 | 0.66 | 100 | 100 |
| 氟硅酸钠(200 g/t) | 矿泥 | 16.87 | 1.89 | 2.29 | 9.39 | 56.59 |
| | 钙精矿 | 18.04 | 8.61 | 0.56 | 45.75 | 14.80 |
| | 尾矿 | 65.09 | 2.34 | 0.30 | 44.86 | 28.61 |
| | 原矿 | 100 | 3.39 | 0.68 | 100 | 100 |
| 六偏磷酸钠(200 g/t) | 矿泥 | 16.76 | 2.01 | 2.30 | 10.09 | 58.97 |
| | 钙精矿 | 20.34 | 8.20 | 0.36 | 49.96 | 11.20 |
| | 尾矿 | 62.90 | 2.12 | 0.31 | 39.95 | 29.83 |
| | 原矿 | 100 | 3.34 | 0.65 | 100 | 100 |

表5-15为抑制剂水玻璃的用量试验。试验其他条件和抑制剂种类条件试验一致。试验固定条件为：磨矿时间选择为9 min，钙浮选采用油酸钠捕收剂(用量为300 g/t)，2#油为起泡剂；变量为抑制剂水玻璃用量，试验选择水玻璃用量分别为0 g/t、500 g/t、1000 g/t、1500 g/t，浮选时间根据试验现象确定。由浮选数据可以看出，不加水玻璃时，钙精矿的品位只有8.12%，回收率只有45.10%；随着水玻璃的用量增大，钙精矿的品位随着上升；当水玻璃的用量增加到1000 g/t时，浮选钙矿物的效果最好，此时钙精矿中氧化钙的品位可以达到11.20%，回收率达到38.81%，五氧化二钒的回收率仅有6.38%；当水玻璃的用量继续增大时，钙精矿中钙的品位反而降低，这有可能是当矿浆中水玻璃增大到一定的浓度，含钙矿物也被抑制住了，所以品位和回收率都急剧下降。

表 5-15 水玻璃用量条件试验指标

| 抑制剂用量/($g \cdot t^{-1}$) | 产品 | 产率/% | 品位/% | | 回收率/% | |
|---|---|---|---|---|---|---|
| | | | CaO | $V_2O_5$ | CaO | $V_2O_5$ |
| 0 | 矿泥 | 16.06 | 1.98 | 2.28 | 9.35 | 55.01 |
| | 钙精矿 | 18.88 | 8.12 | 0.38 | 45.10 | 10.78 |
| | 尾矿 | 65.06 | 2.38 | 0.35 | 45.55 | 34.21 |
| | 原矿 | 100 | 3.40 | 0.66 | 100 | 100 |
| 500 | 矿泥 | 16.92 | 1.98 | 2.29 | 10.43 | 58.41 |
| | 钙精矿 | 16.65 | 8.30 | 0.38 | 43.03 | 9.54 |
| | 尾矿 | 66.43 | 2.25 | 0.32 | 46.54 | 32.05 |
| | 原矿 | 100 | 3.21 | 0.66 | 100 | 100 |
| 1000 | 矿泥 | 16.42 | 1.83 | 2.20 | 9.20 | 55.06 |
| | 钙精矿 | 11.32 | 11.20 | 0.37 | 38.81 | 6.38 |
| | 尾矿 | 72.26 | 2.35 | 0.35 | 51.99 | 38.56 |
| | 原矿 | 100 | 3.27 | 0.66 | 100 | 100 |
| 1500 | 矿泥 | 16.34 | 1.98 | 2.28 | 10.18 | 57.16 |
| | 钙精矿 | 10.50 | 8.65 | 0.36 | 28.58 | 5.80 |
| | 尾矿 | 73.16 | 2.66 | 0.33 | 61.24 | 37.04 |
| | 原矿 | 100 | 3.18 | 0.65 | 100 | 100 |

根据方解石等含钙矿物浮选的相关文献及选矿的经验，选择油酸钠作为钙矿物的捕收剂进行了捕收剂用量试验，此时仅对钙矿物进行浮选，浮选流程如图 5-2所示。试验固定条件为：磨矿时间为 9 min，钙浮选抑制剂为水玻璃，用量为 1000 g/t，2#油为起泡剂，变量为捕收剂油酸钠用量，由于考察的是钙矿物浮选的捕收剂用量，没有进一步对钒矿进行浮选，浮选时间根据试验现象确定。

试验结果如表 5-16 所示。由表可以看出，当油酸钠用量为 200 g/t，300 g/t，400 g/t 时，对钙精矿的影响不大，钙精矿的品位和回收率都相差不大。所以选择捕收剂油酸钠用量为 200 g/t。

表 5-16　捕收剂油酸钠用量条件试验指标

| 油酸钠用量/$(g \cdot t^{-1})$ | 产品 | 产率/% | 品位/% | | 回收率/% | |
|---|---|---|---|---|---|---|
| | | | CaO | $V_2O_5$ | CaO | $V_2O_5$ |
| 200 | 矿泥 | 16.54 | 1.86 | 2.30 | 9.38 | 57.18 |
| | 钙精矿 | 11.46 | 11.18 | 0.35 | 39.05 | 6.03 |
| | 尾矿 | 72.00 | 2.35 | 0.34 | 51.57 | 36.79 |
| | 原矿 | 100 | 3.28 | 0.67 | 100 | 100 |
| 300 | 矿泥 | 16.42 | 1.83 | 2.20 | 9.20 | 55.06 |
| | 钙精矿 | 11.32 | 11.20 | 0.37 | 38.81 | 6.38 |
| | 尾矿 | 72.26 | 2.35 | 0.35 | 51.99 | 38.56 |
| | 原矿 | 100 | 3.27 | 0.66 | 100 | 100 |
| 400 | 矿泥 | 16.72 | 1.96 | 2.30 | 10.14 | 57.81 |
| | 钙精矿 | 8.36 | 12.79 | 0.31 | 33.08 | 3.90 |
| | 尾矿 | 74.92 | 2.45 | 0.34 | 56.78 | 38.29 |
| | 原矿 | 100 | 3.23 | 0.67 | 100 | 100 |

为了提高钒的回收率，必须进一步对钙粗精矿进行精选，以使闭路浮选时钙中矿返回，从而减少钒的损失。钙矿物的存在会影响钒浮选中酸的用量及钒浮选捕收剂的选择性，所以为了进一步减小含钙矿物对钒矿浮选的影响，需要增加对含钙矿物的扫选，图 5-4 流程考察了含钙矿物的扫选次数。

试验考察了钙矿物浮选扫选次数对钙品位和回收率的影响。试验固定条件如图 5-4 上标注所示，水玻璃为矿浆分散剂；浮选采用油酸钠捕收剂和 2#油起泡剂；钙扫选适量减少药剂用量。试验结果见表 5-17。

表 5-17　钙浮选扫选次数试验指标

| 产品 | 产率/% | 品位/% | | 回收率/% | |
|---|---|---|---|---|---|
| | | CaO | $V_2O_5$ | CaO | $V_2O_5$ |
| 矿泥 | 16.56 | 1.78 | 2.29 | 9.20 | 56.52 |
| 钙精矿 | 11.46 | 11.20 | 0.34 | 40.08 | 5.81 |
| 钙中 1 | 4.94 | 10.49 | 0.42 | 16.18 | 3.09 |
| 钙中 2 | 3.57 | 10.10 | 0.46 | 11.26 | 2.45 |

续表 5-17

| 产品 | 产率/% | 品位/% | | 回收率/% | |
|---|---|---|---|---|---|
| | | CaO | $V_2O_5$ | CaO | $V_2O_5$ |
| 钙中 3 | 1.38 | 9.53 | 0.52 | 4.11 | 1.07 |
| 钙中 4 | 1.41 | 5.25 | 0.58 | 2.31 | 1.22 |
| 钙尾矿 | 60.68 | 0.89 | 0.33 | 16.86 | 29.84 |
| 原矿 | 100 | 3.20 | 0.67 | 100 | 100 |

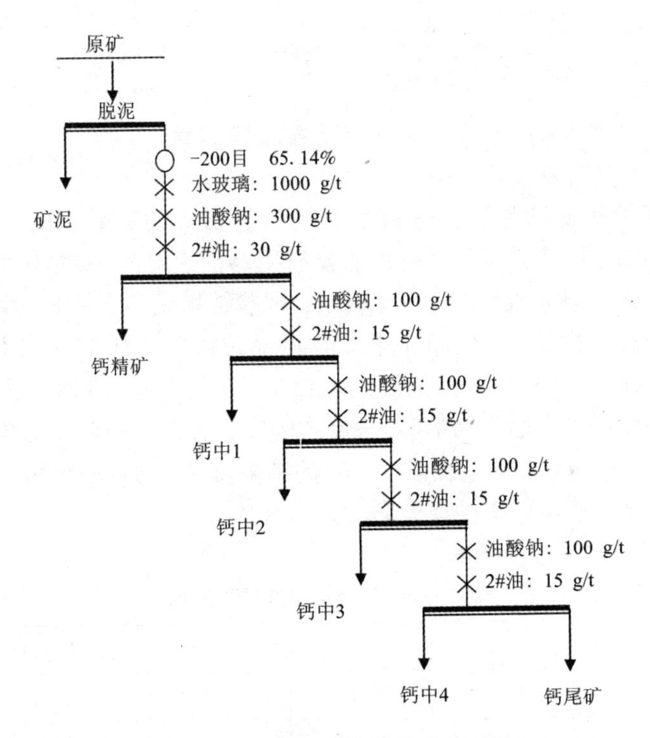


**图 5-4　钙浮选扫选次数试验流程**

表 5-17 结果可见，随着钙扫选次数的增加，钙中矿的产率逐渐降低，钙的品位也有所降低，但是差别不大。为了尽可能降低钙尾矿中钙的品位，浮选扫选次数设为 3 次。

钙粗精矿和钙中矿中钒的回收率接近 12%，影响了钒精矿的回收率。为了进一步提高钒的回收率，需要进一步对钙粗精矿进行精选，闭路时中矿返回，以减少钙精矿中钒的回收率。通过钙矿物扫选试验可见，钙中 3 中 CaO 的品位也接近

10%，所以将钙粗精矿和三个钙中矿合并起来进行精选。精选采用流程如图5－5所示。

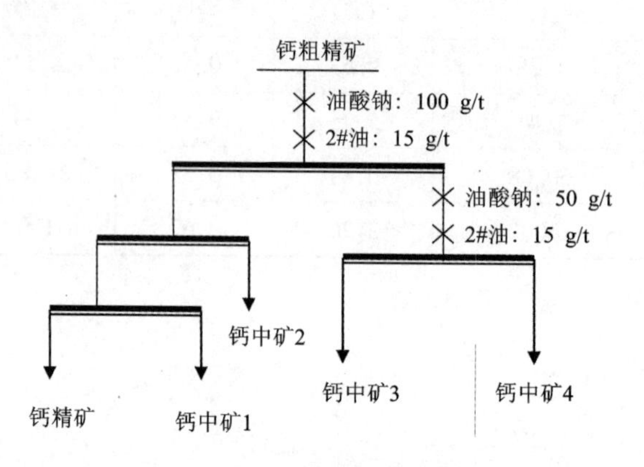


图5－5 钙浮选精选试验流程

试验考察了钙矿物浮选精选流程对钙矿物指标的影响。试验固定条件如图5－5上标注所示：浮选采用油酸钠捕收剂和2#油起泡剂；钙精选适量减少药剂种类和用量。浮选时间根据试验现象确定，试验结果见表5－18。由表5－18的数据可知，经过三次精选，钙精矿中CaO的品位可以达到24%以上，回收率为68.91%，而钙精矿中$V_2O_5$的品位仅为0.18%，回收率为1.56%。对钙粗精矿进行一次扫选后得到的产品为钙中矿3和钙中矿4，从表5－18可见CaO的品位不高，所以不需要进一步扫选。由表5－18的结果可见，通过两次精选即可得到很好的钙精矿，钙精矿中$V_2O_5$的损失率仅为1.56%。

表5－18 钙浮选精选试验指标

| 产品 | 产率/% | 品位/% | | 回收率/% | |
|---|---|---|---|---|---|
| | | CaO | $V_2O_5$ | CaO | $V_2O_5$ |
| 钙精矿 | 6.93 | 24.40 | 0.18 | 68.91 | 1.56 |
| 钙中矿1 | 2.53 | 3.16 | 0.54 | 1.46 | 1.21 |
| 钙中矿2 | 3.54 | 1.98 | 0.67 | 2.12 | 3.46 |
| 钙中矿3 | 2.78 | 1.78 | 0.57 | 2.02 | 3.46 |
| 钙中矿4 | 3.56 | 0.83 | 0.61 | 0.76 | 3.40 |

### 5.1.4 含钒矿物浮选条件试验研究

由原矿工艺矿物学的研究可知，有用元素钒主要分布在铝硅酸盐矿物云母及氧化铁、氧化铝等含钒氧化矿中，而该矿中脱除钙矿物剩下的主要脉石矿物为石英。其中，硫酸和H4阳离子捕收剂作为钒矿物与脉石矿物的分离药剂。

试验流程如图5－6所示，试验固定条件为：磨矿时间为9 min，钙浮选抑制剂为水玻璃，用量为1000 g/t，钙矿物捕收剂为油酸钠，用量为200 g/t，2#油为起泡剂，钒矿物调整剂为硫酸，抑制剂为氟硅酸钠，用量为200 g/t，钒矿捕收剂为H4(十二胺和油酸钠为主要成份的表面活性剂)，用量为100 g/t，变量为钒矿浮选调整剂硫酸用量，浮选时间根据试验现象确定。试验结果如表5－19所示。由于矿泥和钙矿物浮选的指标已经在前面条件试验给出，表5－19中仅给出了钒粗精矿的品位和回收率，从而对比不同条件下浮选的效果。

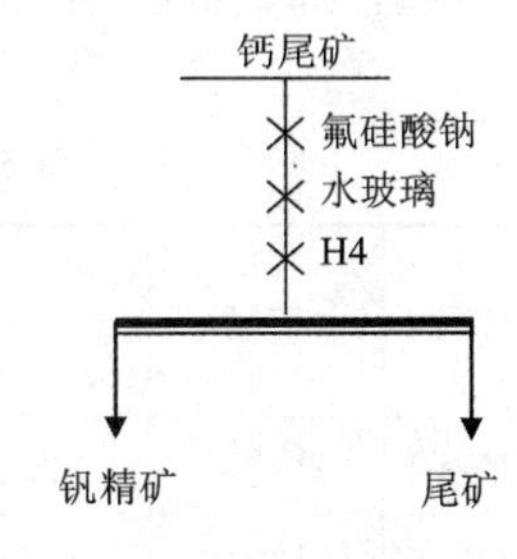


图5－6 钒矿物浮选条件试验流程

由表5－19的试验结果可知，随着硫酸用量的增大，钒精矿的品位逐渐上升，回收率差别不大，因为硫酸为酸性pH调整剂，矿浆酸性越强，浮选的选择性越好，但是酸性过强对设备的腐蚀性及药剂成本都增大。综合考虑，选择硫酸用量为6 kg/t，矿浆pH为3～4，此时钒粗精矿中$V_2O_5$品位为0.94%，回收率为12.46%。

表5－19 硫酸用量条件试验指标

| 硫酸用量/(kg·$t^{-1}$) | 产品 | 产率/% | 品位/% | | 回收率/% | |
|---|---|---|---|---|---|---|
| | | | CaO | $V_2O_5$ | CaO | $V_2O_5$ |
| 0 | 钒精矿 | 12.26 | 0.86 | 0.69 | 3.19 | 12.35 |
| 2 | 钒精矿 | 11.36 | 0.89 | 0.78 | 2.58 | 12.26 |
| 6 | 钒精矿 | 8.78 | 0.87 | 0.94 | 2.33 | 12.46 |
| 10 | 钒精矿 | 7.42 | 0.76 | 1.16 | 1.17 | 12.97 |

由于原矿中主要脉石矿物为石英，试验中为了有效浮选分离含钒矿物与石英，必须强化药剂制度的选择性。为了提高浮选分离的效果，必须添加抑制剂抑制硅质脉石矿物。试验针对上述主要矿物进行了抑制剂的选择和用量研究。

试验对三种抑制剂(水玻璃、六偏磷酸钠、氟硅酸钠)进行了探索研究。试验流程如图5－6所示，试验固定条件为：磨矿时间为9 min，钙浮选抑制剂为水玻璃，用量为1000 g/t，钙矿物捕收剂为油酸钠，用量为200 g/t，2#油为起泡剂，钒矿物调整剂为硫酸，用量为6 kg/t，调节矿浆 pH 为3～4，钒矿捕收剂为H4，用量为100 g/t，变量为钒矿浮选抑制剂种类及用量，浮选时间根据试验现象确定。

试验结果如表5－20 所示。由表可以看出，氟硅酸钠对脉石矿物的抑制效果最佳。所以选择氟硅酸钠为抑制剂进行抑制剂用量的试验。

**表5－20　抑制剂种类条件试验结果**

| 抑制剂种类 | 产品 | 产率/% | 品位/% | | 回收率/% | |
|---|---|---|---|---|---|---|
| | | | CaO | $V_2O_5$ | CaO | $V_2O_5$ |
| 六偏磷酸钠 | 钒精矿 | 11.20 | 0.88 | 0.79 | 3.25 | 12.29 |
| 氟硅酸钠 | 钒精矿 | 8.78 | 0.87 | 0.94 | 2.33 | 12.46 |
| 水玻璃 | 钒精矿 | 8.33 | 0.73 | 0.88 | 2.45 | 10.96 |

试验结果如表5－21 所示。由表可以看出，随着抑制剂用量的增大，钒粗精矿中 $V_2O_5$的品位呈上升的趋势，当氟硅酸钠用量为300 g/t 时，浮选效果最好。

**表5－21　抑制剂氟硅酸钠用量条件试验指标**

| 氟硅酸钠用量/($g \cdot t^{-1}$) | 产品 | 产率/% | 品位/% | | 回收率/% | |
|---|---|---|---|---|---|---|
| | | | CaO | $V_2O_5$ | CaO | $V_2O_5$ |
| 100 | 钒精矿 | 8.47 | 0.60 | 0.92 | 1.52 | 11.53 |
| 200 | 钒精矿 | 8.78 | 0.87 | 0.94 | 2.33 | 12.46 |
| 300 | 钒精矿 | 6.84 | 0.63 | 1.14 | 1.32 | 11.33 |
| 400 | 钒精矿 | 7.81 | 0.70 | 1.03 | 1.67 | 12.07 |

由工艺矿物学可知，该矿中的钒主要赋存于含铁铝硅酸盐矿物，选择 H4 作为钒矿物的捕收剂。项目组对捕收剂 H4 用量进行了试验研究，浮选流程如图5－6所示。试验固定条件为：磨矿时间为9 min，钙浮选抑制剂为水玻璃，用量为1000 g/t，钙矿物捕收剂为油酸钠，用量为200 g/t，2#油为起泡剂，钒矿物调整剂为硫酸，调节矿浆 pH 为3～4，钒矿抑制剂为氟硅酸钠，用量为300 g/t，变量为捕收剂 H4 的用量，浮选时间根据试验现象确定。

捕收剂用量条件试验的结果见表5－22，由表可见，随着捕收剂用量增大，钒

精矿中 $V_2O_5$ 的品位逐渐降低，回收率变化不大，所以选择 H4 用量为 100 g/t，此时钒粗精矿中 $V_2O_5$ 品位为 1.09%，回收率为 14.11%。

表 5－22　捕收剂 H4 用量条件试验指标

| H4 用量/($g \cdot t^{-1}$) | 产品 | 产率/% | 品位/% | | 回收率/% | |
|---|---|---|---|---|---|---|
| | | | CaO | $V_2O_5$ | CaO | $V_2O_5$ |
| 50 | 钒精矿 | 5.64 | 0.79 | 1.22 | 2.22 | 10.10 |
| 100 | 钒精矿 | 8.97 | 0.89 | 1.09 | 2.44 | 14.11 |
| 150 | 钒精矿 | 10.50 | 0.80 | 0.97 | 2.63 | 15.69 |
| 200 | 钒精矿 | 10.20 | 0.81 | 0.95 | 2.56 | 14.43 |

前期浮选条件试验发现，脱钙后经过一段粗选浮选出的钒粗精矿的富集比都可以达到2左右，粗选指标比较理想。为了对钒粗精矿进一步的浮选富集，必须进行钒粗精矿的精选试验，考察不同药剂对钒精矿浮选的影响。

钒粗精矿中钒的品位未达到试验指标要求，需对粗精矿进行精选。由于粗选钒精矿产率比较低，品位富集比比较大，所以考虑仅对钒粗精矿进行一次精选作业。同时，为保证钒回收率，需对粗选尾矿进行扫选，扫选作业适当加些 pH 调整剂、抑制剂和捕收剂。试验流程如图 5－7 所示。

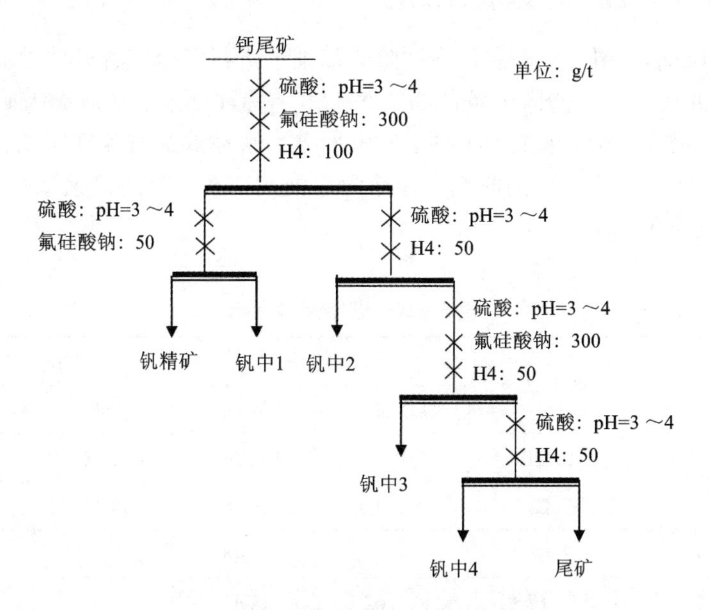


图 5－7　钒浮选精选和扫选试验流程

试验考察了钒精选和扫选次数对钒的浮选指标的影响。硫酸为 pH 调整，H4 为浮选钒捕收剂，氟硅酸钠为脉石矿物抑制剂，2#油为起泡剂，浮选时间根据试验现象确定。试验结果见表 5 – 23。

**表 5 – 23　钒浮选精选和扫选次数试验指标**

| 产品 | 产率/% | 品位/% | | 回收率/% | |
|---|---|---|---|---|---|
| | | CaO | $V_2O_5$ | CaO | $V_2O_5$ |
| 钒精矿 | 3.53 | 0.68 | 1.59 | 0.74 | 8.49 |
| 钒中 1 | 5.22 | 0.64 | 0.69 | 1.03 | 5.46 |
| 钒中 2 | 2.22 | 0.74 | 0.87 | 0.51 | 2.93 |
| 钒中 3 | 2.19 | 1.44 | 0.79 | 0.97 | 2.62 |
| 钒中 4 | 4.10 | 3.05 | 0.62 | 3.85 | 3.85 |
| 尾矿 | 48.08 | 0.93 | 0.21 | 13.78 | 15.31 |

表 5 – 23 的试验结果表明，钒粗精矿精选一次的结果已经比较满意，通过对尾矿进行扫选，发现钒中的品位和钒粗精矿的品位相差比较小，都比较高，所以开路试验时可以考虑将钒粗精矿和扫选出的钒中矿合并在一起进行精选。

### 5.1.5　擦洗脱泥 – 浮选联合工艺

在条件试验、精选试验和扫选试验的基础上进行了全流程开路试验，试验流程如图 5 – 8 所示。试验固定条件如图 5 – 11 上标注所示，水玻璃为矿浆分散剂和硅酸盐矿物抑制剂，油酸钠为钙矿物捕收剂，水玻璃为石英抑制剂，硫酸为矿浆 pH 调整剂，H4 为钒矿捕收剂，2#油为起泡剂，浮选时间根据试验现象确定。试验结果见表 5 – 24。

**表 5 – 24　开路试验指标**

| 产品 | 产率/% | 品位/% | | 回收率/% | |
|---|---|---|---|---|---|
| | | CaO | $V_2O_5$ | CaO | $V_2O_5$ |
| 矿泥 | 16.20 | 1.63 | 2.28 | 8.02 | 56.52 |
| 钙精矿 | 7.23 | 25.04 | 0.16 | 55.02 | 1.77 |
| 钙中矿 1 | 7.01 | 4.74 | 0.48 | 10.10 | 5.15 |
| 钙中矿 2 | 2.17 | 7.62 | 0.41 | 5.02 | 1.36 |

续表 5-24

| 产品 | 产率/% | 品位/% | | 回收率/% | |
|---|---|---|---|---|---|
| | | CaO | $V_2O_5$ | CaO | $V_2O_5$ |
| 钒精矿 | 6.57 | 1.27 | 1.40 | 2.54 | 14.07 |
| 钒中矿 1 | 2.56 | 0.31 | 0.51 | 0.24 | 2.00 |
| 钒中矿 2 | 1.39 | 3.39 | 0.81 | 1.43 | 1.72 |
| 尾矿 | 56.87 | 1.02 | 0.20 | 17.63 | 17.40 |
| 原矿 | | 3.29 | 0.65 | | |

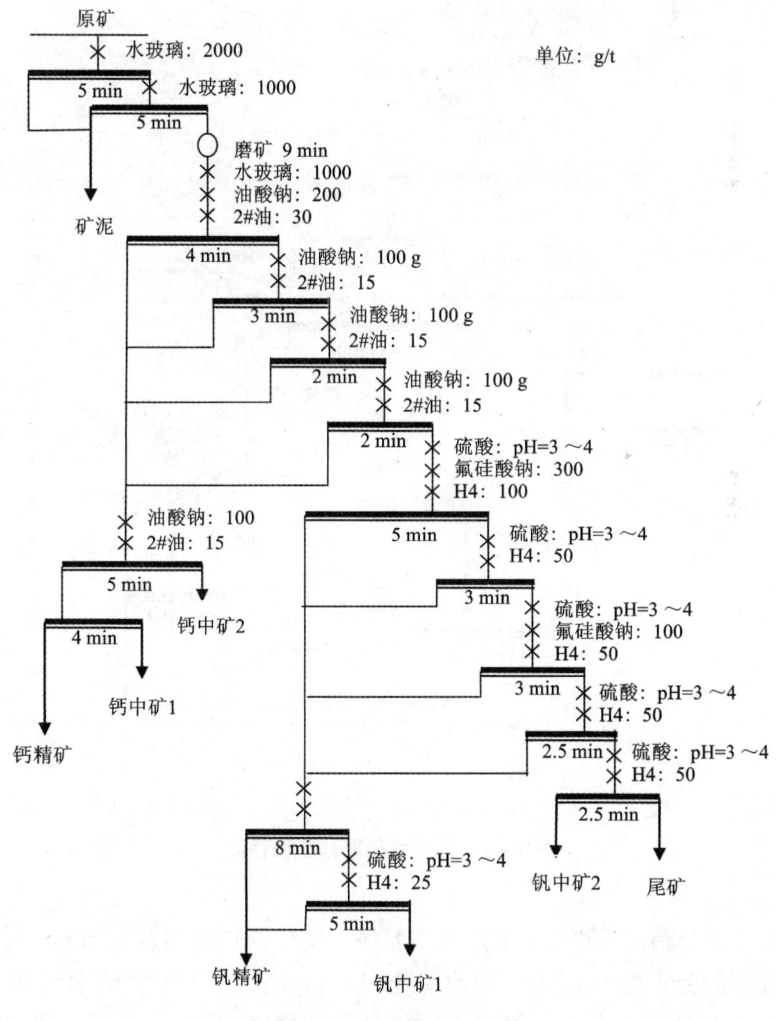


图 5-8　开路试验流程

由表5－24的数据可见，通过该开路流程，可以得到一个较好的试验指标，矿泥和浮选钒精矿总品位可达2.06%，回收率为70.59%。

在完成该钒矿浮选试验的开路工艺探索后，为了充分考查中矿返回对浮选指标的影响，验证实验室试验条件、流程以及主要指标，而后又进行了实验室小型的闭路试验。流程图如图5－9，结果列于表5－25。

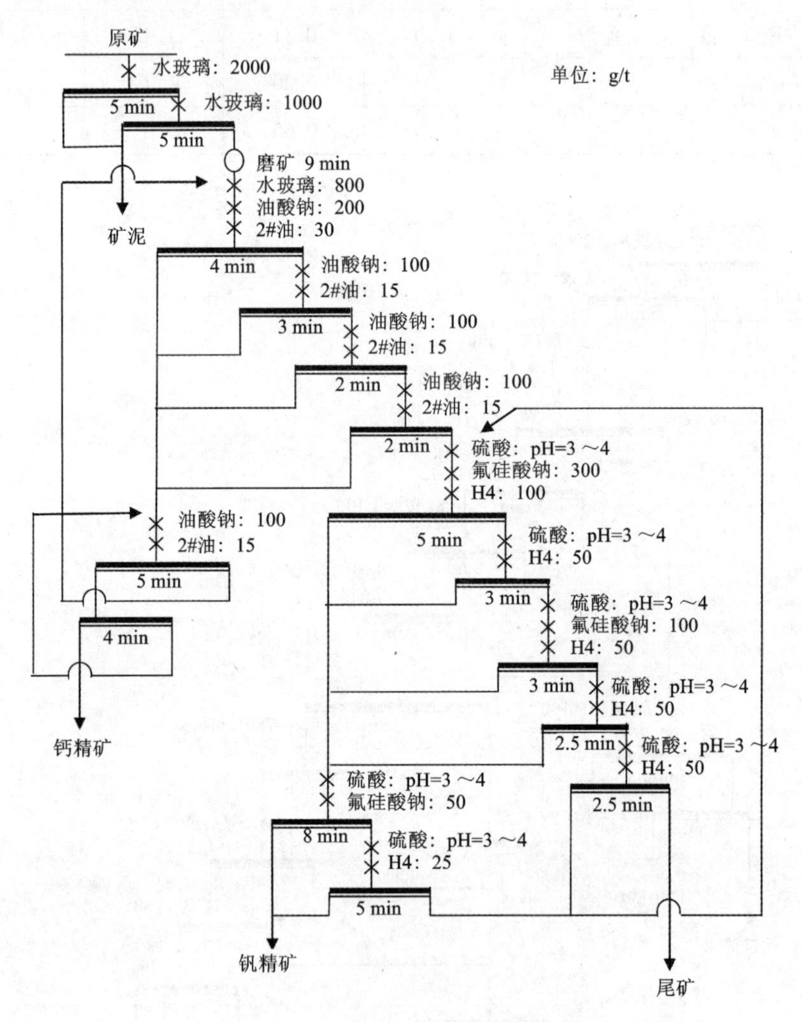


**图5－9　实验室闭路试验流程图**

由实验室闭路试验可知，通过擦洗脱泥—矿砂浮选富集钒的流程，总钒精矿中$V_2O_5$的品位可达1.87%，回收率有76.11%；同时钙精矿中钙的品位为19.60%，钙的回收率为71.39%，钙精矿中钒的损失率仅为3.76%，总体来说闭路指标较佳。

表 5 - 25　实验室闭路试验浮选指标

| 序号 | 产品 | 产率/% | 品位/% | | 回收率/% | |
|---|---|---|---|---|---|---|
| | | | CaO | $V_2O_5$ | CaO | $V_2O_5$ |
| 1# | 矿泥 | 18.74 | 1.79 | 2.29 | | |
| | 钙精矿 | 8.37 | 23.43 | 0.15 | | |
| | 钒精矿 | 9.65 | 2.44 | 1.17 | | |
| | 尾矿 | 63.24 | 0.74 | 0.21 | | |
| | 原矿 | | | | | |
| 2# | 矿泥 | 16.94 | 1.81 | 2.29 | | |
| | 钙精矿 | 10.30 | 20.04 | 0.20 | | |
| | 钒精矿 | 10.30 | 1.84 | 1.20 | | |
| | 尾矿 | 62.46 | 0.82 | 0.23 | | |
| | 原矿 | | | | | |
| 3# | 矿泥 | 16.25 | 1.75 | 2.30 | | |
| | 钙精矿 | 9.79 | 19.75 | 0.19 | | |
| | 钒精矿 | 14.64 | 2.25 | 0.96 | | |
| | 尾矿 | 59.32 | 0.85 | 0.22 | | |
| | 原矿 | | | | | |
| 4# | 矿泥 | 16.64 | 1.80 | 2.29 | 9.29 | 56.90 |
| | 钙精矿 | 11.12 | 20.04 | 0.20 | 69.08 | 3.32 |
| | 钒精矿 | 10.34 | 1.84 | 1.20 | 5.90 | 18.53 |
| | 尾矿 | 61.89 | 0.82 | 0.23 | 15.73 | 21.25 |
| | 原矿 | | 3.19 | 0.67 | | |
| 5# | 矿泥 | 16.39 | 1.83 | 2.30 | 9.16 | 56.53 |
| | 钙精矿 | 11.92 | 19.60 | 0.21 | 71.39 | 3.76 |
| | 钒精矿 | 10.70 | 1.96 | 1.22 | 6.41 | 19.58 |
| | 尾矿 | 60.99 | 0.70 | 0.22 | 13.04 | 20.13 |
| | 原矿 | | 3.27 | 0.67 | | |

## 5.2 高碳硅质型石煤钒矿选矿技术

### 5.2.1 原矿性质及选矿难点

高碳硅质石煤钒矿主要由非金属矿物组成，矿石的主要组成成分为石英，其次为长石、云母、蒙脱石和碳质，主要的金属矿物为黄铁矿。原矿中二氧化硅的含量为58%左右，主要有用金属元素为钒，$V_2O_5$品位为0.90%左右。高碳石煤资源具有以下特点：(1)矿石中含有大量的碳质，且分布比较弥散，一部分碳质呈浸染状存在于云母、石英等矿石表面，无法将其分开；(2)含钒矿物云母、氧化铁等黏土矿物与主要脉石矿物石英的表面性质及溶液化学性质相近，造成了含钒矿物与脉石矿物可浮性差异小。针对这一类型的石煤矿，主要的选矿方法是焙烧脱碳—浮选钒，浮选富碳钒精矿—浮选钒两种方法。本章以陕西省山阳县地区的高碳石煤钒矿为例，主要采用浮选富碳钒精矿—浮选钒的方法将碳和钒进行富集。

### 5.2.2 碳的一段浮选试验

(1)一段磨矿细度对碳浮选的影响

目的矿物单体解离是矿物有效浮选的重要条件。磨矿过程中影响矿物解离度的最主要参数是磨矿细度。首先考查一段磨矿细度对碳粗选指标的影响，试验流程如图5-10所示。抑制剂水玻璃2000 g/t，碳浮选捕收剂CBI(煤油和柴油的混合物)1000 g/t，2#油为起泡剂，变量为磨矿时间，水玻璃作为矿物的分散剂，为了更好地发挥药剂的作用，将抑制剂水玻璃加入磨机中，浮选时间根据试验现象确定。试验结果见表5-26。

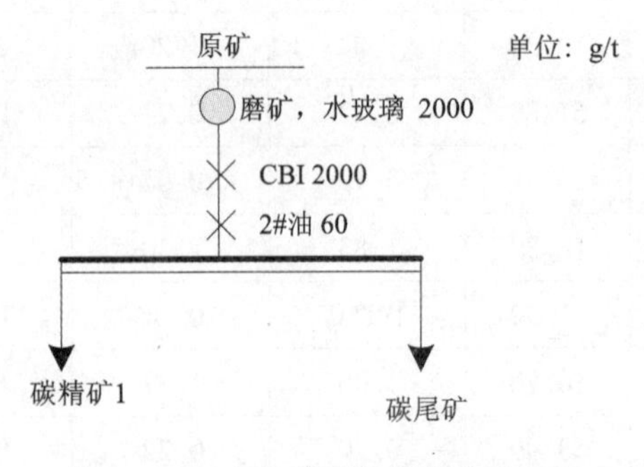


**图5-10 一段碳浮选条件实验流程**

表5-26 磨矿细度条件实验指标

| 磨矿细度 -0.074 mm/% | 产品 | 产率/% | $V_2O_5$ | | C | |
|---|---|---|---|---|---|---|
| | | | 含量/% | 回收率/% | 含量/% | 回收率/% |
| 35.68 | 碳精矿 | 15.32 | 1.13 | 18.96 | 28.35 | 31.81 |
| | 尾矿 | 84.68 | 0.87 | 81.04 | 10.99 | 68.19 |
| | 原矿 | 100 | 0.91 | 100 | 13.65 | 100 |
| 40.25 | 碳精矿 | 22.41 | 1.09 | 21.84 | 29.91 | 35.63 |
| | 尾矿 | 77.59 | 0.87 | 78.16 | 8.89 | 64.37 |
| | 原矿 | 100 | 0.92 | 100 | 13.60 | 100 |
| 46.80 | 碳精矿 | 18.81 | 1.05 | 21.52 | 26.52 | 36.78 |
| | 尾矿 | 81.19 | 0.89 | 78.48 | 10.56 | 63.22 |
| | 原矿 | 100 | 0.92 | 100 | 13.56 | 100 |
| 60.74 | 碳精矿 | 18.82 | 1.04 | 21.19 | 26.52 | 36.35 |
| | 尾矿 | 81.18 | 0.89 | 78.81 | 10.76 | 63.65 |
| | 原矿 | 100 | 0.92 | 100 | 13.73 | 100 |
| 76.67 | 碳精矿 | 18.41 | 1.05 | 21.07 | 27.02 | 36.51 |
| | 尾矿 | 81.59 | 0.89 | 78.93 | 10.6 | 63.49 |
| | 原矿 | 100 | 0.92 | 100 | 13.62 | 100 |
| 84.32 | 碳精矿 | 18.83 | 1.03 | 21.36 | 27.25 | 37.34 |
| | 尾矿 | 81.17 | 0.88 | 78.64 | 10.61 | 62.66 |
| | 原矿 | 100 | 0.91 | 100 | 13.74 | 100 |
| 98.91 | 碳精矿 | 20.02 | 0.98 | 21.23 | 27.25 | 39.95 |
| | 尾矿 | 79.98 | 0.9 | 78.77 | 10.23 | 60.05 |
| | 原矿 | 100 | 0.92 | 100 | 13.66 | 100 |

由结果可知，随着磨矿细度的增加，碳精矿的产率先增加后减小，但减小的幅度有限，碳精矿中钒的品位是随着磨矿时间的增加而降低的。碳精矿中碳的含量变化与其产率变化规律相一致。尾矿中钒品位和碳含量几乎不随磨矿细度的变化而变化。综合考虑，选择磨矿细度为-200目占40.25%，即磨矿时间为5 min时粗选效果最好。

(2)矿浆pH条件对碳浮选的影响

由工艺矿物学分析可知，该矿样碳主要以无定形碳或石墨的形式存在，根据碳浮选的相关文献，研究矿浆 pH 对碳浮选的影响。pH 调整剂为硫酸和氢氧化钠，由于进行的是碳的浮选实验，没有进一步对含钒矿物进行浮选。其中磨矿时间选择为 5 min，水玻璃为矿浆分散剂和脉石矿物的抑制剂，碳浮选采用 CBI 捕收剂和 2#油起泡剂。考查了矿浆 pH，分别为 3、5、7、9、11 时对浮选指标的影响，试验结果见表 5 – 27。

**表 5 – 27　碳浮选 pH 条件实验指标**

| 矿浆 pH | 产品 | 产率/% | $V_2O_5$ | | C | |
|---|---|---|---|---|---|---|
| | | | 含量/% | 回收率/% | 含量/% | 回收率/% |
| 3 | 碳精矿 | 13.19 | 1.10 | 15.81 | 27.95 | 27.11 |
| | 尾矿 | 86.81 | 0.89 | 84.19 | 11.42 | 72.89 |
| | 原矿 | 100.00 | 0.92 | 100.00 | 13.60 | 100.00 |
| 5 | 碳精矿 | 14.22 | 1.05 | 16.21 | 26.92 | 28.28 |
| | 尾矿 | 85.78 | 0.9 | 83.79 | 11.32 | 71.72 |
| | 原矿 | 100.00 | 0.92 | 100.00 | 13.54 | 100.00 |
| 7 | 碳精矿 | 18.41 | 1.09 | 21.84 | 26.32 | 35.80 |
| | 尾矿 | 81.59 | 0.88 | 78.16 | 10.65 | 64.20 |
| | 原矿 | 100.00 | 0.92 | 100.00 | 13.53 | 100.00 |
| 9 | 碳精矿 | 18.62 | 1.04 | 21.10 | 27.02 | 36.79 |
| | 尾矿 | 81.38 | 0.89 | 78.90 | 10.62 | 63.21 |
| | 原矿 | 100.00 | 0.92 | 100.00 | 13.67 | 100.00 |
| 11 | 碳精矿 | 18.02 | 1.03 | 20.28 | 26.92 | 35.61 |
| | 尾矿 | 81.98 | 0.89 | 79.72 | 10.7 | 64.39 |
| | 原矿 | 100.00 | 0.92 | 100.00 | 13.62 | 100.00 |

从表 5 – 27 的结果可以看出，矿浆 pH 条件对碳浮选有一定的影响，在 pH 为 3 和 5 时，碳精矿的品位和回收率都比其他 pH 条件下的低，而在中性条件和碱性条件下浮选实验结果接近。综上所述，选择在中性 pH 条件下进行碳的浮选实验。

(3)抑制剂用量对碳浮选的影响

为了有效分离碳质与石英、长石等脉石矿物，需对矿物抑制剂用量进行试验研究。试验选择抑制剂水玻璃为硅质矿物的抑制剂，试验固定条件为：磨矿时间

5 min，捕收剂 CBI 1000 g/t，起泡剂 2#油 90 g/t，变量为抑制剂用量，试验结果见表 5 – 28。

**表 5 – 28　碳浮选水玻璃用量实验指标**

| 水玻璃用量/$(g \cdot t^{-1})$ | 产品 | 产率/% | $V_2O_5$ | | C | |
|---|---|---|---|---|---|---|
| | | | 含量/% | 占有率/% | 含量/% | 占有率/% |
| 1000 | 碳精矿 | 19.32 | 1.05 | 22.29 | 26.64 | 37.71 |
| | 尾矿 | 80.68 | 0.88 | 77.71 | 10.54 | 62.29 |
| | 原矿 | 100 | 0.91 | 100 | 13.65 | 100 |
| 1500 | 碳精矿 | 18.87 | 1.04 | 21.33 | 27.38 | 37.99 |
| | 尾矿 | 81.13 | 0.89 | 78.67 | 10.39 | 62.01 |
| | 原矿 | 100 | 0.92 | 100 | 13.6 | 100 |
| 2000 | 碳精矿 | 18.41 | 1.02 | 20.55 | 28.92 | 39.30 |
| | 尾矿 | 81.59 | 0.89 | 79.45 | 10.0 | 60.70 |
| | 原矿 | 100 | 0.92 | 100 | 13.55 | 100 |
| 2500 | 碳精矿 | 17.94 | 0.99 | 19.3 | 29.11 | 38.31 |
| | 尾矿 | 82.06 | 0.9 | 80.7 | 10.25 | 61.69 |
| | 原矿 | 100 | 0.92 | 100 | 13.63 | 100 |

由结果分析可知，随着水玻璃用量的增大，碳精矿中碳的品位升高，回收率有所下降。当水玻璃用量增加到 2000 g/t 时，碳矿物浮选效果最好，此时碳精矿中碳的品位可以达到 28.92%，回收率达到 39.30%。当水玻璃的用量继续增大时，碳精矿中碳的品位基本不发生变化，所以水玻璃的最佳试验用量选择为2000 g/t。

(4)碳浮选捕收剂用量对碳浮选的影响

由工艺矿物学分析可知，该矿样碳主要以无定形碳或石墨的形式存在，本试验选择煤油和柴油的混合物 CBI 作为捕收剂，考察 CBI 的用量对浮选指标的影响，CBI 用量为 500 g/t，1000 g/t，1500 g/t，2000 g/t。试验固定磨矿时间为 5 min，水玻璃 2000 g/t，矿浆 pH 为中性，起泡剂 2#油 90 g/t。试验结果见表 5 – 29。

表 5-29　碳浮选 CBI 用量实验指标

| CBI 用量 /($g \cdot t^{-1}$) | 产品 | 产率/% | $V_2O_5$ | | C | |
|---|---|---|---|---|---|---|
| | | | 含量/% | 回收率/% | 含量/% | 回收率/% |
| 500 | 碳精矿 | 13.19 | 1.02 | 14.83 | 28.95 | 28.16 |
| | 尾矿 | 86.81 | 0.89 | 85.17 | 11.22 | 71.84 |
| | 原矿 | 100.00 | 0.91 | 100.00 | 13.56 | 100.00 |
| 1000 | 碳精矿 | 18.41 | 1.09 | 21.84 | 26.32 | 35.80 |
| | 尾矿 | 81.59 | 0.88 | 78.16 | 10.65 | 64.20 |
| | 原矿 | 100.00 | 0.92 | 100.00 | 13.53 | 100.00 |
| 1500 | 碳精矿 | 22.19 | 0.98 | 23.90 | 20.95 | 34.35 |
| | 尾矿 | 77.81 | 0.89 | 76.10 | 11.4 | 65.65 |
| | 原矿 | 100.00 | 0.91 | 100.00 | 13.53 | 100.00 |
| 2000 | 碳精矿 | 32.19 | 0.96 | 33.86 | 17.95 | 42.39 |
| | 尾矿 | 67.81 | 0.89 | 66.14 | 11.58 | 57.61 |
| | 原矿 | 100.00 | 0.91 | 100.00 | 13.63 | 100.00 |

由结果可知，碳粗选捕收剂 CBI 用量对浮选指标影响较大，随着 CBI 用量增大，浮选碳精矿碳的品位逐渐降低，回收率逐渐增大。综合考虑，选择 CBI 用量为 2000 g/t，此时碳精矿中碳的品位为 17.95%，回收率为 42.39%。

### 5.2.3　碳的二段浮选试验

探索试验发现，由于该石煤中碳质含量较高，该类型石煤中的碳质矿物会影响含钒矿物的浮选指标，所以，首先进行优先浮选碳，将碳质进行富集。这样，一方面有利于含钒矿物的富集，另一方面还可以回收石煤中的碳资源，使石煤资源得到综合利用。通过初步的探索试验，选择水玻璃作为碳浮选时硅酸盐矿物的抑制剂及微细粒矿物的分散剂，CBI 作为碳质矿物的捕收剂。

在条件试验的基础上，进行了碳的精选、扫选和中矿再磨试验的研究，最终确定了碳的浮选流程，如图 5-11 所示。碳浮选试验结果如表 5-30 所示。由表 5-30的试验结果可见，通过一次粗选、两次精选、一次扫选试验，中矿再磨，可以得到碳品位为 26.77%，回收率为 80.10% 的碳精矿（碳精矿 1 和碳精矿 2 的综合值）。同时，由表 5-30 可见，碳中矿中碳的含量仅有 5.69%，$V_2O_5$品位达到 1.56%，$V_2O_5$回收率达到 25.01%，可见，钒在碳中矿中得到一定的富集。

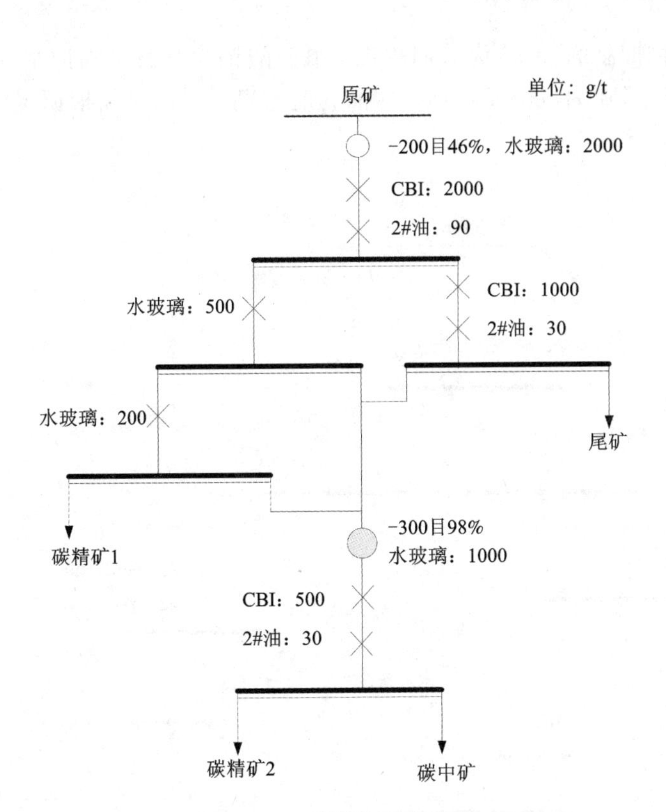


图 5－11　碳浮选试验流程

表 5－30　碳浮选扫选精选试验指标

| 产品 | 产率/% | 品位/% | | 回收率/% | |
|---|---|---|---|---|---|
| | | $V_2O_5$ | C | $V_2O_5$ | C |
| 碳精矿 1 | 16.18 | 0.88 | 33.64 | 16.05 | 39.66 |
| 碳精矿 2 | 24.88 | 0.52 | 22.31 | 14.58 | 40.44 |
| 碳中矿 | 14.22 | 1.56 | 5.69 | 25.01 | 5.89 |
| 碳尾矿 | 44.72 | 0.88 | 4.30 | 44.36 | 14.01 |
| 原矿 | 100.00 | 0.89 | 13.73 | 100.00 | 100.00 |

## 5.2.4　全流程开路试验

在条件试验、精选试验和扫选试验的基础上进行了全流程开路试验，试验流程如图 5－12 所示。试验固定条件如图 5－12 上标注所示，水玻璃为矿浆分散剂和硅酸盐矿物抑制剂，CBI 为碳捕收剂，氟硅酸钠为脉石矿物抑制剂，硫酸为矿浆 pH 调整剂，H4 为钒矿捕收剂，2#油为起泡剂，浮选时间根据试验现象确定。试验结果见表 5－31。

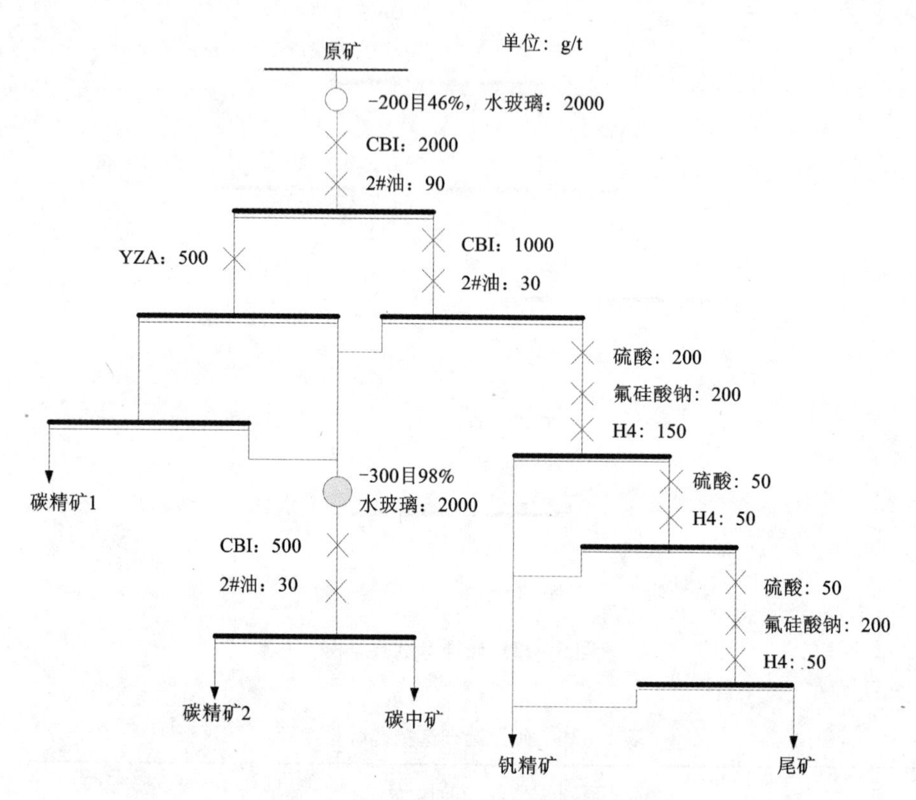


**图 5－12　高碳石煤全流程开路试验**

**表 5－31　高碳石煤全流程开路试验结果**

| | 产品 | 产率/% | 品位/% | | 回收率/% | |
|---|---|---|---|---|---|---|
| | | | $V_2O_5$ | C | $V_2O_5$ | C |
| 碳精矿 | 碳精矿 1 | 16.18 | 0.88 | 33.64 | 15.50 | 39.94 |
| | 碳精矿 2 | 24.88 | 0.52 | 22.31 | 14.08 | 40.73 |
| | 合计 | 41.06 | 0.66 | 26.77 | 29.58 | 80.67 |
| 钒精矿 | 碳中矿 | 14.22 | 1.56 | 5.69 | 24.14 | 5.94 |
| | 钒精矿 | 10.83 | 3.05 | 5.47 | 35.95 | 4.35 |
| | 合计 | 26.58 | 2.29 | 5.59 | 60.09 | 10.28 |

续表5-31

| | 产品 | 产率/% | 品位/% | | 回收率/% | |
|---|---|---|---|---|---|---|
| | | | $V_2O_5$ | C | $V_2O_5$ | C |
| | 尾矿 | 33.89 | 0.28 | 3.64 | 10.33 | 9.05 |
| | 原矿 | 100.00 | 0.92 | 13.63 | 100.00 | 100.00 |

由表5-31的数据可见，通过该流程，可以得到一个较好的试验指标，可以得到碳品位为26.77%，回收率为80.10%的碳精矿（碳精矿1和碳精矿2的综合值）。综合钒精矿$V_2O_5$品位可达2.29%，回收率为60.09%（碳中矿和钒精矿的综合值），钒总回收率为89.67%（碳精矿和钒精矿综合），抛尾率为33.89%。

### 5.2.5　高碳石煤浸出渣脱碳技术

在高碳石煤矿石原矿脱碳工艺基础上，对陕西五洲矿业集团高碳石煤浸出渣进行了脱碳浮选研究，将原矿脱碳工艺应用在浸出渣中，发现浸出对碳浮选基本没有影响，试验工艺流程如图5-12所示的选碳部分，试验指标如表5-32。

表5-32　高碳石煤浸出渣全流程开路试验结果

| 产品 | 产率/% | C品位/% | C回收率/% |
|---|---|---|---|
| 碳精矿1 | 11.37 | 28.15 | 39.52 |
| 碳精矿2 | 20.11 | 18.35 | 45.56 |
| 碳中矿 | 12.91 | 4.15 | 6.61 |
| 尾矿 | 55.61 | 1.21 | 8.31 |
| 原矿 | 100.00 | 8.10 | 100.00 |

由表可见，浸出渣中碳含量比较低，仅有8.10%，经过浮选富集后，碳精矿1的品位可达28.15%，碳精矿2的品位可达18.35%，总回收率为85.08%。

## 5.3　石煤浮选产品的浸出性能研究

直接酸法浸出是目前石煤钒矿最常用的冶炼方法。在浸出过程中，需要在90℃以上的高温高酸下进行，还需加入大量的浸出药剂，如氯化钠、硫酸、氟化钙等。由于浮选最近才用于石煤选矿，还没有大规模的现场应用，对于浮选时磨矿细度、浮选药剂等对后续浸出的影响未有研究。本节主要考察石煤浮选精矿和尾矿的浸出性能，为后续石煤选矿扩大生产提供参考。

原矿和尾矿的浸出条件为：液固比为1∶1，助浸剂为氯酸钠(3%)和氟化钙(3%)，硫酸质量浓度为25%，浸出温度为90℃，反应时间为8 h。钒精矿助浸剂用量相应增加，硫酸用量不变。

通过对选矿产品进行浸出的初步探索试验，得到的浸出结果如表5－33和表5－34所示。浸出结果表明，钒混合精矿的浸出率达85%以上，和原矿浸出率差别不大，而浮选尾矿的浸出率为90%以上。浸出试验结果表明，钒、碳选矿富集试验使所加药剂对浸出影响较小，富集碳精矿中碳对浸出也没有影响。另外，尾矿和浮选碳精矿浸出率比浮选钒精矿高，可见不同的浮选产品浸出难易程度不同，其中钒精矿主要由含钒云母组成，是最难浸的矿，碳精矿和尾矿中的钒绝大部分都是吸附状态存在的钒，比较好浸，所以在浸出的过程中应该针对不同的含钒产品采取相应的浸出工艺，可以节约冶炼成本，提高浸出效率。

**表5－33　风化黏土型石煤浮选产品浸出性能**

| 产品 | $V_2O_5$品位/% | | 浸出率/% |
|---|---|---|---|
| | 浸出入料 | 浸出渣 | |
| 钒精矿 | 2.05 | 0.25 | 87.80% |
| 尾矿 | 0.23 | 0.009 | 96.08% |
| 原矿 | 0.83 | 0.095 | 88.55% |

**表5－34　高碳硅质型石煤浮选产品浸出性能**

| 产品 | $V_2O_5$品位/% | | 浸出率/% |
|---|---|---|---|
| | 浸出入料 | 浸出渣 | |
| 碳精矿1 | 0.88 | 0.16 | 81.82 |
| 碳精矿2 | 0.52 | 0.08 | 84.62 |
| 碳中矿 | 1.56 | 0.25 | 83.97 |
| 钒精矿 | 3.05 | 0.55 | 81.97 |
| 尾矿 | 0.28 | 0.02 | 92.86 |
| 原矿 | 0.92 | 0.08 | 91.30 |

浸出结果表明，不同的浮选产品浸出难易程度不同，其中钒精矿主要由含钒云母组成，是最难浸的矿，碳精矿和尾矿中的钒绝大部分都是吸附状态存在的

钒，比较好浸。在浸出的过程中应该针对不同的含钒产品选择相应的浸出工艺，节约冶炼成本，提高浸出效率。

对 $V_2O_5$ 品位0.67%的综合原矿，获得混合钒精矿产品 $V_2O_5$ 品位为1.87%，钒总回收率为76.11%，可使冶金提钒中每吨钒产品所需原料由149.25 t降至53.48 t，降低了冶金投资成本。浮选抛除了72.91%的脉石矿物，包括绝大多数的耗酸矿物，使得后续浸出所需热能减少，同时降低了浸出药剂的用量，整体降低了后续冶金提钒生产成本。浮选出的方解石还可用于中和冶金产生的酸性废液和废渣，获得很好的经济效益。为入选1 t原矿所需的药剂成本不到20元。

存在的问题：

(1)浮选产品在加入氟化钙、氯酸钠、硫酸后有气泡产生，需要进一步证明这些气泡在实际生产中会不会给生产带来危害。

(2)钒精矿浸出率较低的原因可能为：该部分精矿是浮选出来的云母类矿物，钒主要以类质同象的形式存在的，属于难浸矿；由于钒精矿中 $V_2O_5$ 品位较高，所加浸出药剂量不足引起。所以，为了得到精确的浸出指标，还需对精矿的浸出进行进一步的优化，以得到更好的结果。

## 参考文献

[1] 刘进，刘峥，刘洁，等.芳香氨基类化合物对铁缓蚀行为的分子动力学模拟[J].计算机与应用化学，2013(7).

[2] 苑世领，崔鹏，徐桂英，等.气液界面上阴离子表面活性剂单层膜的分子动力学模拟[J].化学学报，2006，64(16).

[3] Orhan E C, Bayraktar Ī. Amine - oleate interactions in feldspar flotation [J]. Minerals Engineering, 2006, 19(1): 48 -55.

# 第6章　镍钼矿新型浮选技术开发

通过镍钼矿工艺矿物学分析，发现镍钼矿组成十分复杂，矿物嵌布十分紧密，所以单矿物试验药剂在实际矿石浮选中达不到理想的浮选效果。在单矿物浮选试验基础上，通过浮选捕收剂组合复配，形成了对镍钼矿浮选效果很好的浮选药剂：捕收剂 Mo－B1、Mo－B2，分散剂 Mo－F。

## 6.1　镍钼矿选矿分离技术开发

### 6.1.1　磨矿细度对镍钼矿浮选行为的影响

浮选过程中，磨矿细度对浮选效果影响特别大，磨矿时间主要取决于矿石性质，为了了解磨矿细度对镍钼矿浮选的影响，进行了磨矿细度测定与磨矿浮选工艺试验。

试验使用 XMQ－240X9 型球磨机，每次试验称矿 500 g，加水 250 mL，磨矿浓度约为 66.67%，进行磨矿。磨矿时间分别为 3 min、4 min、5 min、6 min、7.5 min，用 0.074 mm 的筛子进行水筛。将试验数据绘制成曲线图，如图 6－1 所示。从图 6－1 可以看出，磨矿时间 5.5 min 时，磨矿细度已经达到 90%，说明此矿石易磨。

对磨矿时间为 5 min 的矿样进行粒度分析，确定了大于 0.074 mm，－0.074～+0.037 mm，小于 0.037 mm 的含量，通过化验得到了各粒级的钼、镍品位，从而求得了各粒级中钼、镍的含量。从表 6－1 可以看出，钼、镍均主要存在于小于 0.037 mm 的矿中。

表 6－1　磨矿时间 4.5 min 各粒级所占比例及钼含量

| 产品粒度/mm | 产率/% | 品位/% | | 回收率/% | |
|---|---|---|---|---|---|
| | | Mo | Ni | Mo | Ni |
| 0.074 | 12.14 | 2.92 | 1.53 | 10.33 | 11.19 |
| －0.074～+0.037 | 28.31 | 3.22 | 1.62 | 26.58 | 27.63 |
| －0.037 | 59.55 | 3.63 | 1.71 | 63.09 | 61.18 |
| 原矿 | 100.00 | 3.43 | 1.66 | 100.00 | 100.00 |

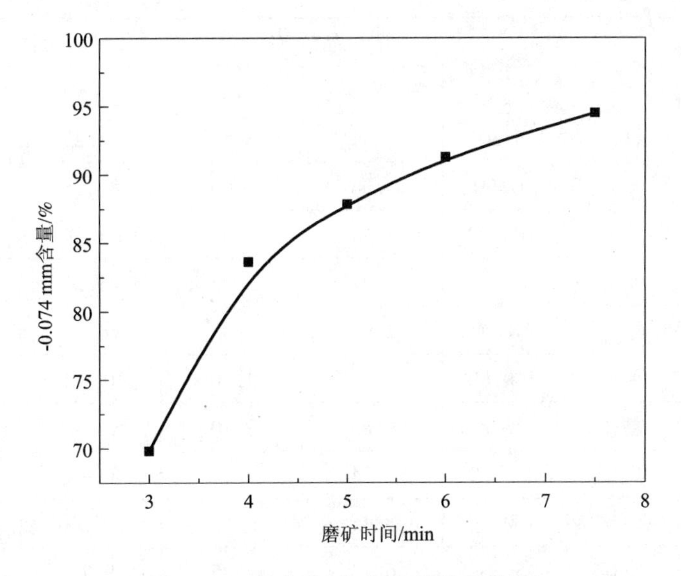


图6-1　磨矿时间与细度的关系曲线

镍钼矿磨矿细度对浮选效果的影响试验，用来确定最优的磨矿时间和磨矿粒度。磨矿浮选工艺试验采用图6-2所示的流程。

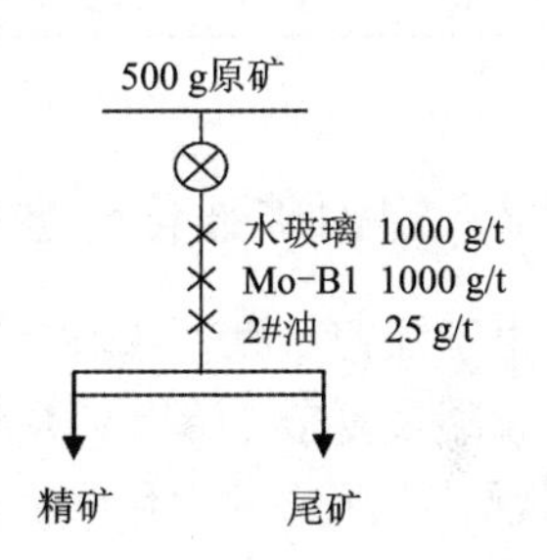


图6-2　磨矿细度试验流程

通过图6-2所示浮选流程浮选不同磨矿细度镍钼矿，得到的试验结果见表6-2。由表6-2试验结果可以看出随着磨矿时间的增加，精矿品位逐渐下降，回收率先增加后降低，当磨矿时间为5 min时，浮选效果最好，此时，精矿品位和回收率均较高，所以选定磨矿时间为5 min，此时的磨矿细度为-0.074 mm占87%左右。

表6-2　不同磨矿时间镍钼矿浮选结果

| 磨矿时间/min | 产品 | 产率/% | 品位/% | | 回收率/% | |
|---|---|---|---|---|---|---|
| | | | Mo | Ni | Mo | Ni |
| 3 | 精矿 | 6.23 | 8.06 | 3.01 | 14.68 | 11.23 |
| | 尾矿 | 93.77 | 3.11 | 1.58 | 85.32 | 88.77 |
| | 原矿 | 100.00 | 3.42 | 1.67 | 100.00 | 100.00 |

续表 6-2

| 磨矿时间/min | 产品 | 产率/% | 品位/% | | 回收率/% | |
|---|---|---|---|---|---|---|
| | | | Mo | Ni | Mo | Ni |
| 4 | 精矿 | 8.30 | 7.54 | 3.54 | 18.25 | 17.59 |
| | 尾矿 | 91.70 | 3.06 | 1.50 | 81.75 | 82.41 |
| | 原矿 | 100.00 | 3.43 | 1.67 | 100.00 | 100.00 |
| 5 | 精矿 | 11.04 | 7.27 | 3.12 | 23.26 | 20.75 |
| | 尾矿 | 88.96 | 2.98 | 1.48 | 76.74 | 79.25 |
| | 原矿 | 100.00 | 3.45 | 1.66 | 100.00 | 100.00 |
| 6 | 精矿 | 5.78 | 6.88 | 3.10 | 11.53 | 10.73 |
| | 尾矿 | 94.22 | 3.24 | 1.58 | 88.47 | 89.27 |
| | 原矿 | 100.00 | 3.45 | 1.67 | 100.00 | 100.00 |
| 7 | 精矿 | 5.33 | 6.27 | 2.85 | 9.71 | 9.10 |
| | 尾矿 | 94.67 | 3.28 | 1.60 | 90.29 | 90.90 |
| | 原矿 | 100.00 | 3.44 | 1.67 | 100.00 | 100.00 |

### 6.1.2 镍钼矿强化分散技术开发

由于镍钼矿赋存状态复杂、嵌布粒度细、浮选过程中易泥化，且微细粒矿物间异相凝聚复杂，所以矿浆分散显得非常重要。分散剂的使用，解决了矿浆分散的问题，使浮选过程稳定，指标得到优化。由于多金属镍钼矿的矿物组成复杂，不同矿物表面电性差异大，常规分散剂无法达到理想的分散效果，所以本研究采用了镍钼矿专用分散剂组合 Mo-F，包括有机大分子分散剂和无机分散剂，通过不同分散剂在不同矿物表面的选择性吸附，不同矿物颗粒间的静电排斥相互作用加大，实现矿浆分散。

分别取500 g矿样，加入到XMQ型球磨机中，矿浆浓度66.7%，磨矿时间为5 min，浮选采用图6-3所示的试验流程，分散剂分别加入六偏磷酸钠、碳酸钠、Mo-F，水玻璃用量为1000 g/t，Mo-B1 用量为1000 g/t，2#油用量为25 g/t。

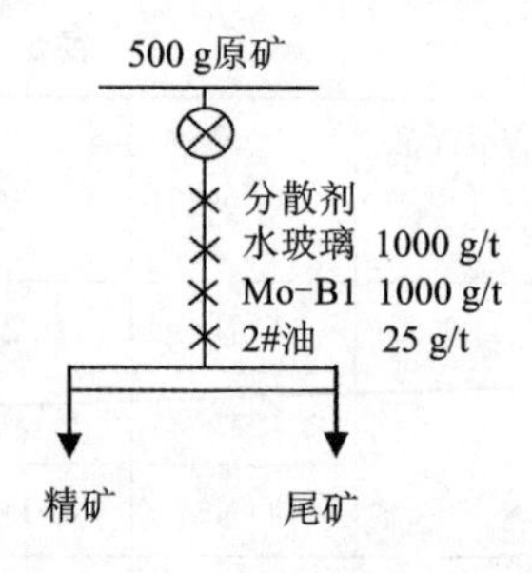

图 6-3 镍钼矿分散剂浮选流程

浮选结果见表6-3至表6-6，从表中可以看出，六偏磷酸钠最佳用量为80 g/t，此时，精矿中钼、镍品位分别为7.91%、3.93%，回收率分别为

58.09%、54.03%。碳酸钠最佳用量为300 g/t，此时，精矿中钼、镍品位分别为7.40%、3.25%，回收率分别为47.47%、43.07%。Mo－F最佳用量为80 g/t，此时，精矿中钼、镍品位分别为8.24%、3.64%，回收率分别为62.41%、57.30%。三种分散剂对镍钼矿矿浆分散效果为Mo－F > 六偏磷酸钠 > 碳酸钠，所以，镍钼矿浮选选用Mo－F做分散剂。

**表6－3　六偏磷酸钠用量浮选试验数据**

| 六偏磷酸钠用量/($g \cdot t^{-1}$) | 产品 | 产率/% | 品位/% | | 回收率/% | |
|---|---|---|---|---|---|---|
| | | | Mo | Ni | Mo | Ni |
| 0 | 精矿 | 11.04 | 7.27 | 3.12 | 23.26 | 20.75 |
| | 尾矿 | 88.96 | 2.98 | 1.48 | 76.74 | 79.25 |
| | 原矿 | 100.00 | 3.45 | 1.66 | 100.00 | 100.00 |
| 20 | 精矿 | 20.43 | 7.54 | 2.84 | 44.91 | 34.74 |
| | 尾矿 | 79.57 | 2.37 | 1.37 | 55.09 | 65.26 |
| | 原矿 | 100.00 | 3.43 | 1.67 | 100.00 | 100.00 |
| 40 | 精矿 | 23.74 | 7.72 | 3.45 | 52.82 | 49.64 |
| | 尾矿 | 76.26 | 2.15 | 1.09 | 47.18 | 50.36 |
| | 原矿 | 100.00 | 3.47 | 1.65 | 100.00 | 100.00 |
| 80 | 精矿 | 25.41 | 7.91 | 3.93 | 58.09 | 54.03 |
| | 尾矿 | 74.59 | 1.94 | 1.02 | 41.91 | 45.97 |
| | 原矿 | 100.00 | 3.46 | 1.66 | 100.00 | 100.00 |
| 100 | 精矿 | 26.15 | 7.88 | 3.50 | 59.73 | 54.81 |
| | 尾矿 | 73.85 | 1.88 | 1.02 | 40.27 | 45.19 |
| | 原矿 | 100.00 | 3.45 | 1.67 | 100.00 | 100.00 |

**表6－4　碳酸钠用量浮选试验数据**

| 碳酸钠用量/($g \cdot t^{-1}$) | 产品 | 产率/% | 品位/% | | 回收率% | |
|---|---|---|---|---|---|---|
| | | | Mo | Ni | Mo | Ni |
| 0 | 精矿 | 11.04 | 7.27 | 3.12 | 23.26 | 20.75 |
| | 尾矿 | 88.96 | 2.98 | 1.48 | 76.74 | 79.25 |
| | 原矿 | 100.00 | 3.45 | 1.66 | 100.00 | 100.00 |

续表 6 - 4

| 碳酸钠用量/(g·t$^{-1}$) | 产品 | 产率/% | 品位/% | | 回收率% | |
|---|---|---|---|---|---|---|
| | | | Mo | Ni | Mo | Ni |
| 100 | 精矿 | 19.64 | 7.12 | 2.84 | 40.65 | 33.80 |
| | 尾矿 | 80.36 | 2.54 | 1.36 | 59.35 | 66.20 |
| | 原矿 | 100.00 | 3.44 | 1.65 | 100.00 | 100.00 |
| 200 | 精矿 | 21.41 | 7.31 | 3.15 | 45.36 | 40.63 |
| | 尾矿 | 78.59 | 2.40 | 1.25 | 54.64 | 59.37 |
| | 原矿 | 100.00 | 3.45 | 1.66 | 100.00 | 100.00 |
| 300 | 精矿 | 22.13 | 7.40 | 3.25 | 47.47 | 43.07 |
| | 尾矿 | 77.87 | 2.33 | 1.22 | 52.53 | 56.93 |
| | 原矿 | 100.00 | 3.45 | 1.67 | 100.00 | 100.00 |
| 400 | 精矿 | 22.17 | 7.38 | 3.26 | 47.29 | 43.80 |
| | 尾矿 | 77.83 | 2.34 | 1.19 | 52.71 | 56.20 |
| | 原矿 | 100.00 | 3.46 | 1.65 | 100.00 | 100.00 |

**表 6 - 5　Mo - F 用量浮选试验数据**

| Mo - F 用量/(g·t$^{-1}$) | 产品 | 产率/% | 品位/% | | 回收率/% | |
|---|---|---|---|---|---|---|
| | | | Mo | Ni | Mo | Ni |
| 0 | 精矿 | 11.04 | 7.27 | 3.12 | 23.26 | 20.75 |
| | 尾矿 | 88.96 | 2.98 | 1.48 | 76.74 | 79.25 |
| | 原矿 | 100.00 | 3.45 | 1.66 | 100.00 | 100.00 |
| 20 | 精矿 | 21.51 | 7.73 | 2.84 | 48.19 | 37.25 |
| | 尾矿 | 78.49 | 2.28 | 1.31 | 51.81 | 62.75 |
| | 原矿 | 100.00 | 3.45 | 1.64 | 100.00 | 100.00 |
| 40 | 精矿 | 24.41 | 8.01 | 3.45 | 56.51 | 51.04 |
| | 尾矿 | 75.59 | 1.99 | 1.07 | 43.49 | 48.96 |
| | 原矿 | 100.00 | 3.46 | 1.65 | 100.00 | 100.00 |

续表 6－5

| Mo－F 用量/(g·t$^{-1}$) | 产品 | 产率/% | 品位/% |  | 回收率/% |  |
|---|---|---|---|---|---|---|
|  |  |  | Mo | Ni | Mo | Ni |
| 80 | 精矿 | 26.13 | 8.24 | 3.64 | 62.41 | 57.30 |
|  | 尾矿 | 73.87 | 1.76 | 0.96 | 37.59 | 42.70 |
|  | 原矿 | 100.00 | 3.45 | 1.66 | 100.00 | 100.00 |
| 100 | 精矿 | 26.11 | 8.21 | 3.58 | 62.31 | 57.00 |
|  | 尾矿 | 73.89 | 1.75 | 0.95 | 37.69 | 43.00 |
|  | 原矿 | 100.00 | 3.44 | 1.64 | 100.00 | 100.00 |

**表 6－6　分散剂对比浮选试验数据**

| 分散剂种类及用量/(g·t$^{-1}$) | 产品 | 产率/% | 品位/% |  | 回收率/% |  |
|---|---|---|---|---|---|---|
|  |  |  | Mo | Ni | Mo | Ni |
| 六偏磷酸钠：80 | 精矿 | 25.41 | 7.91 | 3.93 | 58.09 | 54.03 |
|  | 尾矿 | 74.59 | 1.94 | 1.02 | 41.91 | 45.97 |
|  | 原矿 | 100.00 | 3.46 | 1.66 | 100.00 | 100.00 |
| 碳酸钠：300 | 精矿 | 22.13 | 7.40 | 3.25 | 47.47 | 43.07 |
|  | 尾矿 | 77.87 | 2.33 | 1.22 | 52.53 | 56.93 |
|  | 原矿 | 100.00 | 3.45 | 1.67 | 100.00 | 100.00 |
| Mo－F：80 | 精矿 | 26.13 | 8.24 | 3.64 | 62.41 | 57.30 |
|  | 尾矿 | 73.87 | 1.76 | 0.96 | 37.59 | 42.70 |
|  | 原矿 | 100.00 | 3.45 | 1.66 | 100.00 | 100.00 |

不同分散剂对镍钼矿浆沉降的影响，采用图 6－4 所示的试验流程，对镍钼矿浆进行沉降试验，镍钼矿分散试验应用自制圆柱形有机玻璃沉降桶(直径 20 cm，体积 6 L)，试验流程见图 6－4。分散表征式为 $\beta = M1/(M1 + M2)$，式中：$\beta$ 表示抽出矿物的产率，M1 表示抽出矿物的重量，M2 表示剩余矿物的重量。显然，$\beta$ 值越大，

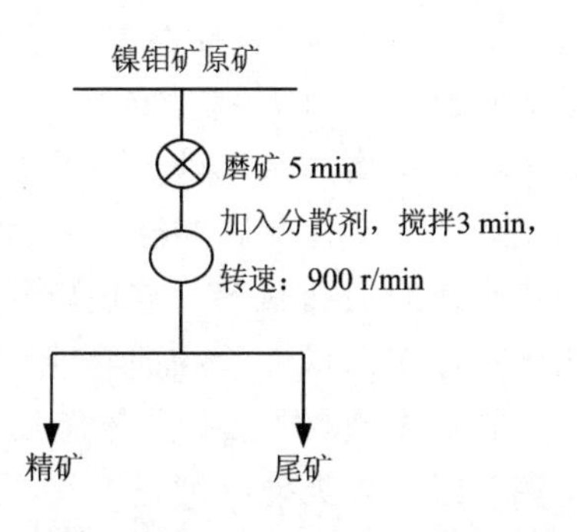


**图 6－4　镍钼矿分散试验流程**

表示分散效果越好。反之，$\beta$ 值越小，表示分散效果越差。

通过图 6-4 的试验流程，得到图 6-5 的试验结果，从图中可以看出，分散剂的加入使镍钼矿浆 $\beta$ 值变大，即镍钼矿浆的分散效果变好。随着沉降时间的增加，$\beta$ 值逐渐降低，且分散剂对镍钼矿浆分散效果为 Mo-F > 六偏磷酸钠 > 碳酸钠，此结果与分散剂对镍钼矿浮选效果影响数据相符。

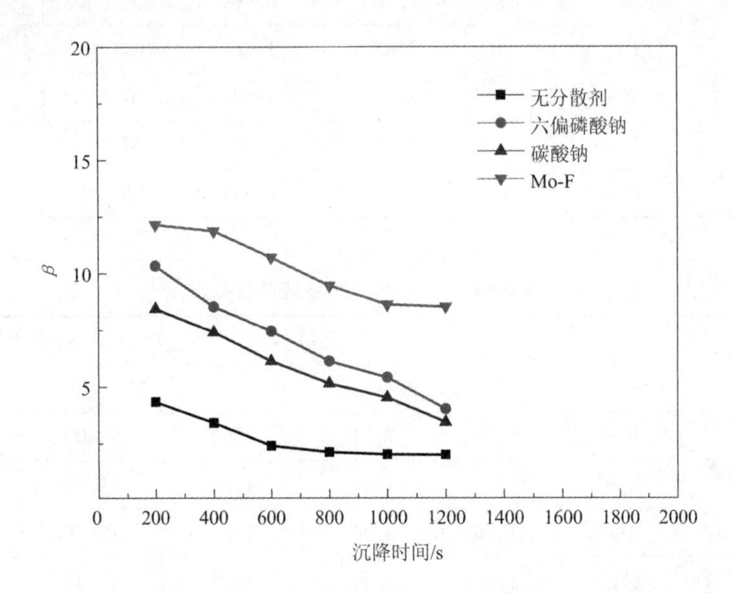


**图 6-5　不同分散剂对镍钼矿浆分散影响试验结果**

### 6.1.3　镍钼矿强化捕收技术开发

迄今为止，硫化矿物主要的捕收剂仍是黄原酸盐(酯)、二硫代磷酸盐(酯)、二硫代氨基甲酸盐(酯)、二烷基硫代胺基甲酸酯、巯基苯丙噻唑等。黄原酸盐是最主要的硫化矿捕收剂(约占整个硫代捕收剂消耗量的 60%)。黄药类捕收剂的特点是捕收性能强，选择性差，有一定的毒性和臭味，用于典型硫化矿浮选。黑药类捕收剂对硫化矿捕收能力弱，浮选速度慢，但黑药对硫化物的选择性比黄药好。硫胺酯与黄药和黑药比，具有更好的选择性和稳定性，但不是硫化矿物的强捕收剂。常规硫化矿捕收药剂对镍钼矿都存在选择性差和捕收能力弱的缺点。氧化矿捕收剂主要是胺、磺酸、脂肪酸类及它们的衍生物。羟肟酸类捕收剂是一种很好的氧化矿捕收剂，对多种氧化矿具有良好的捕收性能。

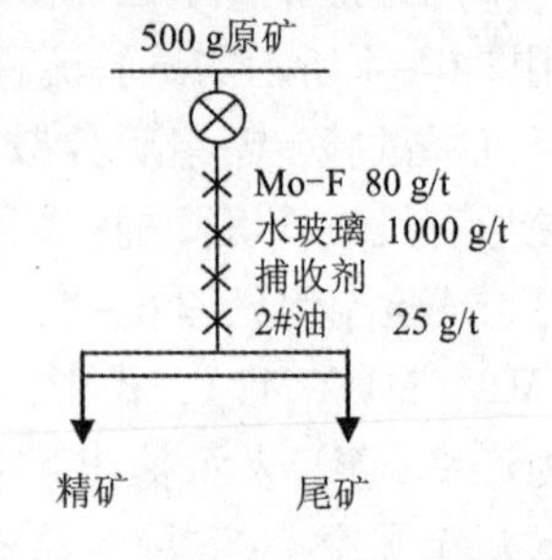


**图 6-6　镍钼矿捕收剂浮选流程**

针对镍钼矿中镍钼以非晶质状态存在、镍钼矿氧化率高等特点，常规捕收剂无法实现选择性捕收，本研究开发了镍钼矿专用捕收剂，充分考虑了对其中的硫化矿物和氧化矿物的选择性捕收。分别取500 g矿样，加入XMQ型球磨机中，矿浆浓度66.7%，磨矿时间为5 min，浮选采用图6－6的试验流程，分散剂Mo－F用量80 g/t，水玻璃用量为1000 g/t，捕收剂分别加入柴油、丁黄药、Mo－B1，2#油用量为25 g/t。

浮选结果见表6－7至表6－10，从表中可以看出，柴油最佳用量为1000 g/t，此时，精矿中钼、镍品位分别为6.74%、2.92%，回收率分别为15.86%、14.41%。丁黄药最佳用量为100 g/t，此时，精矿中钼、镍品位分别为6.91%、3.01%，回收率分别为15.06%、13.75%。Mo－B1最佳用量为1000 g/t，此时，精矿中钼、镍品位分别为8.24%、3.64%，回收率分别为62.41%、57.30%。三种捕收剂对镍钼矿浮选捕收效果为Mo－B1最好，常规捕收剂柴油、丁黄药对镍钼矿的浮选捕收效果比较差，难以用做镍钼矿浮选捕收剂。

**表6－7　柴油用量浮选试验数据**

| 柴油用量/($g \cdot t^{-1}$) | 产品 | 产率/% | 品位/% | | 回收率/% | |
|---|---|---|---|---|---|---|
| | | | Mo | Ni | Mo | Ni |
| 600 | 精矿 | 6.24 | 6.54 | 2.86 | 11.83 | 10.75 |
| | 尾矿 | 93.76 | 3.24 | 1.58 | 88.17 | 89.25 |
| | 原矿 | 100.00 | 3.45 | 1.66 | 100.00 | 100.00 |
| 800 | 精矿 | 6.57 | 6.62 | 2.89 | 12.61 | 11.58 |
| | 尾矿 | 93.43 | 3.23 | 1.55 | 87.39 | 88.42 |
| | 原矿 | 100.00 | 3.45 | 1.64 | 100.00 | 100.00 |
| 1000 | 精矿 | 8.14 | 6.74 | 2.92 | 15.86 | 14.41 |
| | 尾矿 | 91.86 | 3.17 | 1.54 | 84.14 | 85.59 |
| | 原矿 | 100.00 | 3.46 | 1.65 | 100.00 | 100.00 |
| 1200 | 精矿 | 8.12 | 6.75 | 2.91 | 15.89 | 14.23 |
| | 尾矿 | 91.88 | 3.16 | 1.55 | 84.11 | 85.77 |
| | 原矿 | 100.00 | 3.45 | 1.66 | 100.00 | 100.00 |

表 6-8　丁黄药用量浮选试验数据

| 丁黄药用量/(g·t$^{-1}$) | 产品 | 产率/% | 品位/% | | 回收率/% | |
|---|---|---|---|---|---|---|
| | | | Mo | Ni | Mo | Ni |
| 60 | 精矿 | 6.54 | 6.71 | 2.87 | 12.72 | 11.31 |
| | 尾矿 | 93.46 | 3.22 | 1.58 | 87.28 | 88.69 |
| | 原矿 | 100.00 | 3.45 | 1.66 | 100.00 | 100.00 |
| 80 | 精矿 | 6.81 | 6.84 | 2.96 | 13.54 | 12.29 |
| | 尾矿 | 93.19 | 3.19 | 1.54 | 86.46 | 87.71 |
| | 原矿 | 100.00 | 3.44 | 1.64 | 100.00 | 100.00 |
| 100 | 精矿 | 7.54 | 6.91 | 3.01 | 15.06 | 13.75 |
| | 尾矿 | 92.46 | 3.18 | 1.54 | 84.94 | 86.25 |
| | 原矿 | 100.00 | 3.46 | 1.65 | 100.00 | 100.00 |
| 120 | 精矿 | 7.56 | 6.90 | 3.00 | 15.08 | 13.66 |
| | 尾矿 | 92.44 | 3.18 | 1.55 | 84.92 | 86.34 |
| | 原矿 | 100.00 | 3.46 | 1.66 | 100.00 | 100.00 |

表 6-9　Mo-B1 用量浮选试验数据

| Mo-B1 用量/(g·t$^{-1}$) | 产品 | 产率/% | 品位/% | | 回收率/% | |
|---|---|---|---|---|---|---|
| | | | Mo | Ni | Mo | Ni |
| 800 | 精矿 | 20.94 | 7.65 | 3.22 | 46.57 | 40.62 |
| | 尾矿 | 79.06 | 2.32 | 1.25 | 53.43 | 59.38 |
| | 原矿 | 100.00 | 3.44 | 1.66 | 100.00 | 100.00 |
| 900 | 精矿 | 24.15 | 7.91 | 3.38 | 55.37 | 49.77 |
| | 尾矿 | 75.85 | 2.03 | 1.09 | 44.63 | 50.23 |
| | 原矿 | 100.00 | 3.45 | 1.64 | 100.00 | 100.00 |
| 1000 | 精矿 | 26.13 | 8.24 | 3.64 | 62.41 | 57.30 |
| | 尾矿 | 73.87 | 1.76 | 0.96 | 37.59 | 42.70 |
| | 原矿 | 100.00 | 3.45 | 1.66 | 100.00 | 100.00 |

续表 6 - 9

| Mo - B1 用量/(g·t⁻¹) | 产品 | 产率/% | 品位/% | | 回收率/% | |
|---|---|---|---|---|---|---|
| | | | Mo | Ni | Mo | Ni |
| 1100 | 精矿 | 27.54 | 7.59 | 3.46 | 60.76 | 57.40 |
| | 尾矿 | 72.46 | 1.86 | 0.98 | 39.24 | 42.60 |
| | 原矿 | 100.00 | 3.44 | 1.66 | 100.00 | 100.00 |

**表 6 - 10　不同捕收剂浮选镍钼矿试验数据**

| 捕收剂种类及用量/(g·t⁻¹) | 产品 | 产率/% | 品位/% | | 回收率/% | |
|---|---|---|---|---|---|---|
| | | | Mo | Ni | Mo | Ni |
| 柴油：1000 | 精矿 | 8.14 | 6.74 | 2.92 | 15.86 | 14.41 |
| | 尾矿 | 91.86 | 3.17 | 1.54 | 84.14 | 85.59 |
| | 原矿 | 100.00 | 3.46 | 1.65 | 100.00 | 100.00 |
| 丁黄药：100 | 精矿 | 7.54 | 6.91 | 3.01 | 15.06 | 13.75 |
| | 尾矿 | 92.46 | 3.18 | 1.54 | 84.94 | 86.25 |
| | 原矿 | 100.00 | 3.46 | 1.65 | 100.00 | 100.00 |
| Mo - B1：1000 | 精矿 | 26.13 | 8.24 | 3.64 | 62.41 | 57.30 |
| | 尾矿 | 73.87 | 1.76 | 0.96 | 37.59 | 42.70 |
| | 原矿 | 100.00 | 3.45 | 1.66 | 100.00 | 100.00 |

## 6.1.4　镍钼矿抑制剂选择试验

镍钼矿浮选过程中，抑制剂选择也十分重要，选择的抑制剂既要提高精矿中钼、镍的品位，又要保证其回收率。本研究针对镍钼矿中脉石矿物主要为石英、方解石、氟磷灰石和黄铁矿等，选用水玻璃和氧化钙进行用量浮选试验，试验流程见图 6 - 7。

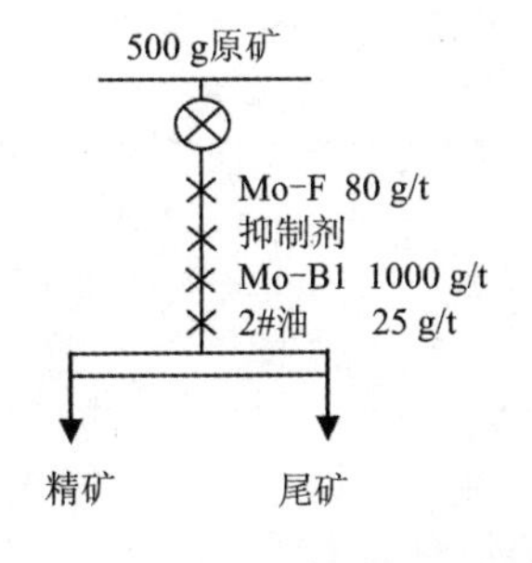


**图 6 - 7　镍钼矿抑制剂浮选流程**

浮选结果见表 6 - 11 和表 6 - 12。从表中可以看出，水玻璃最佳用量为 1200 g/t，此时，精矿中钼、镍品位分别为 9.48%、3.95%，回收率分别为 61.74%、53.47%。如果水玻璃用量大于 1200 g/t，则精矿中钼、镍品位有所提高，但是回收率降低。氧化钙最佳用量为1000 g/t，此时，精矿中钼、镍品位分别为8.51%、3.15%，回收率分别为61.69%、47.46%。所以，水玻璃对镍钼矿的抑制作用好于氧化钙，精矿品位和回收率都高于应用氧化钙。因为氧化钙的加入，增大了矿浆的pH，使其中的黄铁矿产生抑制，由于钼、镍与黄铁矿的共生关系，使一部分钼、镍被抑制，降低了精矿回收率。

**表6-11　水玻璃用量浮选试验数据**

| 水玻璃用量 /($g \cdot t^{-1}$) | 产品 | 产率/% | 品位/% | | 回收率/% | |
|---|---|---|---|---|---|---|
| | | | Mo | Ni | Mo | Ni |
| 0 | 精矿 | 26.13 | 8.24 | 3.64 | 62.41 | 57.30 |
| | 尾矿 | 73.87 | 1.76 | 0.96 | 37.59 | 42.70 |
| | 原矿 | 100.00 | 3.45 | 1.66 | 100.00 | 100.00 |
| 800 | 精矿 | 24.86 | 8.59 | 3.76 | 61.90 | 57.00 |
| | 尾矿 | 75.14 | 1.75 | 0.94 | 38.10 | 43.00 |
| | 原矿 | 100.00 | 3.45 | 1.64 | 100.00 | 100.00 |
| 1000 | 精矿 | 23.89 | 8.92 | 3.81 | 62.13 | 54.83 |
| | 尾矿 | 76.11 | 1.71 | 0.99 | 37.87 | 45.17 |
| | 原矿 | 100.00 | 3.43 | 1.66 | 100.00 | 100.00 |
| 1200 | 精矿 | 22.47 | 9.48 | 3.95 | 61.74 | 53.47 |
| | 尾矿 | 77.53 | 1.70 | 1.00 | 38.26 | 46.53 |
| | 原矿 | 100.00 | 3.45 | 1.66 | 100.00 | 100.00 |
| 1400 | 精矿 | 20.68 | 9.84 | 3.98 | 58.64 | 49.58 |
| | 尾矿 | 79.32 | 1.81 | 1.06 | 41.36 | 50.42 |
| | 原矿 | 100.00 | 3.47 | 1.66 | 100.00 | 100.00 |

**表6-12　氧化钙用量浮选试验数据**

| 氧化钙用量 /(g·t$^{-1}$) | 产品 | 产率/% | 品位/% | | 回收率/% | |
|---|---|---|---|---|---|---|
| | | | Mo | Ni | Mo | Ni |
| 0 | 精矿 | 26.13 | 8.24 | 3.64 | 62.41 | 57.30 |
| | 尾矿 | 73.87 | 1.76 | 0.96 | 37.59 | 42.70 |
| | 原矿 | 100.00 | 3.45 | 1.66 | 100.00 | 100.00 |
| 800 | 精矿 | 25.31 | 8.43 | 3.27 | 61.67 | 50.47 |
| | 尾矿 | 74.69 | 1.78 | 1.09 | 38.33 | 49.53 |
| | 原矿 | 100.00 | 3.46 | 1.64 | 100.00 | 100.00 |
| 1000 | 精矿 | 25.01 | 8.51 | 3.15 | 61.69 | 47.46 |
| | 尾矿 | 74.99 | 1.76 | 1.16 | 38.31 | 52.54 |
| | 原矿 | 100.00 | 3.45 | 1.66 | 100.00 | 100.00 |
| 1200 | 精矿 | 24.45 | 8.45 | 3.04 | 60.06 | 44.78 |
| | 尾矿 | 75.55 | 1.82 | 1.21 | 39.94 | 55.22 |
| | 原矿 | 100.00 | 3.44 | 1.66 | 100.00 | 100.00 |
| 1400 | 精矿 | 23.05 | 8.38 | 2.89 | 55.99 | 40.13 |
| | 尾矿 | 76.95 | 1.97 | 1.29 | 44.01 | 59.87 |
| | 原矿 | 100.00 | 3.45 | 1.66 | 100.00 | 100.00 |

## 6.1.5　镍钼矿活化剂选择试验

镍钼矿浮选过程中，抑制剂对目的矿物也会产生一定的抑制，所以活化剂的选择十分重要。选择的活化剂既要活化目的矿物，又尽量不对镍钼矿中脉石矿物产生活化，选用硫酸铜和硫化钠进行用量浮选试验，试验流程见图6-8。

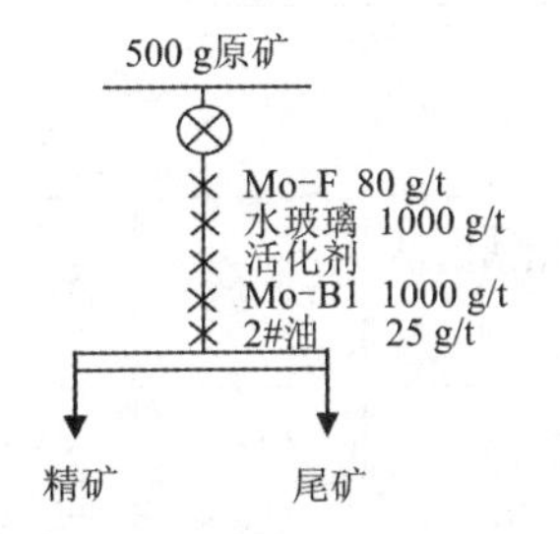


图6-8　镍钼矿活化剂浮选流程

浮选结果见表6-13和表6-14，从表中可以看出，硫酸铜最佳用量为150 g/t，此时，精矿中钼、镍品位分别为9.74%、4.11%，回收率分别为69.00%、60.51%。如果水玻璃用量大于150 g/t，则精矿中钼、镍品位及回收率均降低。硫化钠最佳用量为100 g/t，此时，精矿中钼、镍品位分别为9.24%、3.87%，回收率分别为65.67%、57.70%。

所以，硫酸铜对镍钼矿的活化作用好于硫化钠，精矿品位和回收率都高于应用硫化钠。因为硫酸铜的加入，活化了其中的硫化镍钼矿物，增强了镍钼矿物与捕收剂的作用，提高了精矿中钼、镍回收率。

**表 6－13　硫酸铜用量浮选试验数据**

| 硫酸铜用量/$(g\cdot t^{-1})$ | 产品 | 产率/% | 品位/% | | 回收率/% | |
|---|---|---|---|---|---|---|
| | | | Mo | Ni | Mo | Ni |
| 0 | 精矿 | 22.47 | 9.48 | 3.95 | 61.74 | 53.47 |
| | 尾矿 | 77.53 | 1.70 | 1.00 | 38.26 | 46.53 |
| | 原矿 | 100.00 | 3.45 | 1.66 | 100.00 | 100.00 |
| 50 | 精矿 | 23.34 | 9.62 | 4.05 | 64.89 | 57.64 |
| | 尾矿 | 76.66 | 1.58 | 0.91 | 35.11 | 42.36 |
| | 原矿 | 100.00 | 3.46 | 1.64 | 100.00 | 100.00 |
| 100 | 精矿 | 23.83 | 9.73 | 4.09 | 67.40 | 59.07 |
| | 尾矿 | 76.17 | 1.47 | 0.89 | 32.60 | 40.93 |
| | 原矿 | 100.00 | 3.44 | 1.65 | 100.00 | 100.00 |
| 150 | 精矿 | 24.44 | 9.74 | 4.11 | 69.00 | 60.51 |
| | 尾矿 | 75.56 | 1.42 | 0.87 | 31.00 | 39.49 |
| | 原矿 | 100.00 | 3.45 | 1.66 | 100.00 | 100.00 |
| 200 | 精矿 | 24.46 | 9.51 | 4.01 | 67.04 | 59.45 |
| | 尾矿 | 75.54 | 1.51 | 0.89 | 32.96 | 40.55 |
| | 原矿 | 100.00 | 3.47 | 1.65 | 100.00 | 100.00 |

**表 6－14　硫化钠用量浮选试验数据**

| 硫化钠用量/$(g\cdot t^{-1})$ | 产品 | 产率/% | 品位/% | | 回收率/% | |
|---|---|---|---|---|---|---|
| | | | Mo | Ni | Mo | Ni |
| 0 | 精矿 | 22.47 | 9.48 | 3.95 | 61.74 | 53.47 |
| | 尾矿 | 77.53 | 1.70 | 1.00 | 38.26 | 46.53 |
| | 原矿 | 100.00 | 3.45 | 1.66 | 100.00 | 100.00 |

续表6-14

| 硫化钠用量/(g·$t^{-1}$) | 产品 | 产率/% | 品位/% | | 回收率/% | |
|---|---|---|---|---|---|---|
| | | | Mo | Ni | Mo | Ni |
| 50 | 精矿 | 23.64 | 9.41 | 3.91 | 64.29 | 56.36 |
| | 尾矿 | 76.36 | 1.62 | 0.94 | 35.71 | 43.64 |
| | 原矿 | 100.00 | 3.46 | 1.64 | 100.00 | 100.00 |
| 100 | 精矿 | 24.45 | 9.24 | 3.87 | 65.67 | 57.70 |
| | 尾矿 | 75.55 | 1.56 | 0.92 | 34.33 | 42.30 |
| | 原矿 | 100.00 | 3.44 | 1.64 | 100.00 | 100.00 |
| 150 | 精矿 | 25.87 | 9.03 | 3.82 | 67.71 | 59.53 |
| | 尾矿 | 74.13 | 1.50 | 0.91 | 32.29 | 40.47 |
| | 原矿 | 100.00 | 3.45 | 1.66 | 100.00 | 100.00 |
| 200 | 精矿 | 25.85 | 9.00 | 3.79 | 67.05 | 59.74 |
| | 尾矿 | 74.15 | 1.54 | 0.89 | 32.95 | 40.26 |
| | 原矿 | 100.00 | 3.47 | 1.64 | 100.00 | 100.00 |

## 6.1.6　镍钼矿起泡剂选择试验

镍钼矿浮选过程中，应选择合适的起泡剂，起泡剂的好坏直接影响着镍钼矿中目的矿物在气泡上的附着，本研究选用2#油和MIBC进行用量浮选试验，试验流程见图6-9。

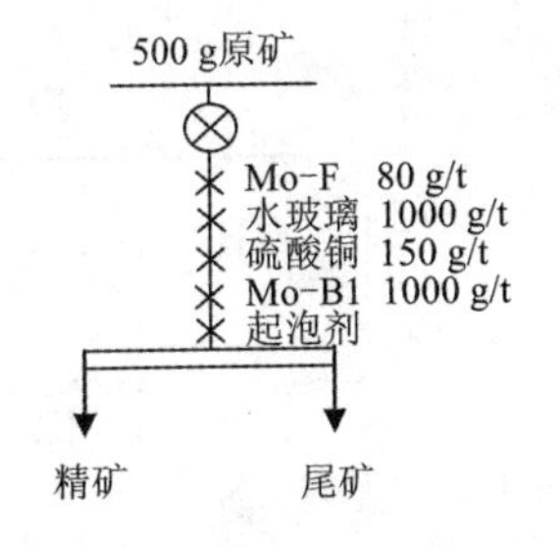


图6-9　镍钼矿起泡剂浮选流程

浮选结果见表6-15和表6-16，从表中可以看出，2#油最佳用量为25 g/t，此时，精矿中钼、镍品位分别为9.74%、4.11%，回收率分别为69.00%、60.51%。2#油用量大于25 g/t后，精矿中钼、镍品位及回收率都降低。MIBC最佳用量为70 g/t，此时，精矿中钼、镍品位分别为9.33%、3.76%，回收率分别为46.52%、39.55%。所以，2#油对镍钼矿浮选过程中的起泡作用好于MIBC，精矿品位和回收率都高于应用MIBC。

表 6－15　2#油用量浮选试验数据

| 2#油用量 /(g·t⁻¹) | 产品 | 产率/% | 品位/% | | 回收率/% | |
|---|---|---|---|---|---|---|
| | | | Mo | Ni | Mo | Ni |
| 15 | 精矿 | 18.65 | 9.95 | 4.33 | 53.79 | 48.65 |
| | 尾矿 | 81.35 | 1.96 | 1.05 | 46.21 | 51.35 |
| | 原矿 | 100.00 | 3.45 | 1.66 | 100.00 | 100.00 |
| 20 | 精矿 | 20.32 | 9.84 | 4.18 | 58.12 | 51.48 |
| | 尾矿 | 79.68 | 1.81 | 1.00 | 41.88 | 48.52 |
| | 原矿 | 100.00 | 3.44 | 1.65 | 100.00 | 100.00 |
| 25 | 精矿 | 24.44 | 9.74 | 4.11 | 69.00 | 60.51 |
| | 尾矿 | 75.56 | 1.42 | 0.87 | 31.00 | 39.49 |
| | 原矿 | 100.00 | 3.45 | 1.66 | 100.00 | 100.00 |
| 30 | 精矿 | 25.25 | 9.34 | 3.88 | 68.16 | 59.74 |
| | 尾矿 | 74.75 | 1.47 | 0.88 | 31.84 | 40.26 |
| | 原矿 | 100.00 | 3.46 | 1.64 | 100.00 | 100.00 |
| 35 | 精矿 | 26.12 | 9.05 | 3.78 | 68.12 | 59.84 |
| | 尾矿 | 73.88 | 1.50 | 0.90 | 31.88 | 40.16 |
| | 原矿 | 100.00 | 3.47 | 1.65 | 100.00 | 100.00 |

表 6－16　MIBC 用量浮选试验数据

| MIBC 用量 /(g·t⁻¹) | 产品 | 产率/% | 品位/% | | 回收率/% | |
|---|---|---|---|---|---|---|
| | | | Mo | Ni | Mo | Ni |
| 40 | 精矿 | 13.65 | 9.75 | 4.08 | 38.58 | 33.55 |
| | 尾矿 | 86.35 | 2.45 | 1.28 | 61.42 | 66.45 |
| | 原矿 | 100.00 | 3.45 | 1.66 | 100.00 | 100.00 |
| 50 | 精矿 | 14.32 | 9.65 | 4.01 | 40.17 | 34.80 |
| | 尾矿 | 85.68 | 2.40 | 1.26 | 59.83 | 65.20 |
| | 原矿 | 100.00 | 3.44 | 1.65 | 100.00 | 100.00 |

续表6-16

| MIBC用量/(g·t$^{-1}$) | 产品 | 产率/% | 品位/% | | 回收率/% | |
|---|---|---|---|---|---|---|
| | | | Mo | Ni | Mo | Ni |
| 60 | 精矿 | 16.44 | 9.46 | 3.94 | 45.08 | 39.02 |
| | 尾矿 | 83.56 | 2.27 | 1.21 | 54.92 | 60.98 |
| | 原矿 | 100.00 | 3.45 | 1.66 | 100.00 | 100.00 |
| 70 | 精矿 | 17.25 | 9.33 | 3.76 | 46.52 | 39.55 |
| | 尾矿 | 82.75 | 2.24 | 1.20 | 53.48 | 60.45 |
| | 原矿 | 100.00 | 3.46 | 1.64 | 100.00 | 100.00 |
| 80 | 精矿 | 17.12 | 9.12 | 3.75 | 45.00 | 38.91 |
| | 尾矿 | 82.88 | 2.30 | 1.22 | 55.00 | 61.09 |
| | 原矿 | 100.00 | 3.47 | 1.65 | 100.00 | 100.00 |

### 6.1.7 镍钼矿梯级浮选新技术开发

梯级浮选技术主要是针对镍钼矿中碳含量变化大、硫化矿物和氧化矿物共生、可浮性存在差异等特点，采用梯级浮选技术分别处理不同原矿性质的镍钼矿。对含碳量低的镍钼矿，先预脱碳，再浮选其中易浮的硫化矿物，然后通过活化剂活化，浮选其中的氧化矿物，从而实现镍钼矿中镍钼矿物的综合浮选回收，提高其浮选回收率。针对含碳量高的镍钼矿，采用等可浮方法，先进行碳钼等可浮浮选其中的钼矿物，再浮选回收镍矿物。采用不同流程处理不同性质的镍钼矿，可以充分地回收利用镍钼矿资源，提高可利用镍钼资源量，降低冶炼成本，减少环境污染。

#### 6.1.7.1 镍钼矿预先脱碳技术的研究

由于镍钼矿中碳消耗浮选药剂，影响精矿品位，所以对于含碳量低的镍钼矿，先预先脱碳，再分段浮选其中的硫化矿物和氧化矿物。碳含量高是高碳镍钼矿的选矿难点之一，大量的碳质物会吸附选矿药剂，不但影响镍钼的回收率，同时也造成镍钼难以富集。因此，试验首先进行了脱碳和不脱碳对比试验。脱碳试验流程见图6-10，不脱碳试验流程见图6-11，试验结果见表6-17。

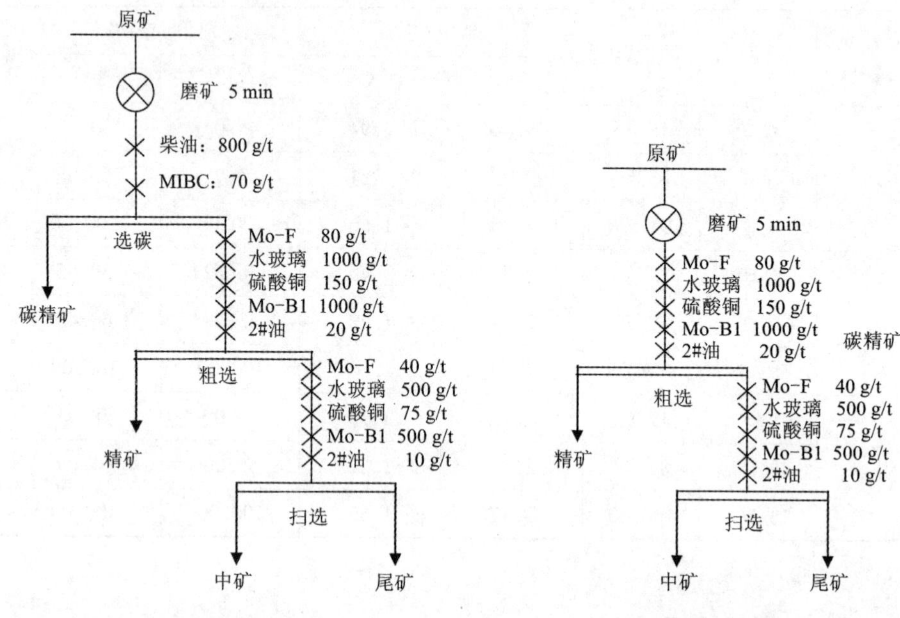


**图 6-10　脱碳浮钼试验工艺流程图**　　**图 6-11　不脱碳浮钼试验工艺流程图**

**表 6-17　脱碳和不脱碳对比浮选试验结果**

| 试验条件 | 产品 | 产率/% | 品位/% | | 回收率/% | |
|---|---|---|---|---|---|---|
| | | | Mo | Ni | Mo | Ni |
| 脱碳 | 碳精矿 | 7.98 | 5.31 | 2.34 | 12.28 | 11.39 |
| | 精矿 | 14.50 | 10.65 | 4.84 | 44.76 | 42.79 |
| | 中矿 | 12.15 | 6.24 | 2.15 | 21.98 | 15.93 |
| | 尾矿 | 65.37 | 1.11 | 0.75 | 20.98 | 29.89 |
| | 原矿 | 100.00 | 3.45 | 1.64 | 100.00 | 100.00 |
| 不脱碳 | 精矿 | 24.44 | 9.74 | 4.11 | 69.00 | 60.88 |
| | 中矿 | 8.24 | 4.12 | 1.75 | 9.84 | 8.74 |
| | 尾矿 | 67.32 | 1.08 | 0.74 | 21.16 | 30.38 |
| | 原矿 | 100.00 | 3.45 | 1.65 | 100.00 | 100.00 |

从表 6-17 中可以看出，先浮选脱碳再浮钼镍的试验指标与不脱碳浮选指标相比，脱碳浮选中碳精矿 Mo、Ni 品位分别为 5.31%、2.34%，回收率分别为

12.28%、11.39。选碳后，浮选钼精矿中Mo、Ni品位分别达到10.65%、4.84%，回收率分别为44.76%、42.79%。镍钼矿不脱碳浮选，直接选钼镍试验，可以得到钼精矿Mo、Ni品位分别为9.74%、4.11%，回收率分别为69.00%、60.88%。脱碳浮选出的钼精矿中Mo、Ni品位均高于不脱碳直接浮选产出的钼精矿，说明脱碳浮选可以降低碳对浮选药剂的吸附，提高钼精矿中Mo、Ni品位，但是脱碳产出的碳精矿中带出了10%以上的Mo、Ni，使钼精矿中的Mo、Ni回收率降低了很多。本研究根据镍钼矿浮选产出精矿处理程序及成本，综合考虑，选择不进行脱碳处理流程。

#### 6.1.7.2　钼镍精选试验流程开发

本节主要研究镍钼矿浮选粗精矿精选试验，试验流程见图6－12，原矿经一次粗选、三次扫选、三次精选，可以得到表6－18的浮选数据。

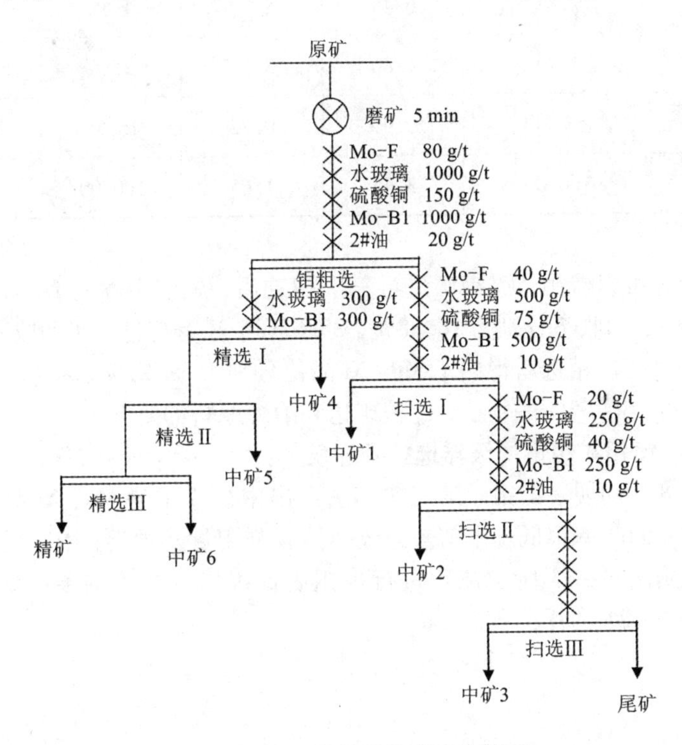


图6－12　钼镍精选试验流程图

表 6－18　钼镍精选试验数据

| 产品 | 产率/% | 品位/% | | 回收率/% | |
|---|---|---|---|---|---|
| | | Mo | Ni | Mo | Ni |
| 精矿 | 17.46 | 11.22 | 4.78 | 56.80 | 50.55 |
| 中矿 1 | 8.24 | 4.12 | 1.75 | 9.84 | 8.74 |
| 中矿 2 | 5.34 | 2.15 | 1.15 | 3.33 | 3.72 |
| 中矿 3 | 3.12 | 1.05 | 0.75 | 0.95 | 1.42 |
| 中矿 4 | 3.12 | 5.32 | 1.65 | 4.81 | 3.12 |
| 中矿 5 | 2.41 | 6.45 | 2.57 | 4.51 | 3.75 |
| 中矿 6 | 1.45 | 6.86 | 3.51 | 2.88 | 3.08 |
| 尾矿 | 58.86 | 0.99 | 0.72 | 16.88 | 25.62 |
| 原矿 | 100.00 | 3.45 | 1.65 | 100.00 | 100.00 |

由表 6－18 可以看出，镍钼矿进过三次扫选后，尾矿中 Mo、Ni 品位分别为 0.99%、4.84%，回收率分别为 16.88%、25.62%，还有待进一步回收其中的钼、镍。粗精矿经过三次精选后得到了 Mo、Ni 品位分别为 11.22%、4.78%，回收率分别为 56.80%、50.55% 的精矿，此精矿达到冶炼原料的要求。

#### 6.1.7.3　镍钼矿钼镍梯级浮选技术开发

从表 6－18 中可见，镍钼矿第三次扫选产出中矿 3 中的 Mo、Ni 品位略高于尾矿，此步作业回收率很低。本节考虑改变捕收剂用量及种类，用以提高钼镍浮选回收率，采用图 6－13 所示流程进行镍钼矿梯级浮选捕收剂条件试验，得到表 6－19 至表 6－21 的浮选数据。

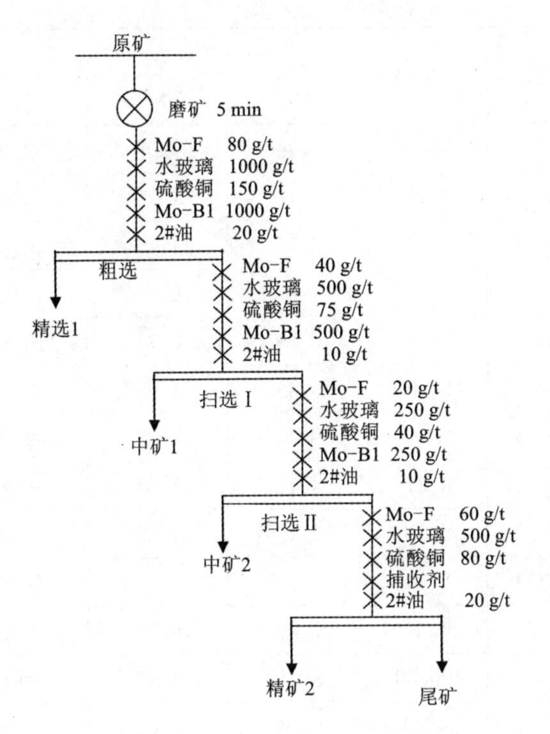


**图 6 – 13　镍钼矿梯级浮选捕收剂条件试验流程**

**表 6 – 19　Mo – B1 用量浮选试验数据**

| Mo – B1 用量 /(g · t⁻¹) | 产品 | 产率/% | 品位/% | | 回收率/% | |
|---|---|---|---|---|---|---|
| | | | Mo | Ni | Mo | Ni |
| 130 | 精矿 1 | 24.44 | 9.74 | 4.08 | 69.00 | 60.43 |
| | 中矿 1 | 8.24 | 4.12 | 1.75 | 9.84 | 8.74 |
| | 中矿 2 | 5.34 | 2.15 | 1.15 | 3.33 | 3.72 |
| | 精矿 2 | 3.12 | 1.05 | 0.75 | 0.95 | 1.42 |
| | 尾矿 | 58.86 | 0.99 | 0.72 | 16.88 | 25.69 |
| | 原矿 | 100.00 | 3.45 | 1.65 | 100.00 | 100.00 |

续表 6－19

| Mo－B1 用量/(g·$t^{-1}$) | 产品 | 产率/% | 品位/% | | 回收率/% | |
|---|---|---|---|---|---|---|
| | | | Mo | Ni | Mo | Ni |
| 150 | 精矿 1 | 24.44 | 9.74 | 4.08 | 69.00 | 60.43 |
| | 中矿 1 | 8.24 | 4.12 | 1.75 | 9.84 | 8.74 |
| | 中矿 2 | 5.34 | 2.15 | 1.15 | 3.33 | 3.72 |
| | 精矿 2 | 3.25 | 1.03 | 0.72 | 0.97 | 1.42 |
| | 尾矿 | 58.73 | 0.99 | 0.72 | 16.86 | 25.70 |
| | 原矿 | 100.00 | 3.45 | 1.65 | 100.00 | 100.00 |
| 170 | 精矿 1 | 24.44 | 9.74 | 4.08 | 69.00 | 60.43 |
| | 中矿 1 | 8.24 | 4.12 | 1.75 | 9.84 | 8.74 |
| | 中矿 2 | 5.34 | 2.15 | 1.15 | 3.33 | 3.72 |
| | 精矿 2 | 3.28 | 1.02 | 0.71 | 0.97 | 1.41 |
| | 尾矿 | 58.70 | 0.99 | 0.72 | 16.86 | 25.70 |
| | 原矿 | 100.00 | 3.45 | 1.65 | 100.00 | 100.00 |
| 190 | 精矿 1 | 24.44 | 9.74 | 4.08 | 69.00 | 60.43 |
| | 中矿 1 | 8.24 | 4.12 | 1.75 | 9.84 | 8.74 |
| | 中矿 2 | 5.34 | 2.15 | 1.15 | 3.33 | 3.72 |
| | 精矿 2 | 3.30 | 1.01 | 0.71 | 0.97 | 1.42 |
| | 尾矿 | 58.68 | 0.99 | 0.72 | 16.87 | 25.69 |
| | 原矿 | 100.00 | 3.45 | 1.65 | 100.00 | 100.00 |

**表 6－20　733 用量浮选试验数据**

| 733 用量/(g·$t^{-1}$) | 产品 | 产率/% | 品位/% | | 回收率/% | |
|---|---|---|---|---|---|---|
| | | | Mo | Ni | Mo | Ni |
| 100 | 精矿 1 | 24.44 | 9.74 | 4.08 | 69.00 | 60.43 |
| | 中矿 1 | 8.24 | 4.12 | 1.75 | 9.84 | 8.74 |
| | 中矿 2 | 5.34 | 2.15 | 1.15 | 3.33 | 3.72 |
| | 精矿 2 | 5.41 | 1.05 | 0.78 | 1.65 | 2.56 |
| | 尾矿 | 56.57 | 0.99 | 0.72 | 16.18 | 24.55 |
| | 原矿 | 100.00 | 3.45 | 1.65 | 100.00 | 100.00 |

续表 6-20

| 733 用量 /($g \cdot t^{-1}$) | 产品 | 产率/% | 品位/% | | 回收率/% | |
|---|---|---|---|---|---|---|
| | | | Mo | Ni | Mo | Ni |
| 120 | 精矿 1 | 24.44 | 9.74 | 4.08 | 69.00 | 60.43 |
| | 中矿 1 | 8.24 | 4.12 | 1.75 | 9.84 | 8.74 |
| | 中矿 2 | 5.34 | 2.15 | 1.15 | 3.33 | 3.72 |
| | 精矿 2 | 5.48 | 1.06 | 0.77 | 1.68 | 2.56 |
| | 尾矿 | 56.50 | 0.99 | 0.72 | 16.15 | 24.55 |
| | 原矿 | 100.00 | 3.45 | 1.65 | 100.00 | 100.00 |
| 140 | 精矿 1 | 24.44 | 9.74 | 4.08 | 69.00 | 60.43 |
| | 中矿 1 | 8.24 | 4.12 | 1.75 | 9.84 | 8.74 |
| | 中矿 2 | 5.34 | 2.15 | 1.15 | 3.33 | 3.72 |
| | 精矿 2 | 5.64 | 1.04 | 0.76 | 1.70 | 2.60 |
| | 尾矿 | 56.34 | 0.99 | 0.72 | 16.13 | 24.51 |
| | 原矿 | 100.00 | 3.45 | 1.65 | 100.00 | 100.00 |
| 160 | 精矿 1 | 24.44 | 9.74 | 4.08 | 69.00 | 60.43 |
| | 中矿 1 | 8.24 | 4.12 | 1.75 | 9.84 | 8.74 |
| | 中矿 2 | 5.34 | 2.15 | 1.15 | 3.33 | 3.72 |
| | 精矿 2 | 5.67 | 1.04 | 0.75 | 1.71 | 2.58 |
| | 尾矿 | 56.31 | 0.99 | 0.72 | 16.12 | 24.53 |
| | 原矿 | 100.00 | 3.45 | 1.65 | 100.00 | 100.00 |

**表 6-21　Mo-B2 用量浮选试验数据**

| Mo-B2 用量 /($g \cdot t^{-1}$) | 产品 | 产率/% | 品位/% | | 回收率/% | |
|---|---|---|---|---|---|---|
| | | | Mo | Ni | Mo | Ni |
| 80 | 精矿 1 | 24.44 | 9.74 | 4.08 | 69.00 | 60.43 |
| | 中矿 1 | 8.24 | 4.12 | 1.75 | 9.84 | 8.74 |
| | 中矿 2 | 5.34 | 2.15 | 1.15 | 3.33 | 3.72 |
| | 精矿 2 | 7.31 | 3.94 | 3.35 | 8.35 | 14.84 |
| | 尾矿 | 54.67 | 0.60 | 0.37 | 9.48 | 12.27 |
| | 原矿 | 100.00 | 3.45 | 1.65 | 100.00 | 100.00 |

续表 6－21

| Mo－B2 用量 /(g·t⁻¹) | 产品 | 产率/% | 品位/% | | 回收率/% | |
|---|---|---|---|---|---|---|
| | | | Mo | Ni | Mo | Ni |
| 100 | 精矿 1 | 24.44 | 9.74 | 4.08 | 69.00 | 60.43 |
| | 中矿 1 | 8.24 | 4.12 | 1.75 | 9.84 | 8.74 |
| | 中矿 2 | 5.34 | 2.15 | 1.15 | 3.33 | 3.72 |
| | 精矿 2 | 7.41 | 4.01 | 3.42 | 8.61 | 15.36 |
| | 尾矿 | 54.57 | 0.58 | 0.36 | 9.22 | 11.75 |
| | 原矿 | 100.00 | 3.45 | 1.65 | 100.00 | 100.00 |
| 120 | 精矿 1 | 24.44 | 9.74 | 4.08 | 69.00 | 60.43 |
| | 中矿 1 | 8.24 | 4.12 | 1.75 | 9.84 | 8.74 |
| | 中矿 2 | 5.34 | 2.15 | 1.15 | 3.33 | 3.72 |
| | 精矿 2 | 7.82 | 3.75 | 3.19 | 8.50 | 15.12 |
| | 尾矿 | 54.16 | 0.59 | 0.37 | 9.33 | 11.99 |
| | 原矿 | 100.00 | 3.45 | 1.65 | 100.00 | 100.00 |
| 140 | 精矿 1 | 24.44 | 9.74 | 4.08 | 69.00 | 60.37 |
| | 中矿 1 | 8.24 | 4.12 | 1.75 | 9.84 | 8.73 |
| | 中矿 2 | 5.34 | 2.15 | 1.15 | 3.33 | 3.72 |
| | 精矿 2 | 7.87 | 3.74 | 3.16 | 8.53 | 15.06 |
| | 尾矿 | 54.11 | 0.59 | 0.37 | 9.30 | 12.12 |
| | 原矿 | 100.00 | 3.45 | 1.65 | 100.00 | 100.00 |

由表 6－19 至表 6－21 可以看出，此段作业中，继续选用 Mo－B1 做捕收剂，随着用量的增加，对镍钼矿中钼镍的浮选回收效果并不好，说明了 Mo－B1 对剩余的钼镍矿物捕收作用很差。选用 733 做捕收剂，对其浮选效果也不好。选用 Mo－B2 做捕收剂，此段浮选作业回收率大幅提高，Mo－B2 用量为 100 g/t 时，此时浮选产出的精矿 2 中 Mo、Ni 品位分别为 4.01%、3.42%，回收率分别为 8.61%、15.36%。

#### 6.1.7.4 镍钼矿梯级浮选开路浮选试验

在以上浮选试验的基础上，确定了镍钼矿梯级浮选最佳开路试验，见图 6－14，应用此流程浮选镍钼矿，得到的浮选数据见表 6－22。

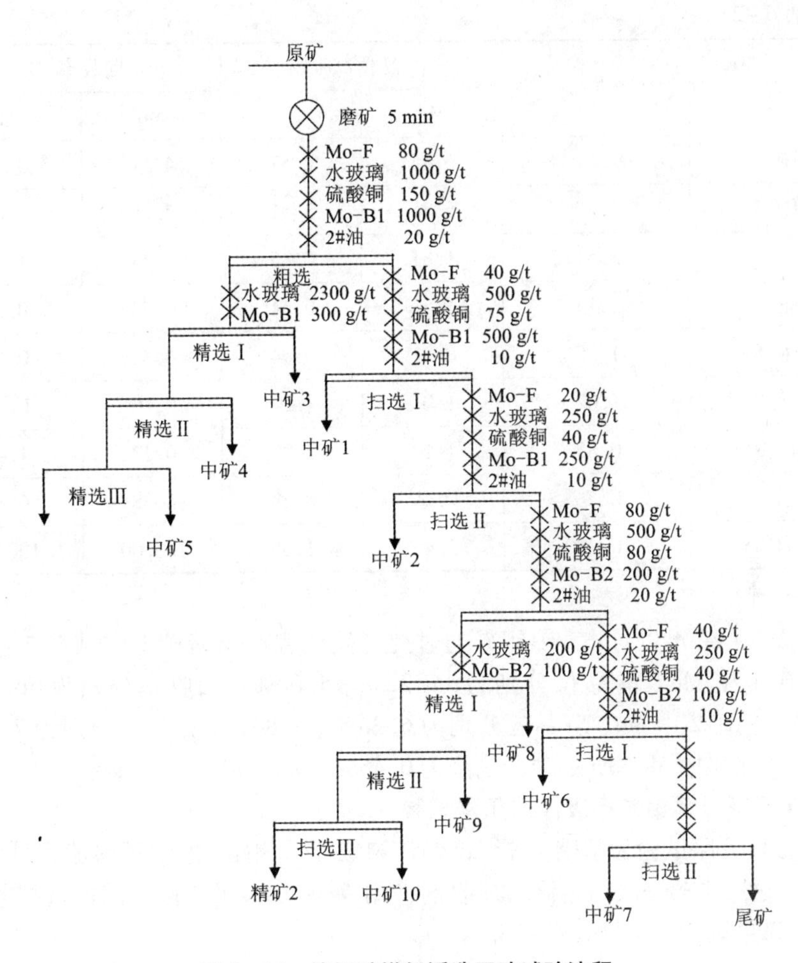


**图6-14　镍钼矿梯级浮选开路试验流程**

**表6-22　梯级浮选开路试验数据**

| 产品 | 产率/% | 品位/% | | 回收率/% | |
|---|---|---|---|---|---|
| | | Mo | Ni | Mo | Ni |
| 精矿1 | 17.46 | 11.22 | 5.00 | 56.78 | 52.83 |
| 精矿2 | 4.19 | 6.36 | 4.86 | 7.72 | 12.32 |
| 中矿1 | 8.24 | 4.12 | 1.75 | 9.84 | 8.73 |
| 中矿2 | 5.34 | 2.15 | 1.15 | 3.33 | 3.72 |
| 中矿3 | 3.12 | 5.32 | 1.65 | 4.81 | 3.12 |

续表 6 - 22

| 产品 | 产率/% | 品位/% | | 回收率/% | |
|---|---|---|---|---|---|
| | | Mo | Ni | Mo | Ni |
| 中矿 4 | 2.41 | 6.45 | 2.57 | 4.51 | 3.75 |
| 中矿 5 | 1.45 | 6.86 | 3.51 | 2.88 | 3.08 |
| 中矿 6 | 3.51 | 1.81 | 0.85 | 1.84 | 1.81 |
| 中矿 7 | 2.14 | 1.53 | 0.64 | 0.95 | 0.83 |
| 中矿 8 | 1.35 | 0.81 | 0.94 | 0.32 | 0.77 |
| 中矿 9 | 1.02 | 1.01 | 1.24 | 0.30 | 0.77 |
| 中矿 10 | 0.85 | 1.10 | 2.88 | 0.27 | 1.48 |
| 尾矿 | 48.92 | 0.45 | 0.23 | 6.38 | 6.81 |
| 原矿 | 100.00 | 3.45 | 1.65 | 100.00 | 100.00 |

由表 6 - 22 可以看出，镍钼矿通过此开路流程产出精矿 1 和精矿 2 两种精矿。精矿 1 中 Mo、Ni 品位分别为 11.22%、5.00%，回收率分别为 56.78%、52.83%，精矿 2 中 Mo、Ni 品位分别为 6.36%、4.86%，回收率分别为 7.72%、12.32%。尾矿中 Mo、Ni 品位分别降为 0.45%、0.23%。

#### 6.1.7.5 镍钼矿梯级浮选闭路试验

以最佳开路试验为基础，进行镍钼矿梯级浮选闭路试验，试验流程见图 6 - 15，浮选过程中第一段闭路浮选捕收剂采用 Mo - B1，第二段闭路浮选捕收剂采用 Mo - B2，试验结果见表 6 - 23。

**表 6 - 23 梯级浮选闭路试验数据**

| 名称 | 产率/% | 品位/% | | 回收率/% | |
|---|---|---|---|---|---|
| | | Mo | Ni | Mo | Ni |
| 精矿 1 | 27.97 | 9.84 | 4.01 | 79.47 | 67.94 |
| 精矿 2 | 7.34 | 4.22 | 3.51 | 8.94 | 15.61 |
| 镍钼矿浮选尾矿 | 64.69 | 0.62 | 0.42 | 11.58 | 16.46 |
| 原矿 | 100 | 3.46 | 1.65 | 100 | 100 |

从表 6 - 23 可以看出，镍钼矿通过此梯级浮选闭路流程可以得到 Mo、Ni 品位分别为 9.84%、4.01% 和回收率分别为 79.47%、67.94% 的精矿 1，Mo、Ni 品

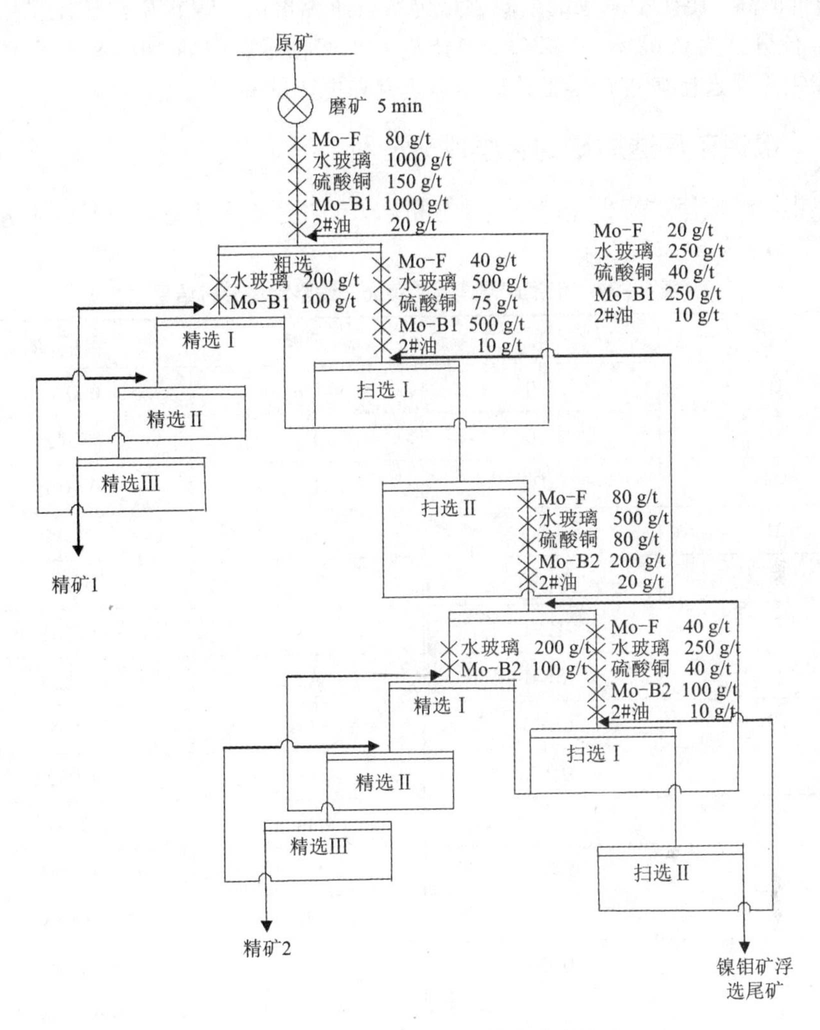


**图6-15　镍钼矿梯级浮选闭路试验流程**

位分别为4.22%、3.51%和回收率分别为8.94%、15.61%的精矿2。Mo、Ni回收率分别可以达到88.41%和83.55%。说明此流程可以使Mo回收率达到88%以上，Ni回收率达到83%以上。此梯级浮选流程简单，容易实现，非常利于工业应用。

## 6.2　从镍钼矿浮选尾矿中强化浮选回收镍、钼的研究

由于镍钼矿矿物成分复杂，浮选闭路试验虽然达到了预期效果，但是由于

钼、镍价值高，尾矿中剩余的金属含量仍然有研究价值。镍钼矿浮选尾矿中 Mo、Ni 的品位分别为 0.62%、0.42%，有待进一步回收尾矿中的 Mo、Ni 资源。本研究对镍钼矿浮选尾矿进行了工艺矿物学研究和再选试验。

### 6.2.1 镍钼矿浮选尾矿的化学成分分析

镍钼矿浮选尾矿荧光光谱半定量分析结果和化学多元素定量分析结果分别列于表 6-24、表 6-25。

表 6-24 镍钼矿浮选尾矿荧光光谱半定量分析结果

| 元素 | 含量/% | 元素 | 含量/% |
|---|---|---|---|
| O | 28.01 | Mn | 0.0761 |
| Na | 0.309 | Fe | 7.42 |
| Mg | 0.32 | Co | 0.0195 |
| Al | 3.89 | Ni | 0.45 |
| Si | 16.37 | Cu | 0.209 |
| P | 1.91 | Zn | 0.262 |
| S | 8.01 | As | 0.059 |
| Cl | 0.05 | Se | 0.0986 |
| K | 0.651 | Sr | 0.0192 |
| Ca | 3.79 | Mo | 0.64 |
| Ti | 0.0749 | Cd | 0.029 |
| V | 0.15 | Sb | 0.015 |
| Cr | 0.009 | Ba | 0.08 |
| Ti | 0.16 | Pb | 0.0541 |

荧光光谱分析的结果表明，矿样最主要的组成元素是 O、Si，其次为 Fe、S、Ni、Mo、Ca 及 Al 等元素。

表 6-25 镍钼矿浮选尾矿多元素分析结果

| 元素 | Mo | Ni | S | V | Co | $Al_2O_3$ | TFe | Cu | Pb |
|---|---|---|---|---|---|---|---|---|---|
| 含量/% | 0.62 | 0.42 | 8.33 | 0.12 | 0.007 | 7.22 | 7.45 | 0.024 | 0.25 |
| 元素 | $P_2O_5$ | $SiO_2$ | $TiO_2$ | CaO | MgO | Zn | As | C | |
| 含量/% | 4.25 | 35.21 | 0.4 | 4.97 | 0.51 | 0.065 | 0.082 | 8.56 | |

从表6-25的多元素分析结果可以看出，矿石主要化学成分是S、Fe、$SiO_2$，其次为C、CaO、$P_2O_5$、Ni、Mo、$Al_2O_3$、MgO等。主要回收的有价元素为Ni、Mo。

镍钼矿浮选尾矿钼的化学物相分析结果见表6-26。

**表6-26　钼的化学物相分析结果**

| 相态 | 含量/% | 分布率/% | 备注 |
| --- | --- | --- | --- |
| 硫化钼中钼 | 0.45 | 72.58 | 胶硫钼矿 |
| 氧化钼中钼 | 0.16 | 25.81 | 钼酸钙矿 |
| 钼华 | 0.010 | 1.61 | 钼华 |
| 总钼 | 0.62 | 100.00 | |

钼主要赋存于硫化矿胶硫钼矿中，占总钼的72.58%，赋存于氧化钼中的钼占总钼的25.81%、钼华占总钼的1.61%。

镍钼矿浮选尾矿镍的化学物相分析结果见表6-27。

**表6-27　镍的化学物相分析结果**

| 相态 | 含量/% | 分布率/% | 备注 |
| --- | --- | --- | --- |
| 硫化镍中镍 | 0.275 | 68.75 | 铁硫镍矿、针镍矿、镍黄铁矿等 |
| 氧化镍中镍 | 0.040 | 10.00 | 镍华、碧矾等 |
| 硅酸盐中镍 | 0.085 | 21.25 | 硅镁镍矿、镍绿泥石等 |
| 总镍 | 0.40 | 100.00 | |

从表中可以看出镍主要赋存于铁硫镍矿、针镍矿、镍黄铁矿中，约占总镍的68.75%；赋存于硅酸盐中的镍占总镍的21.25%；少量赋存于镍华、碧矾等氧化镍中，约占总镍的10.00%。

## 6.2.2　镍钼矿浮选尾矿矿物组成分析

### 6.2.2.1　镍钼矿浮选尾矿矿物组成

镍钼矿浮选尾矿为泥质状粉末，对其进行X射线衍射分析(XRD)，见图6-16，结果表明：其主要富含黄铁矿、石英、磷灰石、绿泥石、云母、方解石、白云石等。由于含钼、镍矿物品位较低，XRD图谱中没有显示。

### 6.2.2.2　主要矿物赋存状态

镍钼矿浮选尾矿为泥质状粉末，制成光片，对其进行光学显微镜鉴定分析、

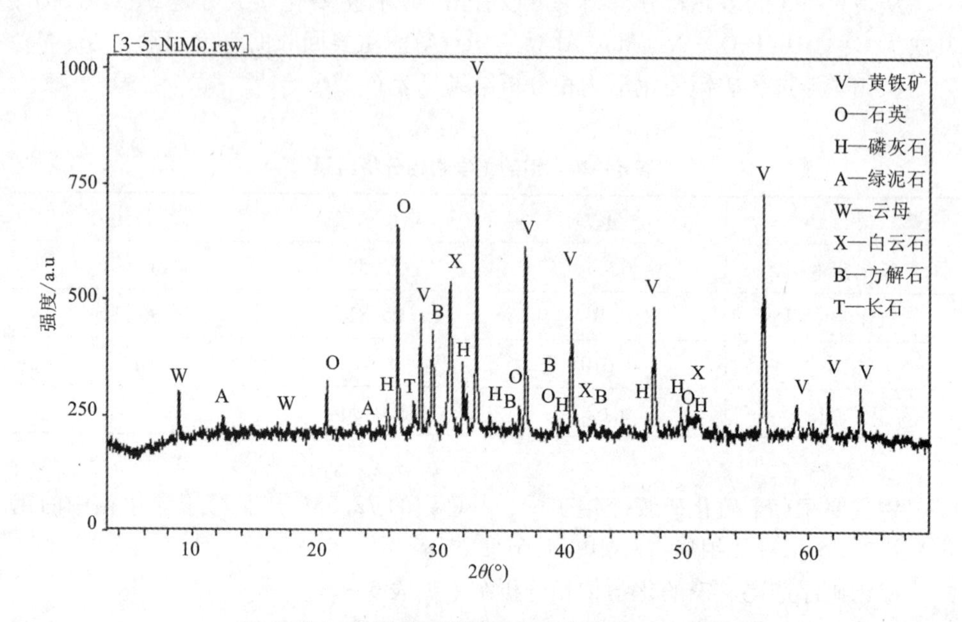


图6-16　镍钼矿浮选尾矿的X射线衍射分析图

扫描电镜分析(SEM)，分析结果表明：该矿物组成复杂，嵌布粒度极细。主要金属矿物是胶硫钼矿、镍黄铁矿、针镍矿、辉砷镍矿、黄铁矿，脉石矿物主要为石英、磷灰石、绿泥石、方解石、云母、白云石等。

(1)钼矿物嵌布特征

镍钼矿浮选尾矿中的钼矿物与原矿类似，主要赋存胶硫钼矿中。显微镜观察结果见图6-17。

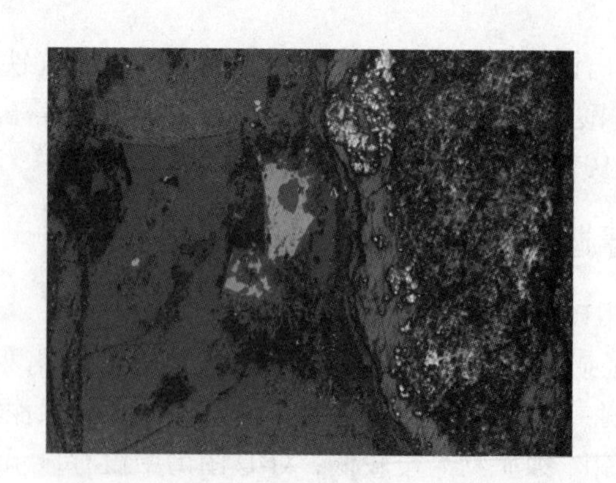

图6-17　光学显微镜下呈胶状的钼矿物集合体

显微镜下观测胶硫钼矿呈灰色，均质性，以小块集合体形态分布在矿石中。钼矿物电镜图片及面扫描分析见图6－18和图6－19。

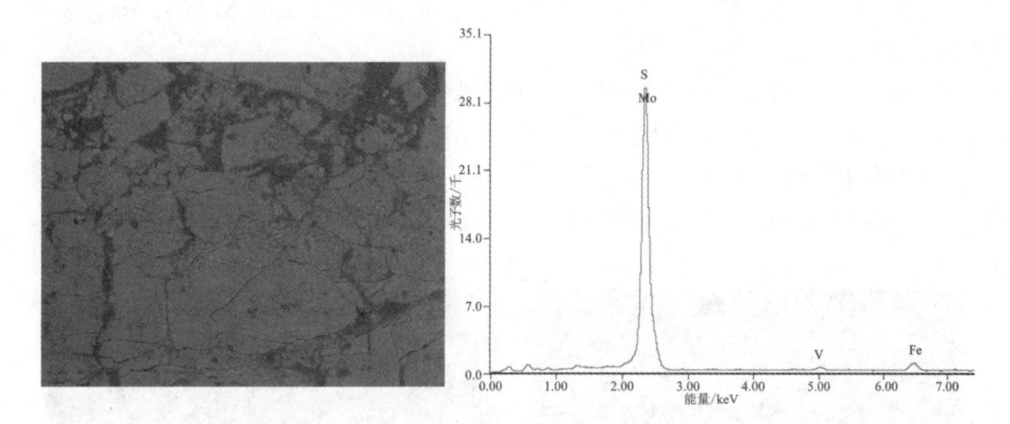


图6－18　胶硫钼矿扫面电镜图像和能谱图

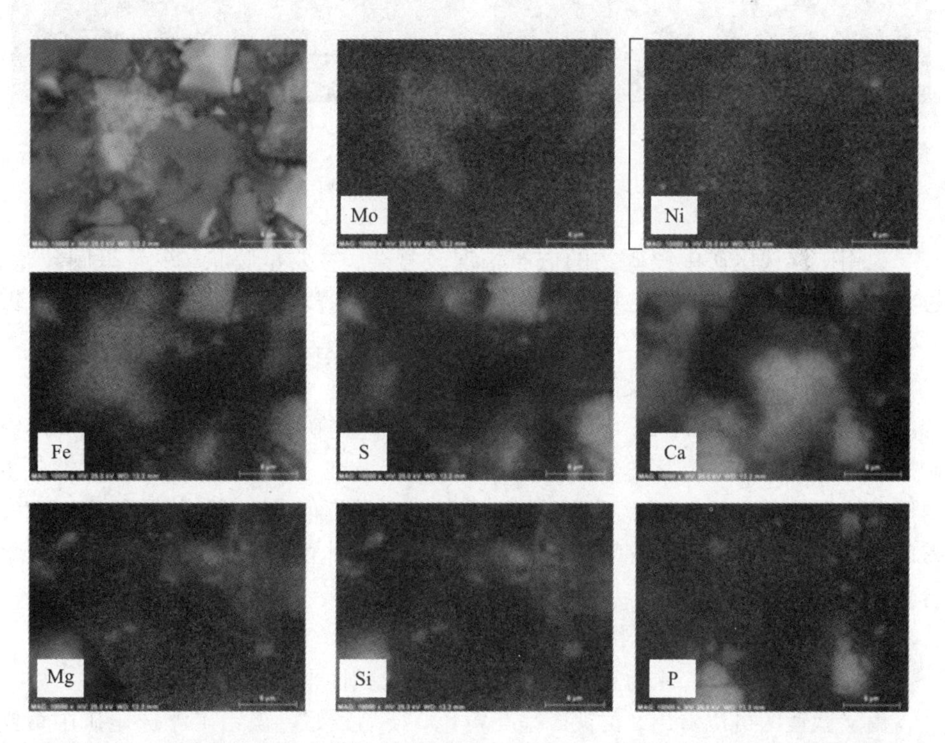


图6－19　含钼矿物BEI背散射电子像及Mo、Ni、Fe、S、Ca、Mg、Si、P面扫描图

从图 6－18 的电镜图像和能谱图可以看出，镍钼矿中的钼主要赋存于胶硫钼矿中，且与脉石矿物共生关系密切，胶硫钼矿中包裹着脉石矿物。另外，胶硫钼矿的嵌布粒度不均匀，其中细小包裹物较多。

图 6－19 为连生含钼矿物 BEI 背散射电子像和 Mo、S、Fe、Ni、Ca、Mg、P、Si 的面扫描图。

由图 6－18 可以看出，含钼矿物中的主要元素是 Mo 和 S，此区域内还含有一定的镍元素，其他元素含量较少，Ni 和 Fe 元素共生关系密切。

(2) 镍矿物嵌布特征

镍矿物光学显微镜观察结果见图 6－20。

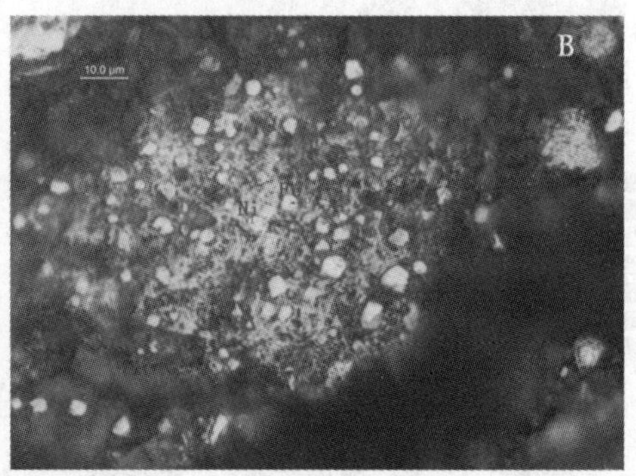


**图 6－20　镍矿物嵌布图**

A—呈胶状的镍矿物集合体，包裹着黄铁矿；B—镍矿物与黄铁矿呈点状分布

镍钼矿浮选尾矿中镍矿物的嵌布情况较复杂，主要呈胶状，少量呈圆粒状、粒状集合体，主要与黄铁矿共生关系密切，常见包裹黄铁矿(图 6－20 中 A)，镍矿物与黄铁矿共生(图 6－20 中 B)或与黄铁矿形成胶状镍矿物集合体。

典型镍矿物电镜图片及能谱图见图 6－21 和图 6－22。

由图 6－21 和图 6－22 可以看出，镍钼矿浮选尾矿中，镍矿物主要以辉砷镍矿、镍黄铁矿和针镍矿形式存在。辉砷镍矿粒度极细，呈粒状构造。镍黄铁矿主要以单体形式存在。显微镜下观测其与黄铁矿极其类似，具有较好的解离面和完整的晶型，以微细粒形式存在。针镍矿为针状晶体的放射状集合体及束状集合体。

(3) 主要脉石矿物嵌布特征

图 6－23 和图 6－24 为黄铁矿显微镜图片及扫面电镜图谱。

由显微镜图可以看出，黄铁矿呈亮黄色，结晶较好。镍钼矿浮选尾矿中黄铁矿大到几百微米，小到几微米，为该矿分布最广的金属矿物。扫描电镜下观测到

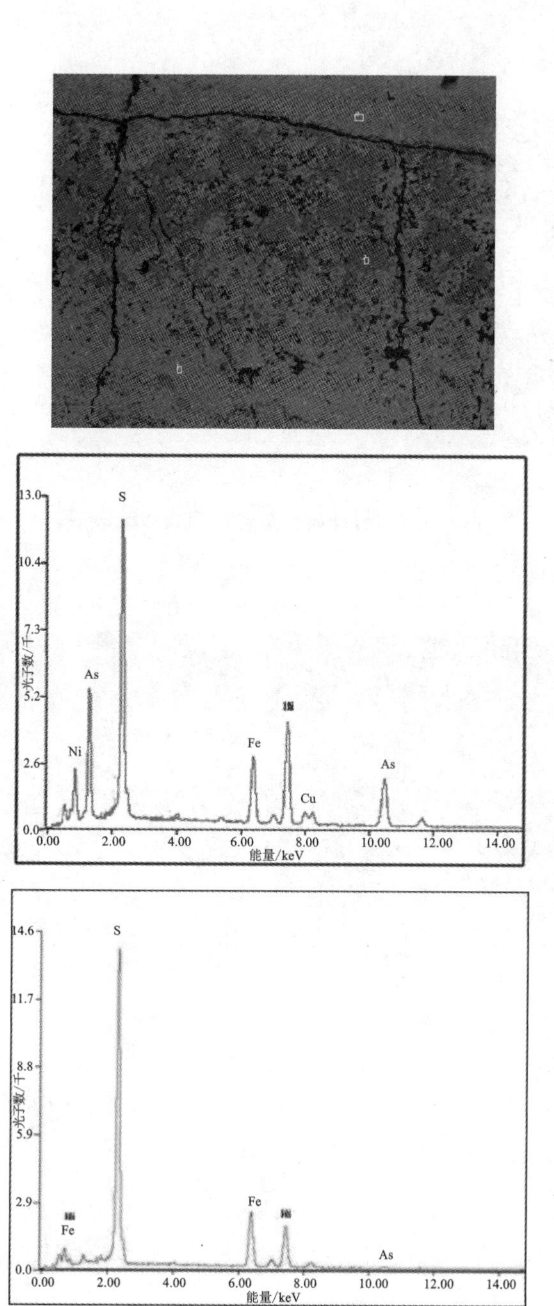


**图6－21　辉砷镍矿、镍黄铁矿扫描电镜图像和能谱图**

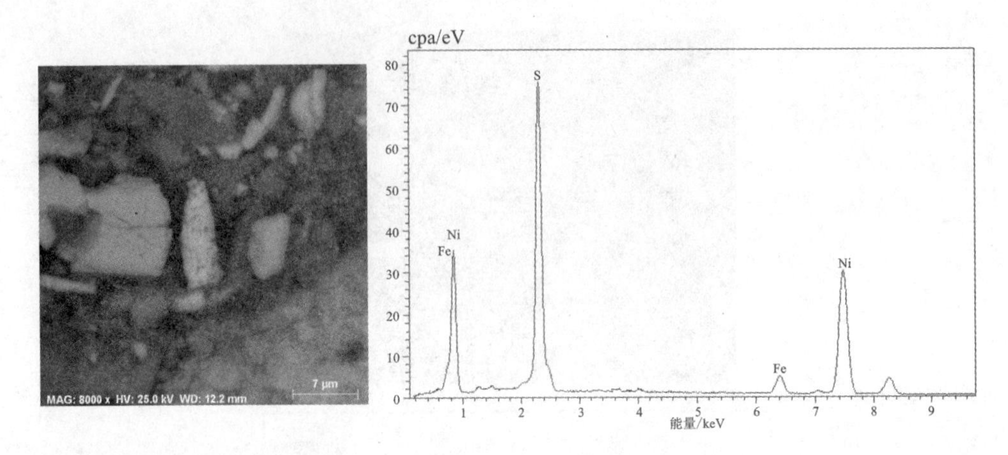


图6－22　针镍矿扫描电镜图像和能谱图

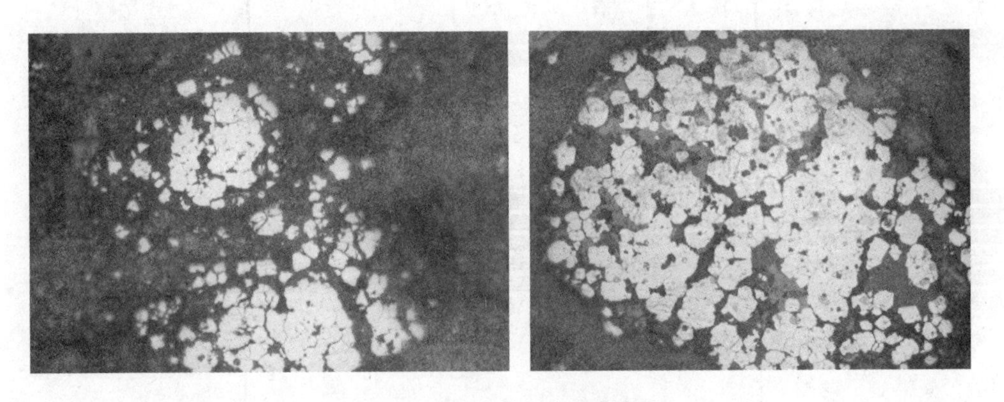

图6－23　黄铁矿光学显微镜图

绝大部分黄铁矿已经单体解离。从图6－24可以看出，能谱分析图中黄铁矿中含有Ni和As。表6－28为黄铁矿能谱微区分析结果，各微区含量变化不大，平均含硫55.17%、铁42.80%、砷1.32%、镍0.49%、钒0.12%。

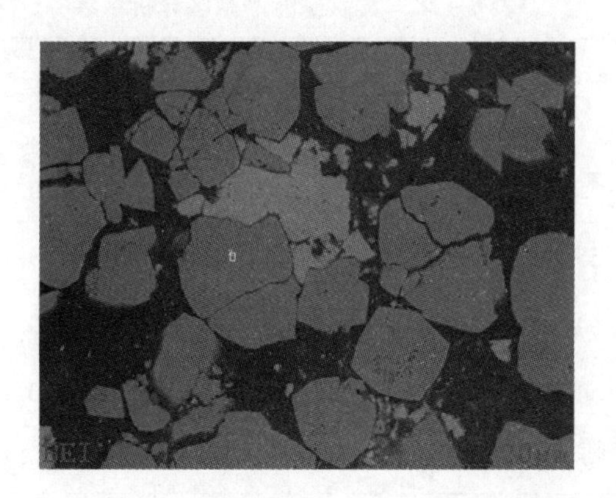

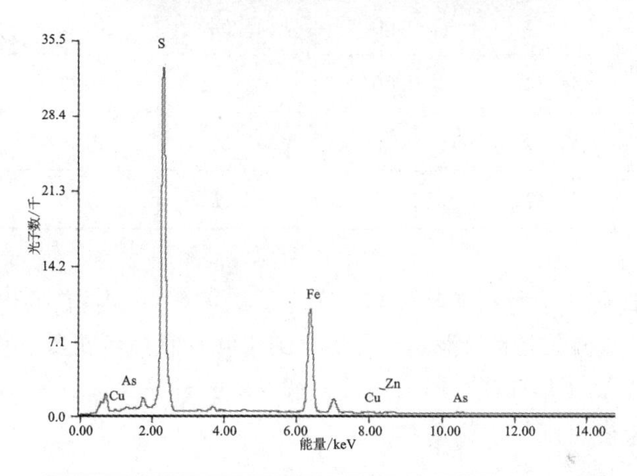


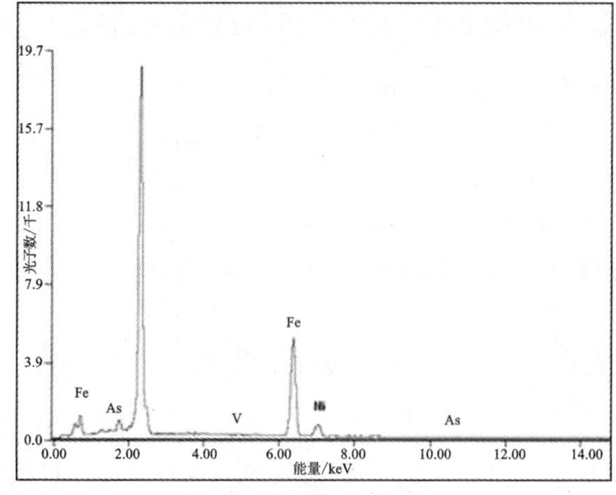


**图 6－24　黄铁矿扫描电镜图像及能谱**

表 6－28　黄铁矿能谱微区分析结果

| 序号 | 元素含量/% | | | | |
|---|---|---|---|---|---|
| | S | V | Fe | Ni | As |
| 1 | 55.00 | 0.08 | 43.21 | 0.77 | 0.94 |
| 2 | 55.02 | 0.20 | 42.47 | 0.75 | 1.54 |
| 3 | 54.70 | 0.30 | 43.09 | 0.54 | 1.40 |
| 4 | 54.47 | 0.06 | 43.88 | 0.15 | 1.43 |
| 5 | 56.10 | 0.16 | 41.21 | 0.56 | 1.37 |
| 6 | 54.74 | 0.00 | 43.54 | 0.32 | 1.39 |
| 7 | 54.74 | 0.00 | 43.53 | 0.32 | 1.39 |
| 8 | 56.59 | 0.20 | 41.50 | 0.49 | 1.09 |
| 平均 | 55.17 | 0.12 | 42.80 | 0.49 | 1.32 |

镍钼矿浮选尾矿中脉石矿物还有石英、氟磷灰石、绿泥石、云母、白云石、方解石、长石等，氟磷灰石、绿泥石、云母呈细小叶片状或纤维状，相互杂交连生，部分小颗粒与金属矿物连生，白云石、方解石、长石等大部分为团状、细脉状单体，时常可见包裹着细粒含钼矿物。

## 6.2.3　pH 调整剂对镍钼矿浮选尾矿再选试验研究

镍钼矿浮选尾矿粒度极细，脉石矿物氟磷灰石、绿泥石等也易于被浮选，降低了精矿品位，所以选择不同的调整剂对镍钼矿浮选尾矿再选试验是很有必要的。再选试验流程如图 6－25 所示，捕收剂为镍钼矿原矿试验使用的 Mo－B2，用量为 100 g/t，起泡剂采用 2#油，用量为 12 g/t。

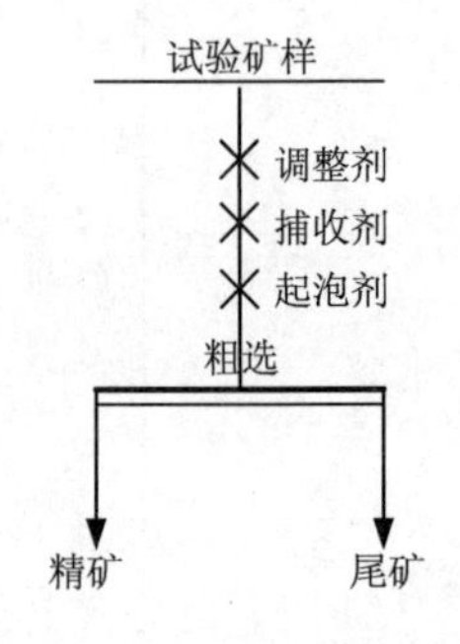

图 6－25　调整剂试验流程图

表 6－29 至表 6－32 为 pH 调整剂对镍钼矿浮选尾矿再选指标的影响。

表6－29 NaOH用量对镍钼矿浮选尾矿再选回收率的影响

| NaOH用量/$(g \cdot t^{-1})$ | pH | 产品 | 产率/% | 品位/% | | 回收率/% | |
|---|---|---|---|---|---|---|---|
| | | | | Mo | Ni | Mo | Ni |
| 0 | 7.4 | 精矿 | 12.37 | 1.58 | 1.16 | 31.52 | 34.16 |
| | | 尾矿 | 87.63 | 0.48 | 0.32 | 68.48 | 65.84 |
| | | 镍钼矿浮选尾矿 | 100.00 | 0.62 | 0.42 | 100.00 | 100.00 |
| 500 | 8.3 | 精矿 | 11.15 | 1.55 | 1.03 | 28.80 | 28.71 |
| | | 尾矿 | 88.85 | 0.48 | 0.32 | 71.20 | 71.29 |
| | | 镍钼矿浮选尾矿 | 100.00 | 0.60 | 0.40 | 100.00 | 100.00 |
| 1000 | 9.42 | 精矿 | 11.01 | 1.58 | 1.01 | 28.52 | 25.27 |
| | | 尾矿 | 88.99 | 0.49 | 0.37 | 71.48 | 74.73 |
| | | 镍钼矿浮选尾矿 | 100.00 | 0.61 | 0.44 | 100.00 | 100.00 |
| 1500 | 9.86 | 精矿 | 10.85 | 1.46 | 0.98 | 26.85 | 25.32 |
| | | 尾矿 | 89.15 | 0.48 | 0.35 | 73.15 | 74.68 |
| | | 镍钼矿浮选尾矿 | 100.00 | 0.59 | 0.42 | 100.00 | 100.00 |
| 2000 | 10.59 | 精矿 | 10.54 | 1.34 | 0.94 | 23.15 | 23.04 |
| | | 尾矿 | 89.46 | 0.52 | 0.37 | 76.85 | 76.96 |
| | | 镍钼矿浮选尾矿 | 100.00 | 0.61 | 0.43 | 100.00 | 100.00 |

表6－30 $Na_2CO_3$用量对镍钼矿浮选尾矿再选回收率的影响

| $Na_2CO_3$用量/$(g \cdot t^{-1})$ | pH | 产品 | 产率/% | 品位/% | | 回收率/% | |
|---|---|---|---|---|---|---|---|
| | | | | Mo | Ni | Mo | Ni |
| 0 | 7.4 | 精矿 | 12.37 | 1.58 | 1.16 | 31.52 | 34.16 |
| | | 尾矿 | 87.63 | 0.48 | 0.32 | 68.48 | 65.84 |
| | | 镍钼矿浮选尾矿 | 100.00 | 0.62 | 0.42 | 100.00 | 100.00 |
| 1000 | 8.12 | 精矿 | 12.75 | 1.68 | 1.29 | 34.00 | 41.12 |
| | | 尾矿 | 87.25 | 0.48 | 0.27 | 66.00 | 58.88 |
| | | 镍钼矿浮选尾矿 | 100.00 | 0.63 | 0.40 | 100.00 | 100.00 |

续表 6-30

| $Na_2CO_3$ 用量/$(g \cdot t^{-1})$ | pH | 产品 | 产率/% | 品位/% | | 回收率/% | |
|---|---|---|---|---|---|---|---|
| | | | | Mo | Ni | Mo | Ni |
| 2000 | 8.5 | 精矿 | 12.87 | 1.81 | 1.35 | 38.82 | 40.41 |
| | | 尾矿 | 87.13 | 0.42 | 0.29 | 61.18 | 59.59 |
| | | 镍钼矿浮选尾矿 | 100.00 | 0.60 | 0.43 | 100.00 | 100.00 |
| 3000 | 8.61 | 精矿 | 13.08 | 1.95 | 1.42 | 41.14 | 42.21 |
| | | 尾矿 | 86.92 | 0.42 | 0.29 | 58.86 | 57.79 |
| | | 镍钼矿浮选尾矿 | 100.00 | 0.62 | 0.44 | 100.00 | 100.00 |
| 4000 | 8.73 | 精矿 | 13.12 | 1.76 | 1.35 | 37.85 | 40.25 |
| | | 尾矿 | 86.88 | 0.44 | 0.30 | 62.15 | 59.75 |
| | | 镍钼矿浮选尾矿 | 100.00 | 0.61 | 0.44 | 100.00 | 100.00 |

**表 6-31 $H_2SO_4$用量对镍钼矿浮选尾矿再选回收率的影响**

| $H_2SO_4$ 用量/$(g \cdot t^{-1})$ | pH | 产品 | 产率/% | 品位/% | | 回收率/% | |
|---|---|---|---|---|---|---|---|
| | | | | Mo | Ni | Mo | Ni |
| 0 | 7.4 | 精矿 | 12.37 | 1.58 | 1.16 | 31.52 | 34.16 |
| | | 尾矿 | 87.63 | 0.48 | 0.32 | 68.48 | 65.84 |
| | | 镍钼矿浮选尾矿 | 100.00 | 0.62 | 0.42 | 100.00 | 100.00 |
| 500 | 7.21 | 精矿 | 11.95 | 1.65 | 1.18 | 31.30 | 34.39 |
| | | 尾矿 | 88.05 | 0.49 | 0.31 | 68.70 | 65.61 |
| | | 镍钼矿浮选尾矿 | 100.00 | 0.63 | 0.41 | 100.00 | 100.00 |
| 1000 | 6.95 | 精矿 | 11.24 | 1.74 | 1.24 | 32.06 | 33.18 |
| | | 尾矿 | 88.76 | 0.47 | 0.32 | 67.94 | 66.82 |
| | | 镍钼矿浮选尾矿 | 100.00 | 0.61 | 0.42 | 100.00 | 100.00 |
| 1500 | 6.73 | 精矿 | 10.64 | 1.87 | 1.27 | 33.16 | 33.78 |
| | | 尾矿 | 89.36 | 0.45 | 0.30 | 66.84 | 66.22 |
| | | 镍钼矿浮选尾矿 | 100.00 | 0.60 | 0.40 | 100.00 | 100.00 |
| 2000 | 6.72 | 精矿 | 10.75 | 1.86 | 1.24 | 32.25 | 30.30 |
| | | 尾矿 | 89.25 | 0.47 | 0.34 | 67.75 | 69.70 |
| | | 镍钼矿浮选尾矿 | 100.00 | 0.62 | 0.44 | 100.00 | 100.00 |

表6-32　$C_2H_2O_4$用量对镍钼矿浮选尾矿再选回收率的影响

| $C_2H_2O_4$用量/$(g \cdot t^{-1})$ | pH | 产品 | 产率/% | 品位/% |  | 回收率/% |  |
|---|---|---|---|---|---|---|---|
|  |  |  |  | Mo | Ni | Mo | Ni |
| 0 | 7.4 | 精矿 | 12.37 | 1.58 | 1.16 | 31.52 | 34.16 |
|  |  | 尾矿 | 87.63 | 0.48 | 0.32 | 68.48 | 65.84 |
|  |  | 镍钼矿浮选尾矿 | 100.00 | 0.62 | 0.42 | 100.00 | 100.00 |
| 500 | 7.26 | 精矿 | 10.82 | 1.71 | 1.21 | 28.91 | 31.93 |
|  |  | 尾矿 | 89.18 | 0.51 | 0.31 | 71.09 | 68.07 |
|  |  | 镍钼矿浮选尾矿 | 100.00 | 0.64 | 0.41 | 100.00 | 100.00 |
| 1000 | 7.15 | 精矿 | 9.45 | 1.82 | 1.25 | 27.74 | 29.53 |
|  |  | 尾矿 | 90.55 | 0.49 | 0.31 | 72.26 | 70.47 |
|  |  | 镍钼矿浮选尾矿 | 100.00 | 0.62 | 0.40 | 100.00 | 100.00 |
| 1500 | 6.95 | 精矿 | 9.17 | 1.94 | 1.31 | 28.69 | 27.94 |
|  |  | 尾矿 | 90.83 | 0.49 | 0.34 | 71.31 | 72.06 |
|  |  | 镍钼矿浮选尾矿 | 100.00 | 0.62 | 0.43 | 100.00 | 100.00 |
| 2000 | 6.76 | 精矿 | 8.52 | 1.93 | 1.38 | 27.41 | 26.72 |
|  |  | 尾矿 | 91.48 | 0.48 | 0.35 | 72.59 | 73.28 |
|  |  | 镍钼矿浮选尾矿 | 100.00 | 0.60 | 0.44 | 100.00 | 100.00 |

由表6-29至表6-32可知：

(1)NaOH用量分别为0 g/t、500 g/t、1000 g/t、1500 g/t、2000 g/t。由试验结果可以看出，NaOH用量的增大使矿浆pH逐渐增大，浮选精矿中Mo、Ni的品位都逐渐降低，Mo、Ni回收率也逐渐降低。所以，NaOH的加入抑制了镍钼矿浮选尾矿再选试验中Mo、Ni的浮选上浮。

(2)碳酸钠用量试验，用量分别为0 g/t，1000 g/t、2000 g/t、3000 g/t、4000 g/t。碳酸钠用量增加使矿浆pH略有增大，浮选精矿中Mo、Ni的品位都有小幅增大，碳酸钠用量为4000 g/t时，精矿Mo、Ni品位有所下降。碳酸钠最佳用量为3000 g/t，此时精矿Mo、Ni品位分别为1.95%、1.42%，Mo、Ni回收率分别为41.14%、42.21%。

(3)硫酸用量试验，用量分别为0 g/t，500 g/t、1000 g/t、1500 g/t、2000 g/t。硫酸用量的增加使矿浆pH逐渐降低，精矿Mo、Ni的品位逐渐增大，Mo回收率略有增加，Ni 回收率变化不大。硫酸最佳用量为1500 g/t，此时精矿 Mo、Ni 品位分别为1.87%、1.27%，Mo、Ni 回收率分别为33.16%、33.78%。

(4)草酸用量试验，用量分别为0 g/t，500 g/t、1000 g/t、1500 g/t、2000 g/t。草酸用量的增加使矿浆 pH 逐渐降低，精矿 Mo、Ni 的品位逐渐增大，回收率变化不大。草酸最佳用量为1500 g/t，此时精矿 Mo、Ni 品位分别为1.94%、1.31%，Mo、Ni 回收率分别为28.69%、27.94%。

### 6.2.4 抑制剂对镍钼矿浮选尾矿再选试验研究

表6-33至表6-35为抑制剂对镍钼矿浮选尾矿再选指标的影响数据。

表6-33 水玻璃用量对镍钼矿浮选尾矿再选指标的影响

| 水玻璃用量/($g \cdot t^{-1}$) | 产品 | 产率/% | 品位/% | | 回收率/% | |
|---|---|---|---|---|---|---|
| | | | Mo | Ni | Mo | Ni |
| 0 | 精矿 | 12.37 | 1.58 | 1.16 | 31.52 | 34.16 |
| | 尾矿 | 87.63 | 0.48 | 0.32 | 68.48 | 65.84 |
| | 镍钼矿浮选尾矿 | 100.00 | 0.62 | 0.42 | 100.00 | 100.00 |
| 500 | 精矿 | 11.14 | 1.63 | 1.24 | 28.82 | 33.69 |
| | 尾矿 | 88.86 | 0.50 | 0.31 | 71.18 | 66.31 |
| | 镍钼矿浮选尾矿 | 100.00 | 0.63 | 0.41 | 100.00 | 100.00 |
| 1000 | 精矿 | 10.34 | 1.69 | 1.34 | 28.18 | 32.99 |
| | 尾矿 | 89.66 | 0.50 | 0.31 | 71.82 | 67.01 |
| | 镍钼矿浮选尾矿 | 100.00 | 0.62 | 0.42 | 100.00 | 100.00 |
| 1500 | 精矿 | 9.57 | 1.76 | 1.38 | 27.61 | 32.21 |
| | 尾矿 | 90.43 | 0.49 | 0.31 | 72.39 | 67.79 |
| | 镍钼矿浮选尾矿 | 100.00 | 0.61 | 0.41 | 100.00 | 100.00 |
| 2000 | 精矿 | 9.24 | 1.64 | 1.18 | 24.84 | 25.36 |
| | 尾矿 | 90.76 | 0.51 | 0.35 | 75.16 | 74.64 |
| | 镍钼矿浮选尾矿 | 100.00 | 0.61 | 0.43 | 100.00 | 100.00 |

表6-34　六偏磷酸钠用量对镍钼矿浮选尾矿再选指标的影响

| 六偏磷酸钠用量/$(g\cdot t^{-1})$ | 产品 | 产率/% | 品位/% | | 回收率/% | |
|---|---|---|---|---|---|---|
| | | | Mo | Ni | Mo | Ni |
| 0 | 精矿 | 12.37 | 1.58 | 1.16 | 31.52 | 34.16 |
| | 尾矿 | 87.63 | 0.48 | 0.32 | 68.48 | 65.84 |
| | 镍钼矿浮选尾矿 | 100.00 | 0.62 | 0.42 | 100.00 | 100.00 |
| 100 | 精矿 | 11.28 | 1.71 | 1.22 | 31.11 | 32.77 |
| | 尾矿 | 88.72 | 0.48 | 0.32 | 68.89 | 67.23 |
| | 镍钼矿浮选尾矿 | 100.00 | 0.62 | 0.42 | 100.00 | 100.00 |
| 200 | 精矿 | 10.58 | 1.79 | 1.26 | 31.05 | 31.74 |
| | 尾矿 | 89.42 | 0.47 | 0.32 | 68.95 | 68.26 |
| | 镍钼矿浮选尾矿 | 100.00 | 0.61 | 0.42 | 100.00 | 100.00 |
| 300 | 精矿 | 9.65 | 1.85 | 1.31 | 29.75 | 31.60 |
| | 尾矿 | 90.35 | 0.47 | 0.30 | 70.25 | 68.40 |
| | 镍钼矿浮选尾矿 | 100.00 | 0.60 | 0.40 | 100.00 | 100.00 |
| 400 | 精矿 | 8.67 | 1.91 | 1.29 | 27.15 | 26.63 |
| | 尾矿 | 91.33 | 0.49 | 0.34 | 72.85 | 73.37 |
| | 镍钼矿浮选尾矿 | 100.00 | 0.61 | 0.42 | 100.00 | 100.00 |

表6-35　*CMC* 用量对镍钼矿浮选尾矿再选指标的影响

| *CMC* 用量/$(g\cdot t^{-1})$ | 产品 | 产率/% | 品位/% | | 回收率/% | |
|---|---|---|---|---|---|---|
| | | | Mo | Ni | Mo | Ni |
| 0 | 精矿 | 12.37 | 1.58 | 1.16 | 31.52 | 34.16 |
| | 尾矿 | 87.63 | 0.48 | 0.32 | 68.48 | 65.84 |
| | 镍钼矿浮选尾矿 | 100.00 | 0.62 | 0.42 | 100.00 | 100.00 |
| 100 | 精矿 | 11.27 | 1.64 | 1.25 | 30.80 | 34.36 |
| | 尾矿 | 88.73 | 0.47 | 0.30 | 69.20 | 65.64 |
| | 镍钼矿浮选尾矿 | 100.00 | 0.60 | 0.41 | 100.00 | 100.00 |

续表 6 – 35

| CMC 用量/(g·t⁻¹) | 产品 | 产率/% | 品位/% | | 回收率/% | |
|---|---|---|---|---|---|---|
| | | | Mo | Ni | Mo | Ni |
| 200 | 精矿 | 10.52 | 1.84 | 1.39 | 31.73 | 34.01 |
| | 尾矿 | 89.48 | 0.47 | 0.32 | 68.27 | 65.99 |
| | 镍钼矿浮选尾矿 | 100.00 | 0.61 | 0.43 | 100.00 | 100.00 |
| 300 | 精矿 | 9.13 | 1.74 | 1.26 | 25.22 | 28.06 |
| | 尾矿 | 90.87 | 0.52 | 0.32 | 74.78 | 71.94 |
| | 镍钼矿浮选尾矿 | 100.00 | 0.63 | 0.41 | 100.00 | 100.00 |
| 400 | 精矿 | 8.27 | 1.62 | 1.21 | 22.33 | 25.02 |
| | 尾矿 | 91.73 | 0.51 | 0.33 | 77.67 | 74.98 |
| | 镍钼矿浮选尾矿 | 100.00 | 0.60 | 0.40 | 100.00 | 100.00 |

由表 6 – 33 到表 6 – 35 可知：

(1)水玻璃用量试验，用量分别为 0 g/t，500 g/t、1000 g/t、1500 g/t、2000 g/t。水玻璃用量的增大使浮选精矿品位有所提高，用量为 2000 g/t 时开始下降，但是回收率逐渐降低。水玻璃最佳用量为 1500 g/t，精矿 Mo、Ni 品位分别为 1.76%、1.38%，回收率分别为 27.61%、32.21%。

(2)六偏磷酸钠用量试验，用量分别为 0 g/t，100 g/t、200 g/t、300 g/t、400 g/t。六偏磷酸钠作抑制剂时，添加量为 300 g/t 时最佳，此时精矿 Mo、Ni 品位分别为 1.85%、1.31%，回收率为 29.75%、31.60%

(3)*CMC* 用量试验，用量分别为 0 g/t，100 g/t、200 g/t、300 g/t、400 g/t。*CMC* 的加入使精矿中 Mo、Ni 的品位有所增大，但用量大于 200 g/t 时开始逐渐降低，回收率也开始下降。*CMC* 最佳用量为 200 g/t，此时精矿产品中 Mo、Ni 品位分别为 1.84%、1.39%，Mo、Ni 回收率分别为 31.73%、34.01%。

### 6.2.5 活化剂对镍钼矿浮选尾矿再选试验研究

表 6 – 36 和表 6 – 37 为活化剂对镍钼矿浮选尾矿再选指标影响数据。

表6-36　硫酸铜用量对镍钼矿浮选尾矿再选指标的影响

| 硫酸铜用量/$(g \cdot t^{-1})$ | 产品 | 产率/% | 品位/% | | 回收率/% | |
|---|---|---|---|---|---|---|
| | | | Mo | Ni | Mo | Ni |
| 0 | 精矿 | 12.37 | 1.58 | 1.16 | 31.52 | 34.16 |
| | 尾矿 | 87.63 | 0.48 | 0.32 | 68.48 | 65.84 |
| | 镍钼矿浮选尾矿 | 100.00 | 0.62 | 0.42 | 100.00 | 100.00 |
| 50 | 精矿 | 12.35 | 1.61 | 1.19 | 32.07 | 34.18 |
| | 尾矿 | 87.65 | 0.48 | 0.32 | 67.93 | 65.82 |
| | 镍钼矿浮选尾矿 | 100.00 | 0.62 | 0.43 | 100.00 | 100.00 |
| 100 | 精矿 | 12.25 | 1.68 | 1.15 | 32.67 | 33.54 |
| | 尾矿 | 87.75 | 0.48 | 0.32 | 67.33 | 66.46 |
| | 镍钼矿浮选尾矿 | 100.00 | 0.63 | 0.42 | 100.00 | 100.00 |
| 150 | 精矿 | 12.31 | 1.67 | 1.09 | 33.70 | 33.54 |
| | 尾矿 | 87.69 | 0.46 | 0.30 | 66.30 | 66.46 |
| | 镍钼矿浮选尾矿 | 100.00 | 0.61 | 0.40 | 100.00 | 100.00 |
| 200 | 精矿 | 12.24 | 1.65 | 1.11 | 32.57 | 33.97 |
| | 尾矿 | 87.76 | 0.48 | 0.30 | 67.43 | 66.03 |
| | 镍钼矿浮选尾矿 | 100.00 | 0.62 | 0.40 | 100.00 | 100.00 |

表6-37　硫化钠用量对镍钼矿浮选尾矿再选指标的影响

| 硫化钠用量/$(g \cdot t^{-1})$ | 产品 | 产率/% | 品位/% | | 回收率/% | |
|---|---|---|---|---|---|---|
| | | | Mo | Ni | Mo | Ni |
| 0 | 精矿 | 12.37 | 1.58 | 1.16 | 31.52 | 34.16 |
| | 尾矿 | 87.63 | 0.48 | 0.32 | 68.48 | 65.84 |
| | 镍钼矿浮选尾矿 | 100.00 | 0.62 | 0.42 | 100.00 | 100.00 |
| 50 | 精矿 | 11.34 | 1.66 | 1.24 | 30.86 | 33.48 |
| | 尾矿 | 88.66 | 0.48 | 0.32 | 69.14 | 66.52 |
| | 镍钼矿浮选尾矿 | 100.00 | 0.61 | 0.42 | 100.00 | 100.00 |

续表 6-37

| 硫化钠用量/(g·$t^{-1}$) | 产品 | 产率/% | 品位/% | | 回收率/% | |
|---|---|---|---|---|---|---|
| | | | Mo | Ni | Mo | Ni |
| 100 | 精矿 | 11.21 | 1.75 | 1.29 | 31.14 | 34.43 |
| | 尾矿 | 88.79 | 0.49 | 0.31 | 68.86 | 65.57 |
| | 镍钼矿浮选尾矿 | 100.00 | 0.63 | 0.42 | 100.00 | 100.00 |
| 150 | 精矿 | 9.24 | 1.85 | 1.37 | 27.57 | 31.65 |
| | 尾矿 | 90.76 | 0.49 | 0.30 | 72.43 | 68.35 |
| | 镍钼矿浮选尾矿 | 100.00 | 0.62 | 0.40 | 100.00 | 100.00 |
| 200 | 精矿 | 8.54 | 1.92 | 1.39 | 26.45 | 28.26 |
| | 尾矿 | 91.46 | 0.50 | 0.33 | 73.55 | 71.74 |
| | 镍钼矿浮选尾矿 | 100.00 | 0.62 | 0.42 | 100.00 | 100.00 |

由表 6-36 到表 6-37 可知：

(1)硫酸铜用量试验，用量分别为 0 g/t，50 g/t、100 g/t、150 g/t、200 g/t。随着硫酸铜用量的增大，精矿 Mo 先逐渐增大后维持不变，回收率有小幅增大，精矿 Ni 品位和回收率均变化不大。硫酸铜最佳用量为 100 g/t，此时精矿中 Mo、Ni 品位分别为 1.68%、1.15%，Mo、Ni 回收率分别为 32.67%、33.54%。

(2)硫化钠用量试验，用量分别为 0 g/t，50 g/t、100 g/t、150 g/t、200 g/t。硫化钠用量的增大使精矿中 Mo、Ni 品位逐渐增大，但是用量大于 100 g/t 后精矿 Mo、Ni 回收率开始下降。所以，硫化钠最佳用量为 100 g/t，此时精矿中 Mo、Ni 品位分别为 1.75%、1.29%，Mo、Ni 回收率分别为 31.14%、34.43%。

### 6.2.6 两种捕收剂针对镍钼矿浮选尾矿中镍矿物的浮选行为

根据镍钼矿浮选尾矿工艺矿物学的研究可知，镍钼矿浮选尾矿中镍的物相主要是硫化镍，且 Ni 的品位在 0.4% 左右。前面浮选过程中捕收剂主要针对 Mo 矿物，本节研究了两种镍矿物捕收剂的浮选效果。浮选流程见图 6-26。

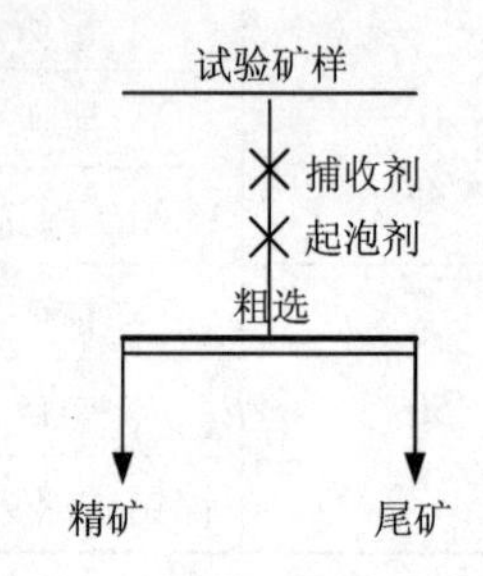


图 6-26 镍矿物捕收剂浮选试验流程图

应用图 6-26 流程进行镍钼矿浮选尾矿再选试验，浮选捕收剂分别为丁二酮肟和异戊黄药，起泡剂为 2#油，用量为 12 g/t，不同捕收剂用量浮选结果见表 6-38 和表 6-39。

表6-38　丁二酮肟用量对镍钼矿浮选尾矿再选指标的影响

| 丁二酮肟用量/($g\cdot t^{-1}$) | 产品 | 产率/% | 品位/% | | 回收率/% | |
|---|---|---|---|---|---|---|
| | | | Mo | Ni | Mo | Ni |
| 100 | 精矿 | 12.21 | 1.55 | 1.38 | 31.54 | 41.10 |
| | 尾矿 | 87.79 | 0.47 | 0.28 | 68.46 | 58.90 |
| | 镍钼矿浮选尾矿 | 100.00 | 0.60 | 0.41 | 100.00 | 100.00 |
| 200 | 精矿 | 12.37 | 1.58 | 1.42 | 31.02 | 41.82 |
| | 尾矿 | 87.63 | 0.50 | 0.28 | 68.98 | 58.18 |
| | 镍钼矿浮选尾矿 | 100.00 | 0.63 | 0.42 | 100.00 | 100.00 |
| 300 | 精矿 | 12.42 | 1.57 | 1.47 | 31.97 | 44.53 |
| | 尾矿 | 87.58 | 0.47 | 0.26 | 68.03 | 55.47 |
| | 镍钼矿浮选尾矿 | 100.00 | 0.61 | 0.41 | 100.00 | 100.00 |
| 400 | 精矿 | 12.45 | 1.56 | 1.50 | 31.33 | 44.46 |
| | 尾矿 | 87.55 | 0.49 | 0.27 | 68.67 | 55.54 |
| | 镍钼矿浮选尾矿 | 100.00 | 0.62 | 0.42 | 100.00 | 100.00 |
| 500 | 精矿 | 12.43 | 1.57 | 1.51 | 31.99 | 44.69 |
| | 尾矿 | 87.57 | 0.47 | 0.27 | 68.01 | 55.31 |
| | 镍钼矿浮选尾矿 | 100.00 | 0.61 | 0.42 | 100.00 | 100.00 |

表6-39　异戊黄药用量对镍钼矿浮选尾矿再选指标的影响

| 异戊黄药用量/($g\cdot t^{-1}$) | 产品 | 产率/% | 品位/% | | 回收率/% | |
|---|---|---|---|---|---|---|
| | | | Mo | Ni | Mo | Ni |
| 100 | 精矿 | 13.20 | 1.43 | 1.18 | 30.94 | 38.94 |
| | 尾矿 | 86.80 | 0.49 | 0.28 | 69.06 | 61.06 |
| | 镍钼矿浮选尾矿 | 100.00 | 0.61 | 0.40 | 100.00 | 100.00 |
| 200 | 精矿 | 13.35 | 1.45 | 1.25 | 31.22 | 39.73 |
| | 尾矿 | 86.65 | 0.49 | 0.29 | 68.78 | 60.27 |
| | 镍钼矿浮选尾矿 | 100.00 | 0.62 | 0.42 | 100.00 | 100.00 |

续表 6 - 39

| 异戊黄药用量 /(g · t$^{-1}$) | 产品 | 产率/% | 品位/% | | 回收率/% | |
|---|---|---|---|---|---|---|
| | | | Mo | Ni | Mo | Ni |
| 300 | 精矿 | 14.01 | 1.51 | 1.38 | 35.26 | 47.16 |
| | 尾矿 | 85.99 | 0.45 | 0.25 | 64.74 | 52.84 |
| | 镍钼矿浮选尾矿 | 100.00 | 0.60 | 0.41 | 100.00 | 100.00 |
| 400 | 精矿 | 14.14 | 1.50 | 1.40 | 34.77 | 49.49 |
| | 尾矿 | 85.86 | 0.46 | 0.24 | 65.23 | 50.51 |
| | 镍钼矿浮选尾矿 | 100.00 | 0.61 | 0.40 | 100.00 | 100.00 |
| 500 | 精矿 | 14.21 | 1.52 | 1.41 | 34.84 | 48.87 |
| | 尾矿 | 85.79 | 0.47 | 0.24 | 65.16 | 51.13 |
| | 镍钼矿浮选尾矿 | 100.00 | 0.62 | 0.41 | 100.00 | 100.00 |

由上表可知：

(1)丁二酮肟用量试验，用量分别为：100 g/t、200 g/t、300 g/t、400 g/t、500 g/t。随着丁二酮肟用量的增大，精矿中 Ni、Mo 品位逐渐增大，随后保持不变。最佳用量为 300 g/t，此时精矿 Ni、Mo 品位分别为 1.47%、1.57%，回收率分别为 44.53%、31.97%。

(2)异戊黄药用量试验，用量分别为 100 g/t、200 g/t、300 g/t 、400 g/t、500 g/t。由试验结果可知，随着异戊黄药用量的增大，精矿中 Ni、Mo 品位逐渐增大，随后保持不变。最佳用量为 400 g/t，此时精矿 Ni、Mo 品位分别为 1.40%、1.50%，回收率分别为 49.49%、34.77%。说明异戊黄药比丁二酮肟对镍矿物的浮选效果强，但是选择性差。

### 6.2.7 镍钼矿浮选尾矿再选闭路试验

通过镍钼矿浮选尾矿工艺矿物学研究及调整剂条件试验，确定了镍钼矿浮选尾矿再选试验闭路流程，见图 6 - 27，试验结果见表 6 - 40。

表6-40　镍钼矿浮选尾矿再选闭路试验结果

| 名称 | 产率/% | 品位/% | | 回收率/% | |
|---|---|---|---|---|---|
| | | Mo | Ni | Mo | Ni |
| 再选精矿 | 13.53 | 1.89 | 1.44 | 41.24 | 46.39 |
| 再选尾矿 | 86.47 | 0.42 | 0.26 | 58.76 | 53.61 |
| 镍钼矿浮选尾矿 | 100.00 | 0.62 | 0.42 | 100.00 | 100.00 |

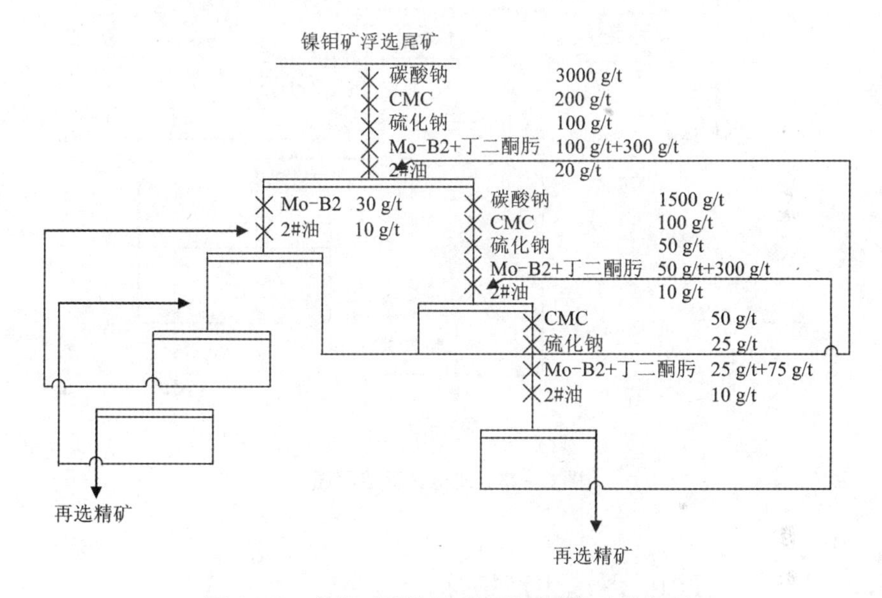


图6-27　镍钼矿浮选尾矿再选试验闭路流程图

由表6-40可以看出，镍钼矿浮选尾矿再选闭路试验可以得到Mo、Ni品位分别为1.89%、1.44%的再选精矿，Mo、Ni回收率分别为41.24%、46.39%，按原矿金属量计算Mo、Ni回收率分别为4.74%、7.61%。因此，镍钼矿浮选尾矿再选试验可以进一步回收其中的Mo、Ni资源，增大资源利用率。

## 6.3　镍钼矿浮选新技术工业应用

### 6.3.1　工业试验方案

为了考察镍钼矿高效选矿工艺技术的合理性与稳定性，解决该类矿石浮选回收效率低的问题，要同时开发高效、清洁、技术合理、经济可行的选矿技术方案，且新技术易于在工业生产上应用。工业试验流程见图6－28。

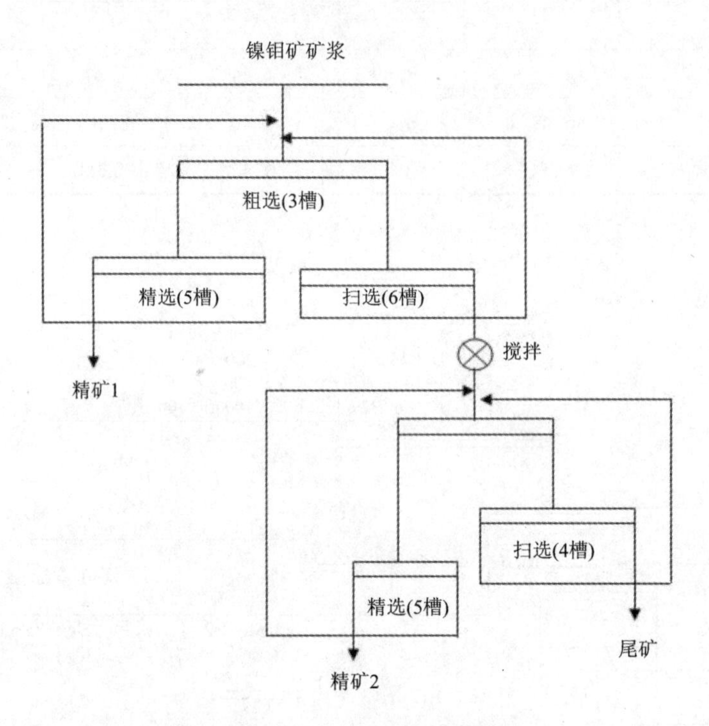


图6－28　工业试验流程图

## 6.3.2　选矿厂镍钼矿浮选生产指标

经过为期40天的工业流程考察，对不同钼、镍品位的镍钼矿进行了选矿工业化生产，浮选生产指标见表6－41。

表6－41　不同品位镍钼矿浮选生产指标

| 镍钼矿原矿品位/% | | 精矿品位/% | | 回收率/% | |
|---|---|---|---|---|---|
| Mo | Ni | Mo | Ni | Mo | Ni |
| 3.5～4.0 | 2.4～2.7 | 9～11 | 5.5～6.0 | 87～90 | 83～85 |
| 3.0～3.5 | 2.0～2.5 | 8～10 | 5.0　～5.5 | 87～90 | 83～85 |
| 2.5～3.0 | 2.0～2.5 | 6～7 | 5.0～5.5 | 86～88 | 81～84 |
| 0.27～0.30 | 0.45～0.55 | 1～1.2 | 1.6～1.8 | 80～83 | 75～80 |

通过表6－41浮选的生产指标，可以说明该镍钼矿梯级浮选新技术完全可以实施产业化。通过不同品位的镍钼矿工业化指标，可以看出低品位镍钼矿进行选矿富集后，完全可以变废为宝，增加国家镍钼资源的开发利用，减少镍钼矿开采过程中产生的废石，实现资源的综合利用，为以后的冶炼及产品深加工搭设了良好的平台，为实现此项目的产业化推广建立了坚实的基础。

### 6.3.3　浮选厂图片

图6－29　浮选厂房

图6－30　磨矿分级机车间

图 6－31　浮选车间

图 6－32　压滤机

**图书在版编目(CIP)数据**

黑色岩系石煤钒矿和镍钼矿的选矿/胡岳华等著.
—长沙:中南大学出版社,2015. 11
ISBN 978 - 7 - 5487 - 2069 - 0

Ⅰ. 黑... Ⅱ. 胡... Ⅲ. ①石煤 - 钒矿物 - 选矿②镍矿物 - 钼矿物 - 选矿 Ⅳ. TD95

中国版本图书馆 CIP 数据核字(2015)第 296791 号

**黑色岩系石煤钒矿和镍钼矿的选矿**

胡岳华 孙 伟 王 丽 刘建东 著

□**责任编辑** 陈 澍
□**责任印制** 易建国
□**出版发行** 中南大学出版社
社址:长沙市麓山南路 邮编:410083
发行科电话:0731-88876770 传真:0731-88710482
□**印 装** 长沙鸿和印务有限公司

□**开 本** 720 × 1000 1/16 □**印张** 12. 75 □**字数** 251 千字
□**版 次** 2015 年 11 月第 1 版 □**印次** 2015 年 11 月第 1 次印刷
□**书 号** ISBN 978 - 7 - 5487 - 2069 - 0
□**定 价** 60. 00 元